吊兰对土壤镉污染的耐性与修复

王友保　著

科学出版社

北京

内 容 简 介

本书在对土壤重金属污染现状、危害及其植物修复进行分析的基础上，从吊兰对镉的耐性与积累特性，外源调节剂作用下吊兰对镉的耐性与积累特性，吊兰对铜-镉、镉-锌-铅复合污染土壤的修复能力，以及栽培吊兰对土壤镉污染土壤微生物多样性的影响等方面系统介绍了观赏植物吊兰对土壤镉污染的耐性与修复能力，为将观赏植物应用于重金属污染土壤修复提供参考。

本书可作为土壤学、生态学、生物学、环境学、地学、林学、园艺学等专业科研人员的参考用书，也可供其他相关科技工作者参考使用。

图书在版编目（CIP）数据

吊兰对土壤镉污染的耐性与修复/王友保著. —北京：科学出版社，2018.12

ISBN 978-7-03-060204-6

Ⅰ.①吊… Ⅱ.①王… Ⅲ.百合科-花卉-观赏园艺-镉-土壤污染-重金属污染-抗性-研究②百合科-花卉-观赏园艺-镉-土壤污染-重金属污染-修复-研究 Ⅳ.①S682.1②X53

中国版本图书馆 CIP 数据核字（2018）第 292038 号

责任编辑：胡 凯 许 蕾/责任校对：杜子昂
责任印制：师艳茹/封面设计：许 瑞

科 学 出 版 社 出版
北京东黄城根北街 16 号
邮政编码：100717
http://www.sciencep.com
天津文林印务有限公司 印刷
科学出版社发行 各地新华书店经销
*
2018 年 12 月第 一 版 开本：720×1000 B5
2018 年 12 月第一次印刷 印张：16 1/4
字数：328 000
定价：129.00 元
（如有印装质量问题，我社负责调换）

前　言

近年来，土壤污染问题日益突出，土壤重金属污染已经成为生态系统污染中的典型代表。土壤中重金属污染物的滞留时间长、移动性差、难以被微生物降解，容易在土壤耕层中积累，被生物富集，并能通过食物链对人类健康造成长期的潜在威胁。同时，土壤污染具有隐蔽性或潜伏性、不可逆性和长期性以及分布的不均匀性。一旦土壤被重金属污染，其自然净化和人工治理都非常困难。针对土壤重金属污染开展有效的监测和修复十分迫切。

从 2008 年开始，本实验室燕傲蕾、汪楠楠、吴丹、胡珊、李伟、韦晶晶、张晓玮、尚璐、唐莹莹、于培鑫等研究生先后从不同角度，研究了吊兰对土壤重金属污染的耐性、积累特性和修复效果等，积累了大量一手数据。在对我国土壤重金属污染现状、危害及其植物修复进行分析的基础上，我们综合整理了近十年来本实验室关于吊兰在重金属污染土壤修复研究中的相关成果，从耐镉观赏植物的筛选、吊兰对镉的耐性与积累、外源调节剂对吊兰镉耐性与积累特性的影响、吊兰对镉伴生金属复合污染土壤的修复能力，以及栽培吊兰对土壤镉污染土壤微生物多样性的影响等方面系统介绍了观赏植物吊兰对土壤镉污染的耐性与修复能力，为将观赏植物应用于重金属污染土壤修复提供参考。

由于我们的水平和能力有限，书中疏漏和不当之处在所难免，敬请广大同行专家和读者批评指正。

王友保

2018 年 8 月

目　录

1 绪 论

土壤中的微量重金属主要来源于原生岩石。自然成土过程中，原生岩石产生的各种微量重金属在次生层中的再分配，可能造成一些元素的部分损失或富集，致使自然成土土壤也会含有一定数量的重金属。但人为影响，通过水体、大气或直接向土壤中迁移（废水、废气、废渣），使重金属积累到一定数值，超过土壤自净能力，必然导致土壤的重金属污染。土壤重金属污染不但影响作物产量与品质，而且涉及大气和水环境质量，并可通过食物链危害人类的生命和健康，影响到整个人类生存环境的质量。因而土壤重金属污染的有效控制成为环境保护工作中十分重要的内容（Markus and Mcbrathey，1996；Lottermoser，1997；阎伍玖，1999；胡正义等，2000）。事实上，重金属污染并不是近代才发生的。早在数千年前，原始而高污染的铜冶炼技术已导致了古罗马和古代中国的许多铜冶炼基地出现了较为严重的大气和土壤的铜污染（刘诗中，1995；Hong et al.，1996；孙凤贤，1998）。目前，重金属污染已成为影响生态系统的重要污染类型（吴燕玉等，1998；陈怀满等，1999；Lee et al.，2001；卢瑛等，2002）。

重金属一般是指比重大于 5 的金属，包括 Fe、Mn、Cu、Zn、Cd、Pb、Hg、Cr、Ni、Mo、Co 等；As 不是金属，但由于其化学性质和环境行为与重金属有相似之处，通常也归并于重金属的研究范畴（王焕校，2002）。由于土壤中 Fe 和 Mn 含量较高，因而一般认为它们不是土壤污染元素，但在一定条件下（例如强还原条件），Fe 和 Mn 带来的毒害效应也应引起足够的重视。

1.1 我国土壤重金属污染现状与污染来源

1.1.1 我国土壤重金属污染现状

随着工业污染和城市污染的加剧以及农用化学物质种类、数量的增加，土壤重金属污染日益严重，污染程度在加剧，面积也在逐年扩大。重金属污染物在土壤中移动性差、滞留时间长、难以被微生物降解，并可经水、植物等介质最终影响人类健康。据统计，1980 年我国工业三废污染耕地面积 266.7 万 hm^2，1988 年增加到 666.7 万 hm^2，1992 年增加到 1000 万 hm^2（张从，夏立江，2000）。目前，全国遭受不同程度污染的耕地面积已接近 2000 万 hm^2，约占耕地面积的 1/5。我国每年因重金属污染导致的粮食减产超过 1000 万 t，被重金属污染的粮食多达

1200 万 t，合计经济损失至少 200 亿元（陈怀满，1996；韦朝阳，陈同斌，2001）。根据农业部环境监测系统近年的调查，我国 24 个省（市）城郊、污水灌溉区、工矿等经济发展较快地区的 320 个重点污染区中，污染超标的大田农作物种植面积为 60.6 万 hm^2，占调查总面积的 20%。其中重金属含量超标的农作物种植面积约占污染物超标农作物种植面积的 80% 以上，尤其是 Pb、Cd、Hg 和 Cu 及其复合污染最为突出。从目前开展重金属污染调查的情况来看，当前我国大多数城市近郊土壤都受到了不同程度的污染，其中 Cd 污染较普遍，污染面积近 1000 万 hm^2，其次是 Pb、Zn、Cu、Hg 等。

1.1.2　我国土壤重金属污染来源

环境中的重金属可以通过大气污染物沉降、污水灌溉、固体废弃物排放、农用物资施用等途径进入土壤（崔德杰，张玉龙，2004）。大气中的重金属主要来源于能源、冶金和建筑材料生产等产生的气体和粉尘。除 Hg 以外，重金属基本上是以气溶胶的形态进入大气，经过自然沉降和降水进入土壤。Lisk 报道，煤中含有 Ce、Cr、Pb、Hg、Ti 等金属元素，石油中含有相当量的 Hg。随石油和煤的燃烧，Hg 颗粒随烟尘进入大气；而燃煤是大气中 As 的重要污染来源（崔德杰，张玉龙，2004）。污水灌溉在我国已有久远的历史，特别是到 20 世纪 50 年代，污水灌溉在我国北方地区得到大规模发展。然而污水灌溉在解决干旱地区作物需水问题的同时，也带来了严重的土壤污染问题。据农业部进行的全国污灌区调查，在约 140 万 hm^2 的污灌区中，遭受重金属污染的土地面积占污灌区面积的 64.8%，其中轻度污染的占 46.7%，中度污染的占 9.7%，严重污染的占 8.4%（马旭红等，2006）。工矿区重金属污染主要由采矿和冶炼中的废水、废渣及降尘造成，这在中国南方地区表现得尤为突出。此外，农药、化肥和地膜是重要的农用物资，但长期不合理使用，也可以导致土壤重金属污染。某些农药中含有 Ni、As、Cu、Zn 等金属元素，磷肥中含较多的重金属元素，其中尤以 Cd、As 元素含量为高，长期使用也可能造成土壤 Cd、As 的严重污染。

1.2　重金属污染对土壤系统的影响

1.2.1　重金属污染对土壤微生物的影响

微生物是生态系统的重要组成部分，在物质循环和能量流动过程中起着重要作用，微生物正常的生理活动也是维持生态系统功能的重要保障（周宝利，陈玉成，2006）。微生物是土壤中数量最多的生物类群，也是土壤形成的推动者。微生物是土壤基础呼吸的主要来源，它在一定程度上决定着土壤的基本性质，对土壤的肥力、营养元素的迁移和转化等起着重要作用，而且对土壤污染物的结合、钝化、分解等起着重要作用。同时，土壤微生物的分布与活动，反映了环境、生物因子对微生物的分布习性、群落组成、种群演替及其功能的影响，因此土壤微生物的数量分布，可以敏感地反映土壤环境质量的变化（Bastida et al., 2008；杨良静等，2009）。重金属污染可严重影响土壤微生物的生物量、种类、种群结构以及生理生化性质，破坏土壤微生物的正常区系组成。这使得微生物成为表征土壤质量的敏感性指标之一（Kandeler et al., 1997；Shweta et al., 2001；滕应等，2004；王嘉等，2006）。随着环境污染的加剧，人们逐渐注意到重金属对微生物介导的生态过程的影响，如对土壤氮素循环的负面作用等。重金属对微生物的生态效应研究对于认识生态环境退化过程具有重要意义，据此可较早预测重金属毒害下土壤养分及环境质量的变化过程（Gross et al., 2000）。

1.2.1.1　重金属污染对土壤微生物生物量的影响

土壤的微生物生物量是指土壤中体积小于 $5000\mu m^3$ 的生物总量（不包括活的植物体），它能代表参与调控土壤中能量和养分循环以及有机质转化所对应生物量的数量。微生物生物量氮和碳转化迅速，是比较敏感的评价重金属污染程度的指标（蒋先军，骆永明，2000；王嘉等，2006）。

研究表明，长期受金属污泥污染的土壤，微生物生物量有下降的趋势。在污染矿区土壤中，靠近矿区土壤的微生物生物量明显低于远离矿区的土壤，并且距离矿区越近，生物量的下降幅度越明显（McGrath et al., 1995；Khan et al., 1998）。Shukurov（2005）研究发现长期受工业废水污染的土壤，微生物生物量远低于正常土壤。低浓度的重金属能刺激微生物的生长，而高浓度则导致土壤微生物生物量碳的明显下降。在重金属复合污染的土壤中，当重金属总量达到 658mg/kg 时，生物量仅为对照的 32%，当重金属总量达 3446mg/kg 时，生物量为对照的 22%，生物量碳与土壤有机碳比值较对照下降 35%（Dai et al., 2004）。

1.2.1.2　重金属污染对土壤微生物群落结构的影响

土壤微生物种群结构是表征土壤生态系统群落结构及其稳定性的重要指标（王嘉等，2006）。由于土壤微生物在生理、形态等方面差异较大，对其种群进行定量分析还存在较大困难。目前，常采用 Biolog 碳素法来检测土壤微生物的群落结构（钟鸣，周启星，2002）。研究显示，该方法对土壤微生物群落测定的重现性较好，能区分不同土壤类型的微生物群落结构，对于植物生长条件下土壤微生物群落结构的差别也具有较高的灵敏性（Knight et al., 1997；Kell and Tate, 1998；Moffett et al., 2003）。

各类菌对重金属的敏感程度不同，对污染的耐性也不同，一般表现为真菌>

细菌>放线菌（Komarova and Sul'man，2002）。一般认为重金属污染会减少微生物对单一碳底物的利用能力，减少群落的多样性。重金属的胁迫，可造成微生物细胞代谢及功能的改变，引起微生物的生存力和竞争力发生变化，导致种群大小的改变（Roane and Pepper，1999；Suhadolic et al.，2004；段学军，闵航，2004；段学军，盛清涛，2005）。但从微生物进化的角度来看，适当浓度的重金属污染，对微生物物种多样性的增加和抗性的提高，都有着一定的积极作用。

1.2.1.3　重金属污染对土壤微生物代谢活动的影响

重金属污染会导致微生物呼吸强度的一系列改变，引起微生物体内代谢过程的紊乱，影响微生物的代谢功能，而这种影响会进而影响到土壤的生化过程，改变土壤的质量状况（Brookes and McGrath，1984；McGrath et al.，1995）。对于重金属污染对土壤微生物代谢活动的影响，常采用代谢熵这一概念。一般认为代谢熵随污染程度的增加而上升，可以作为微生物生理的一个敏感指标，反映重金属的污染程度（孙波等，1997；王嘉等，2006）。此外，重金属污染对微生物在土壤中有机氮素的矿化作用、固氮作用、硝化及反硝化作用等均可产生显著影响。研究发现 As、Cd、Cr、Pb、Hg 和 Ni 等重金属在土壤氮素转化过程中，均能够显著抑制氮的矿化作用（Brookes and McGrath，1984）。

1.2.2　重金属污染对土壤动物的影响

作为土壤生态系统中的重要组成部分，土壤动物具有数量大、种类多、移动范围小和对重金属污染敏感等特点。目前国内外关于重金属污染对土壤动物的影响，报道了较多研究成果（van Straalen，1998；Cortet et al.，1999；Frouz，1999），其中关于污染区多种重金属复合污染条件下的实地调查研究占有重要地位（王宗英等，2000；查书平等，2004）。为了明确单一元素对土壤动物的影响，李忠武等（2000）、张永志等（2006）进行了 Cd、Cu 等对土壤动物群落结构影响的室内模拟研究。现有研究显示，重金属污染将导致土壤动物群落个体数和类群数减少，并使群落类群发生改变，群落多样性指数下降，土壤动物种类与个体数量和重金属处理浓度的自然对数呈明显负相关（李忠武等，2000）。在多种重金属复合污染条件下，土壤动物群落结构也有相似的变化（王振中，张友梅，1990；王振中等，1994）。工业污染区土壤重金属的过量累积，导致土壤动物的种类和数量减少，主要表现是常见类群和稀有类群的减少或消失，而优势类群中的种类也明显减少，尤其是稀有种和常见种；土壤动物的表聚性减弱，垂直变化和缓，甚至出现逆分布现象，土壤动物的数量与重金属浓度呈极密切的负相关关系（Migliorini et al.，2004）。

重金属污染对土壤动物的影响程度不仅与其含量有关，而且与土壤的氧化还原特性（如 Cd 和 Zn 在还原反应条件下毒性更大，而 As 在氧化状态时毒性更强）、

pH（pH 越高，重金属溶解度越低，毒性越小）、胶体的吸附作用、重金属的络合和螯合作用等有关（朱永恒等，2006）。所以需要考虑土壤的理化性质，才能综合地判断重金属污染对土壤动物的负面影响。

1.2.3 重金属污染对土壤酶的影响

土壤酶是由土壤微生物、动植物活体分泌和动植物残体遗骸分解释放到土壤中，具有一定催化能力的生物活性物质。自 1899 年 Woods 在美国俄亥俄州召开的美国科学进步学会年会上提出有关土壤酶的研究报告，伴随着植物、动物、生物化学等方面研究的众多进步，土壤酶学得到了快速发展和广泛应用。土壤酶是一种生物催化剂，控制着土壤中一些重要的生物化学过程，土壤酶活性能够直接反映土壤生物化学过程的强度和方向。土壤是一个复杂的多相体系，土壤酶活性受到许多因素影响：土壤 pH、有机质、土壤养分及微生物种类等（王垒九，1993），土壤重金属离子可以对土壤酶活性产生抑制或激活作用，同时土壤酶活性变化影响土壤养分释放及从土壤中获取养分的作物生长，因此测定土壤酶活性，将对土壤污染程度及其对作物生长的影响有更深的了解（和文祥等，2000a，2000b，2004）。对土壤酶活性的研究，过去多集中在土壤肥力方面，随着环境问题日益严重，土壤酶活性在土壤重金属污染研究中引起了越来越多的注意（周礼恺等，1985）。到20 世纪 70 年代，国内外学者将土壤酶学应用到土壤重金属污染的研究领域中，在应用土壤酶进行土壤肥力评价、土壤污染诊断、土壤污染修复及其修复效果的评价等方面取得了众多的研究成果（和文祥等，2000a；滕应等，2002，2003；Chen et al.，2005）。

土壤酶活性作为反映土壤生物性能最稳定、最敏感的指标之一，也逐渐成为测定土壤污染和监测由污染所导致的土壤的各种变化的一种常用生物学指标（沈桂琴，廖瑞章，1987）。脲酶广泛存在于土壤中，是目前研究得相对比较深入的一种土壤酶（和文祥，朱铭莪，1997）。脲酶专一性较强，它能酶促尿素水解产生氨、二氧化碳和水，其中氨是植物的氮源之一（关松荫，1987；Perucci et al.，1982；Sakorn，1987）。因此脲酶大量存在可为植物提供自身生长所需的氮。研究证明，磷酸酶与土壤碳、氮含量呈正相关，与土壤有效磷含量及 pH 也有关。磷酸酶活性是评价土壤磷素生物转化方向与强度的指标（赵兰波，姜岩，1986）。过氧化氢酶促进过氧化氢的分解，有利于防止它对生物体的毒害作用，其活性可以反映土壤呼吸强度，并与有机质含量、微生物数量等有关（关松荫，1987）。蔗糖酶对增加土壤中易溶性营养物质起重要作用，与土壤有机质、氮、磷含量，微生物数量及土壤呼吸强度等许多土壤因子有关（Lee et al.，2001）。因此很多研究中土壤酶活性都被作为检测重金属污染的指标。史长青（1995）的研究表明，水稻土土壤脲酶活性与 Cd、Cu、Zn 呈显著负相关，过氧化氢酶与 Pb 呈显著负相关；认为脲酶、过氧化氢酶可作为土壤污染指标。高扬等（2010）的研究表明，土壤中低浓度 Pb 可促进脱氢酶和脲酶活性，但对磷酸酶起抑制作用；种植玉米可减轻 Cd、Pb 对磷酸酶和脲酶的影响，促进土壤呼吸，但对提高脱氢酶活性作用不显著，同时，种植玉米有利于降低 Cd、Pb 对脲酶和脱氢酶的抑制作用。王涵等（2009）的研究表明，Cu、Cd、Pb、Zn 的总量和有效态含量与脲酶、纤维素酶、碱性磷酸酶和多酚氧化酶活性显著正相关，与过氧化氢酶活性则显著负相关。

概括起来，重金属对酶的作用，可能表现出三种类型：

（1）酶作为蛋白质，需要一定量的重金属离子作为辅基，重金属的加入能促进酶活性中心与底物间的配位结合，使酶分子及其活性中心保持一定的专性结构，改变酶催化反应的平衡性质和酶蛋白的表面电荷，从而增强酶活性，即有激活作用（和文祥等，2000b）。胡荣桂等（1990）研究发现，低浓度 Cd 和 Pb 对红壤中脲酶具有激活作用。沈桂琴和廖瑞章（1987）的研究显示，Cr 对土壤脲酶、转化酶、碱性磷酸酶和蛋白酶活性具有激活作用，脲酶的反应最敏感。Todorov 等（1987）研究发现 Pb 对蛋白酶活性没有显著影响，但明显激活脲酶活性。此外，一些研究还发现了"抗性酶活性"现象，认为当重金属在土壤中达到一定质量分数时，大部分微生物死亡，而一小部分微生物在有毒物质污染下能生存下来，自行繁殖，从而产生抗性酶活性，表观上酶活性值降低后又增大，有时还会出现多个抗性峰（沈桂琴，廖瑞章，1987）。吴家燕等（1990，1991）对水稻根系酶活性的研究也发现了类似现象。

（2）重金属占据了酶的活性中心，或与酶分子的巯基、氨基和羧基结合，导致酶活性降低，即有抑制作用（Chen et al., 2005）。杨志新和刘树庆（2000，2001）发现，Cd、Zn、Pb 对土壤酶活性的抑制效应顺序为 Cd>Zn>Pb；在过氧化氢酶、脲酶、碱性磷酸酶、转化酶中，脲酶受重金属的抑制作用最为敏感。因此，人们提出了使用土壤脲酶、脱氢酶、转化酶、磷酸酶等作为土壤重金属污染监测指标。

（3）重金属与土壤酶没有专一性对应关系，酶活性没有受到影响。

由于土壤的机械组成和有机质质量分数、土壤 pH、温度与水分含量、植物生长状况、重金属的种类和离子价等均可以显著影响土壤中酶活性的表现，现有的相关监测结果差异较大，这方面的研究仍然亟待加强（和文祥等，2000b）。

1.3　重金属污染物对植物的毒害作用

1.3.1　重金属污染物对植物的影响

重金属污染物可以通过影响种子的呼吸强度、影响种子内水解酶的活性等方式，对植物种子质量产生明显影响。植物在生长过程中，重金属污染物既可以通过影响土壤微生物和土壤酶活性的变化,影响土壤中某些元素的释放和可给态量,影响植物对元素的吸收,也可以通过直接抑制植物根系的呼吸作用,影响根系的吸收能力。此外,重金属元素之间的相互作用,也能影响到植物对元素的吸收。如 Zn、Ni、Co 等元素能严重妨碍植物对 P 的吸收;Al 能使土壤中的 P 形成不溶性的铝磷酸盐,影响植物对 P 的吸收;As 能影响植物对 K 的吸收(王焕校,2002)。

　　植物在受到重金属污染物的影响尚未出现可见症状之时,在组织和细胞中可能已发生亚细胞显微结构等方面的变化,这些变化主要从细胞核、线粒体结构、叶绿体结构、核仁以及对根尖细胞分裂和染色体的影响等方面来表现。而在植物的生理生化方面,重金属可以通过诱导植物组织生物自由基大量形成,促进细胞膜系统脂质过氧化,导致细胞膜通透性增加,细胞内容物流失,造成植物生长发育不良。重金属对植物光合作用的影响也是比较广泛的。过量的 Cu、Cd 或 Pb 都可能通过直接抑制光合作用中电子的运输,间接改变光合作用活性,减少光合色素的含量,以及破坏叶绿体在其各个水平上的组织结构(Krupa and Baszyński, 1995;Molas et al., 2002)。如 Pb 能抑制菠菜叶绿素中光合电子传递,抑制光合作用中对 CO_2 的固定;Cd 可以抑制光系统 II 的电子运转,影响光合磷酸化作用,并增加叶肉细胞对气体的阻力,从而使光合作用下降。Cd 对呼吸作用的影响与 Cd 对呼吸酶的干扰有关,低浓度 Cd 刺激酶活性和三羧酸循环以产生能量是呼吸增加的重要原因,但随着 Cd 浓度增加,酶活性受抑,呼吸作用下降。重金属污染物对蒸腾作用也有明显的影响。在低浓度重金属污染物刺激下,细胞膨胀、气孔阻力减少,蒸腾加速。当污染物浓度超过一定值后,可能诱发脱落酸(ABA)浓度增加,使得气孔蒸腾阻力增加或气孔关闭,蒸腾强度降低。如污染物浓度太高,叶片伤斑面积扩大,可导致蒸腾速度急剧下降。这种情况下随毒物浓度升高,蒸腾比率明显按比例降低。此外,重金属污染物对植物体内的化学成分也有明显影响。如 Cd 在蚕豆种子内的积累,能明显影响种子中氨基酸、蛋白质、糖、淀粉和脂肪的含量(Zhang and Yang, 1994;段昌群,王焕校,1995;王焕校,2002;谢建治等,2005)。

1.3.2　重金属污染物对植物的毒害机理

　　重金属使生物中毒的分子机理,目前还不是很清楚,但是从大量的生物毒性试验结果可以推测,毒性是由于重金属与生物大分子作用造成的。在对重金属毒害机理进行深入研究后,郁建栓(1996)从生物活性点位、重金属对生物毒性效应的分子机理、金属离子对生物大分子活性点位的竞争及其与金属生物毒性的关系等方面进行了综述。

　　生物活性点位是生物大分子中具有生物活性的基因和物质。许多生物过程需要金属离子的参与,这些金属离子通常结合在生物大分子的活性点位上。外来的重金属进入生物体后，可以和生物大分子上活性点位结合，也可以和其他非活性点位结合。当这些重金属和生物大分子上活性点位或非活性点位结合后，在一定的情况下对生物产生毒性。生物活性点位是重金属进攻的部位之一，结合在活性点位上的微量金属可被外来重金属所取代，由此可引起生物的各种病变，金属酶活性中心的金属被重金属置换，也能使酶失活。此外，某些元素离子的氧化还原作用也可使金属酶辅基的活性键受破坏，使酶失活。例如，含巯基的酶（如 NR 酶）对重金属非常敏感，如 Cd 和 NR 酶中的巯基有很高的亲和性，能破坏酶的活性；Hg 和 As 的有机化合物可与巯基结合，从而抑制巯基酶的作用。

当进入生物体内的金属不止一种时，引起的生物毒性效应除与金属离子的种类、浓度以及金属离子与生物大分子结合的部位有关外，还与这些金属在生物体内的相互作用有关。Se 被认为是竞争能力最强的金属之一，它几乎能对所有金属的毒性产生拮抗作用。这实质上是 Se 本身改变了金属对生物大分子活性点位的亲和力，而使这些金属转移到生物生理和代谢有利的位置上。类似的金属间的拮抗效应并不少见，研究显示，Mn^{2+} 和 Cu^{2+} 对酶活性点位的竞争减小了 Pb^{2+} 产生毒性的可能，Zn^{2+} 对 Cu^{2+}、Hg^{2+} 的毒性均具有拮抗作用（郁建栓，1996；王焕校，2002）。

事实上，细胞内的重金属离子（如 Cd^{2+}、Pb^{2+}、Hg^{2+}）不仅能与酶活性中心或蛋白质中的巯基结合，而且还能取代金属蛋白中的一些必需元素（Ca^{2+}、Mg^{2+}、Zn^{2+} 和 Fe^{2+}），导致生物大分子构象改变、酶活性丧失及必需元素缺乏，干扰细胞的正常代谢过程；重金属还能够干扰物质在细胞中的运输过程（如 Al^{3+} 能抑制植物对 Ca^{2+} 的吸收和运输，并能通过氧化还原反应产生自由基而导致细胞氧化损伤，造成植物受害）（Alscher，1989；van Assche and Clijsters，1990；Rengel and Elliott，1992；Scandalios，1993；Luna et al.，1994；Gallego et al.，1996；Schützendübel et al.，2002；黄玉山等，1997；张玉秀等，1999）。

1.4　植物对重金属污染物的耐受性

由于受到植物生态学、遗传学特性等因素的影响，不同植物对重金属污染的耐受性不同，同种植物的不同种群、同一种群内的不同个体对重金属污染的耐受性也可能存在较大的差异性。研究植物的耐重金属机理对于生产绿色食品、治理环境污染和保护生态环境都具有重要意义（江行玉，赵可夫，2001；王焕校，2002；张玉秀等，1999）。对于耐性（tolerance）和抗性（resistance）这两个概念，研究人员的认识和理解并不一致，有些研究人员甚至认为二者可以通用。Tomsett 和 Thurman（1988）指出，植物对重金属的抗性指植物能够在较高含量的重金属污染环境中生长，且不出现生长率下降、死亡等毒害症状。而 Baker（1987）则认为植物的抗性是植物能够在重金属胁迫环境中存活、繁殖后代，并且这种能力可以遗传。现有研究普遍认为，植物可以通过避性（avoidence）和耐性两种途径来获得对重金属的抗性（Tomsett and Thurman，1988；Baker，1987；杨居荣，黄翌，1994；王焕校，2002），而耐性又具有两种基本形式：金属排出型（metal exclusion）和金属富集型（metal accumulation）（Baker，1987）。这里的避性表现为植物通过不吸收环境中过高含量的重金属，以达到免受毒害的作用，属一种外部保护机制。而具有耐性机制的植物，其体内具有一些特定的生理机制，能够保证植物在体内重金属浓度较高的情况下，生存于重金属污染环境中。事实上，上述两种抗性途径并不排斥，甚至能够在同一抗性植物身上体现（杨居荣，黄翌，1994）。植物的抗性类型一般是基因突变产生的基因型，可以遗传。一般认为，植物的抗性机制涉及形态、解剖、细胞和分子几个层次。

1.4.1 植物对重金属污染物的避性

对植物来说，将污染物排斥于体外，使其不能进入体内是一种非常有效的抵抗重金属的方法。研究显示，来源于铜矿遗址的、具有显著耐性的石竹科麦瓶草属（Silene）植物根中 Cu 的浓度要比非耐性系列明显降低（Lolkema et al.，1984）；绒毛草（Holcus lanatus）耐 As 品种体内 As 的累积速率远低于敏感品种（Meharg and Macnair，1992）。这样就无须消耗大量物质和能量去结合、分解污染物（Macnair et al.，1992；Meharg，1993）。由于污染物不同，污染介质不同，植物有多种阻止污染物进入体内的方法和途径，例如，改变气孔开张度，阻止污染物进入体内；分泌有机物质到根际，改变根际理化环境，使污染物的可移动性降低；增厚植物的外表皮或在根周围形成根套等（Chen et al.，1980；王焕校，2002；何春娥等，2004）。这些避免吸收重金属的机制还需进一步研究。

1.4.2 植物对重金属污染物的排出与特异分布

植物虽然没有像动物那样专门的排泄系统，但是往往可以通过根系分泌、叶片或其他器官的衰老脱落等将进入植物体的重金属排出体外（Silver and Misra，1986； Nies and Silver，1989）。而一些重金属超富集植物可以通过把重金属储存在叶片表皮的表皮毛中，避免重金属对叶肉细胞造成直接伤害，如 Cd 超量富集植物芥菜（Brassica juncea）中，叶片表皮毛中的 Cd 含量比叶片组织高 43 倍，而这也成为芥菜的主要解毒机制之一（Blamey et al.，1986；Salt et al.，1995）。

1.4.3 植物对重金属污染物的结合、钝化作用

抗性植物具有使进入到体内的重金属污染物变成安全、低毒的结合态的机制，使污染物不能到达敏感分子或器官，也不参加代谢。这样，正常的新陈代谢可免遭扰乱。细胞壁、细胞膜和细胞中的其他成分均具有结合、钝化作用（王焕

校，2002）。这种结合、钝化作用主要体现在三个方面：植物将进入细胞内的重金属区域化分布（如将 Al 和 Pb 累积在液泡或细胞壁中）、形成沉淀（如磷酸盐沉淀）或通过螯合方式解毒（Meharg，1994；Ma et al.，1998）。

细胞壁是结合、固定污染物的重要部位，细胞壁果胶质中的多聚糖醛酸和纤维素分子的羧基、醛基等基团都能够与重金属等结合（杨居荣，黄翌，1994；杨居荣等，1995；王焕校，2002）。许嘉琳等（1991）的研究表明，吸收到植物体内的 Pb 以吸附于细胞壁组分中的比例最高。

细胞膜上的蛋白质、糖类和脂质也能够结合透过细胞壁的污染物。研究表明，当环境中的 Pb 浓度相当大时，也有部分 Pb 透过细胞壁，在细胞膜上沉积下来。

细胞质和液泡中具有许多能够与污染物结合的"结合座"，当部分污染物突破细胞壁和细胞膜进入细胞质后，就能够和细胞质中蛋白质、氨基酸中的羧基、氨基、巯基、酚基等官能团结合，形成稳定的螯合物，从而起到钝化作用，其中难溶性硫化物的络合作用尤显重要。一般认为，螯合是植物对细胞内重金属解毒的主要方式之一，谷胱甘肽（GSH）、草酸（oxalic acid）、组氨酸（His）和柠檬酸盐（citrate）等小分子物质及金属螯合蛋白都能螯合重金属，其中金属螯合蛋白对金属的螯合能力远大于 GSH 和 citrate 等（张玉秀等，1999，2007）。

目前关于金属螯合蛋白解毒作用机制的研究取得了很大进展，其中金属硫蛋白（MT）备受人们关注。它是一种富含半胱氨酸（Cys）残基的低分子量金属结合蛋白，重金属胁迫能诱导真菌和动物体内 MT 的合成（Robinson et al.，1993；Canli et al.，1997），而 MT 通过 Cys 残基上的巯基与金属离子结合，形成无毒或低毒的络合物，从而消除重金属的毒害作用。动物和真菌的重金属抗性被认为与 MT 累积呈正相关（Kägi，1991）。而植物络合素（PC）是广泛存在于植物界的金属螯合肽，它是以 GSH 为底物催化形成的。植物体内产生的 PC 种类依物种和诱导的重金属种类的不同而不同（Rauser，1995）。多种重金属（Hg^{2+}、Cd^{2+} 和 Cu^{2+} 等）可诱导植物 PC 的合成，PC 与金属离子螯合后形成无毒的化合物，降低了细胞内游离的重金属离子浓度，可以防止对重金属敏感的酶变性失活，从而减轻重金属对植物的毒害作用（Steffens，1990；Salt et al.，1995）。但是 PC 的合成能力与植物对重金属的耐性无一定的相关性（de Kenecht et al.，1992；de Vos et al.，1989）。

1.4.4　植物通过活性氧清除系统对重金属胁迫进行抗氧化防卫

与其他形式的氧化胁迫相似，重金属胁迫也能导致大量的活性氧自由基的产生。自由基能损伤众多的生物大分子（如蛋白质和 DNA），引起膜脂过氧化。植物体内具有多种抗氧化防卫系统，能够清除自由基，保护细胞免受氧化胁迫的伤害，这是植物忍耐重金属胁迫的重要机理之一（Sugiyama，1994；Koricheva et al.，1997）。Halliwell-Asada 途径是植物中一个重要的抗氧化系统，它主要由超氧化物歧化酶（SOD）、抗坏血酸专一性过氧化物酶（APX）和谷胱甘肽还原酶（GR）等组成；GSH 参与细胞膜结构的保护作用，也是一种非常重要的抗氧化物质，污染胁迫能提高这些保护酶活性和 GSH 水平，表明它们在清除污染胁迫产生的自由基和提高植物的抗逆能力等方面有重要作用（张玉秀等，1999）。此外，一定程度的重金属（如 Cd、Cu、Zn、Ni、Pb 等）胁迫能诱导植物组织中过氧化物酶（POD）活性升高（van Assche and Clijsters，1990），这是植物对所有污染胁迫的共同响应，SOD、POD、过氧化氢酶（CAT）共同组成了植物体内一个有效的活性氧清除系统，三者协调一致地共同作用，能有效清除植物体内的自由基和过氧化物。SOD是含金属辅基的酶，它催化 $O_2\cdot$ 形成 H_2O_2；POD 和 CAT 是清除 H_2O_2 的重要保护酶，能将 H_2O_2 分解为 O_2 和 H_2O，从而使机体免受 H_2O_2 的毒害作用。这几种保护酶的活性与植物的抗逆性密切相关。

1.4.5 植物通过诱导形成特异蛋白降低重金属污染危害

改变代谢方式是植物抵抗重金属污染物毒害的有效措施之一。例如，耐 Se 植物在 Se 胁迫下能够改变蛋白质的代谢方式，使其不受 Se 的干扰，保证植物正常生活，而不耐 Se 的植物因蛋白质的正常合成受破坏而受害。一些植物抗性的产生是由于植物体内与污染物作用的靶分子发生遗传突变，降低了生物靶分子与污染物的亲和力，从而降低了植物对污染物的敏感性，使植物产生对污染物的抗性（王焕校，2002）。

重金属胁迫能诱导 Ubiquitin、热休克蛋白（HSP）、DnaJ-like 蛋白、几丁质酶、β-1,3-葡聚糖酶、富含脯氨酸细胞壁蛋白（PRP）、富含甘氨酸细胞壁蛋白（GRP）和病原相关蛋白（PR）等基因的表达。Ubiquitin 能介导细胞内变性的或短命的蛋白质降解；HSP、DnaJ-like 蛋白都属于分子伴侣，参与体内新生蛋白质的折叠、装配、释放和定向运输，并能在逆境胁迫下防止蛋白质变性；几丁质酶、葡聚糖酶和 PR 蛋白共同作用能阻止病菌的侵染，诱导植物的系统防卫反应；PRP 和 GRP 参与受损细胞壁的修复和加固。这些胁迫蛋白基因不仅能响应多种重金属胁迫，而且可在多种其他形式的胁迫下（如机械损伤、病毒、UV 辐射、热、脱水及盐胁迫等）表达，表明植物对不同形式的环境胁迫有共同的防卫机理。重金属胁迫下这些胁迫蛋白质协同作用可能在清除重金属变性蛋白质、维持细胞的正常代谢和提高细胞的重金属抗性方面有重要作用（Margis-Pinheiro et al., 1993；Didierjean et al., 1996；张玉秀等，1999）。

1.5 重金属污染土壤的植物修复

土壤重金属污染的防治，应坚持预防为主、综合防治的原则。要严格控制矿山粉尘、工业企业含重金属废水和固体废弃物的排放。重金属污染土壤的治理途径主要有两类：一种是去污染化（decontamination），即将污染物清除；另一种是稳定化（stabilization），即通过改变重金属在土壤中的存在形态等途径，使其固定，将污染物的活性降低，减少其在土壤中的迁移性和生物可利用性（顾继光等，2003）。围绕这两种途径产生了不同的治理措施和方法，主要包括以客土、换土、去表土和深耕翻土等措施为主要内容的工程治理措施（崔德杰，张玉龙，2004）；以电动修复、冲洗络合、热处理、化学修复等为内容的物理、化学修复措施（Ridha et al., 1983；Probstein and Hick, 1993；Ho et al., 1995；Kawachi and Kubo, 1999；崔德杰，张玉龙，2004）；通过改变耕作制度、增施有机肥或深耕土地等手段调节土壤水分、土壤养分、土壤 pH 和土壤氧化还原状况等土壤理化性质，实现对污染物所处环境介质的调控，改变土壤重金属活性，降低其生物有效性，减少其从土壤向作物转移的农艺调控措施（Naidu et al., 1997；张亚丽等，2001；杨苏才等，2006）和生物修复措施等。这其中，使用工程治理措施或物理、化学修复方法，对于污染重、面积小的重金属污染土壤具有治理效果明显、迅速的优点，但对于污染面积较大的土壤则需要消耗大量的人力与财力，而且容易导致土壤结构的破坏和土壤肥力的下降。实践表明，采取适宜的农艺调控措施，是合理利用和改良严重重金属污染土壤的良好途径，它能有效减少重金属通过食物链进入人体和家畜，具有较好的经济、社会和环境效益。而生物修复则为在不破坏土壤生态环境，保持土壤结构和微生物活性的状况下进行原位治理重金属污染提供了新的思路，其中植物修复在生物修复中，占有相当重要的地位（Salt et al., 1995，1998；Cunningham et al., 1995；Kumar et al., 1995；Raskin et al., 1997；Robinson et al., 2000）。

植物修复是以植物具有忍耐和超量积累某种或某些污染物能力的理论为基础，利用植物及其共存微生物体系，清除环境中污染物的一种治理技术。适合于进行污染土壤植物修复的植物一般应具有对重金属具有一定的耐性、一定的生物量和较快的生长速率、植物地上部分对重金属有一定的积累量、植物易于种植、便于人工或机械操作等特征（武正华，2002；肖鹏飞等，2004）。根据修复作用过程和机理，重金属污染土壤的植物修复技术可分为以下几种类型.

（1）植物提取（phytoextraction）。利用能耐受并能积累重金属的植物从土壤中吸取重金属污染物，并将重金属较多地富集在可收割的部位，通过收割植物的这些部位，达到清除土壤中重金属污染物的目的。能应用于植物提取的植物往往是一些重金属超积累植物（hyperaccumulator）。

自 Brooks 等（1977）提出"超积累植物"概念以来，重金属超积累植物得到了高度关注。在美国、澳大利亚等国已先后发现了重金属超积累植物 500 多种，其中大多数属于 Ni 富集植物。我国在这方面的工作开展得较晚，到目前为止，已陆续发现了 Mn 超积累植物商陆（*Phytolacca acinosa*）（薛生国等，2003），As 超积累植物蜈蚣草（*Pteris vittata*）（陈同斌等，2002）和大叶井口边草（*Pteris cretica*）（韦朝阳等，2002），Cd 超积累植物宝山堇菜（*Viola baoshanensis*）（刘威等，2003）和龙葵（*Solanum nigrum*）（魏树和等，2004，2005），Zn 超积累植物东南景天（*Sedum alfredii*）（杨肖娥等，2003）以及 Cu 富集植物海州香薷（*Ellsholtzia splendens*）（姜理英等，2002，2003）和鸭跖草（*Commelina communis*）（束文圣等，2001）等。

（2）植物转化（phytotransformation）。植物通过新陈代谢作用将根部或其他部位环境中的重金属转为无害的形态。

（3）植物挥发（phytovolatilization）。利用植物来促进重金属转变为可挥发的形态，并将之挥发出土壤和植物表面。一些植物能在体内将 Se、As 和 Hg 等甲基化而形成可挥发性的分子，释放到大气中去（Watanabe，1997）。

（4）植物固定（phytostabilization）。利用植物活动来降低重金属的活动性，使其不能为生物所利用。如植物枝叶分解物、根系分泌物对重金属的固定作用、腐殖质对金属离子的螯合作用等过程。

（5）植物促进（phytostimulation）。植物本身不能大量吸收重金属，但通过植物根系分泌物（如氨基酸、糖、酶等物质）的作用，能够促进根系周围土壤微生物活动和生化反应，促进土壤结合重金属的释放和微生物的吸收。

虽然植物修复技术具有处理费用比物理、化学等方法低很多，属无扰动的原位修复技术，在对污染土壤进行修复的同时也净化了空气和水体，改善了周围的环境，并且可控制风蚀、水蚀、减少水土流失，有利于生态环境的改善和野生生物的繁衍等众多优点，但目前也存在一些问题（Cunningham and Ow，1996；Bates et al.，2013；Khan et al.，2000；Macek et al.，2000）。如目前发现的超积累植物种类和数量十分有限，并且往往植株矮小，生物量偏低，生长速度慢，生长周期长；而且受到气候、土肥、水分、盐度、酸碱度等的影响较大；通常一种植物只能忍耐或吸收 1 种或 2 种重金属元素，对土壤中其他浓度较高的重金属则表现出某种中毒症状；同时，由于根系较浅，对深层土壤污染修复能力较差，难以大规模应用（Shen et al.，1997；Römkens et al.，2002；王华等，2006），而重金属污染物在植物体内的累积，也可能增加重金属对野生生物，特别是野生食草动物的威胁。因此，重金属耐性植物，特别是重金属超积累植物的筛选、重金属超积累植物的超积累机理的探讨与基因技术应用、进行植物修复的生态安全评价等工作仍将是未来研究的要点。

1.6 植物对镉胁迫的抗性及镉污染土壤的植物修复

1.6.1 土壤 Cd 污染现状及其来源

镉（Cd）是一种银白色的稀有金属，质地柔软，富有延展性，抗腐蚀、耐磨，加热易挥发。Cd 是重要的工业和环境污染物，具有致癌、致畸和致突变作用，并在环境中具有稳定、积累和不易消除的特点，Cd 不仅影响植物生长发育，造成作物减产和品质下降，还可以通过食物链富集到人体和动物体内，严重危害人畜健康。Cd 进入呼吸道可引起肺炎、肺气肿；作用于消化系统则易引起肠胃炎；长期大量摄入 Cd 会影响钙和磷的代谢，可造成肾小管对低分子蛋白再吸收功能发生障碍，引起糖代谢和蛋白质代谢发生紊乱，影响肾功能，引发尿蛋白症、糖尿病；诱发骨质疏松、骨软化等疾病，在人体低蛋白、低钙营养时，Cd 污染可能最终引发"痛痛病"（Friberg et al., 1977）；Cd 中毒还会引起高血压、前列腺病变、内分泌失调等（吴启堂等，1994；许嘉琳等，1991）。无论是从毒性还是蓄积作用来看，Cd 对人类环境和人类健康都有很大的危害。由于 Cd 应用范围广，消费方式多样化，增加了对环境污染的机会。目前 Cd 对环境的污染已引起普遍关注，控制 Cd 污染已成为全社会的综合问题。

1.6.1.1　土壤 Cd 污染现状

Cd 的环境污染问题自 20 世纪 20 年代伴随着电解锌的生产而开始出现，但直到 1968 年在日本的富山县神通川流域出现了"痛痛病"之后，Cd 污染及其生物毒性问题才真正引起全世界的关注（Hirono，2006；刘国胜等，2004）。Cd 广泛应用于电镀、汽车及航空、颜料、油漆、印刷等行业，人类活动加速了 Cd 的地球化学循环进程，导致 Cd 向环境中释放的速度加快，使土壤环境的 Cd 污染日益严重（曹会聪等，2007）。

据美国和欧共体调查统计，排到环境中的 Cd 有 82%～94%进入土壤，其中相当部分为农业土壤（鲁如坤等，1992）。Cd 污染在我国各地区普遍存在，早在 10 多年前，我国明确认定的 Cd 污染区就超过 20 个，并且有 11 处污灌区土壤 Cd 含量达到了生产"镉米"的程度。如沈阳张士灌区因污灌曾使 2533hm² 农田遭受 Cd 污染（土壤 Cd 含量>1.0mg·kg⁻¹），其中严重污染面积（可能产生 Cd 含量>1.0mg·kg⁻¹ 的农作物）的农田占 13%，稻米中 Cd 的浓度高达 0.4～1.0mg·kg⁻¹（已超过诱发"痛痛病"的平均 Cd 浓度），稻田土壤含 Cd 5～7mg·kg⁻¹；江西大余县污灌区 Cd 污染面积曾达 5500hm²，其中严重污染面积占 12%；广西某矿区生产的稻米中 Cd 浓度严重超标，当地居民长期食用这种"镉米"后已经开始出现"痛痛病"的症状，经过骨骼透视后确定，已经达到"痛痛病"的第三个阶段（吴燕玉等，1984，1991；周锡爵，1987）。近年来，随着我国国民经济的迅速发展，很多地区工业排废导致的环境 Cd 污染日趋严重。2005 年，韶关冶炼厂把处理未达标的含 Cd 废水直接排放到北江，导致了北江韶关段 Cd 超标 12 倍，严重影响了人畜饮水和农田灌溉安全。2006 年，湘江株洲霞湾港之长沙江段因霞湾港清淤工程出现 Cd 超标 22～40 倍的情况，周围 20 多个水塘和积水被严重污染。上海川沙、广东广州和韶关、广西阳朔、湖南衡阳等地区的土壤 Cd 污染也接近产生"镉米"的水平。据 1980 年中国农业环境报告，我国农田土壤中 Cd 污染面积为 9333hm^2，2003 年我国 Cd 污染耕地面积增至 1.33 万 hm^2，最近又有新的资料显示，我国农田土壤 Cd 污染面积已超过 20×10^{4}hm^2，土壤镉含量在 1～5 mg·kg^{-1}，有时候甚至高达 10 mg·kg^{-1}（崔力拓等，2006）。全国每年生产 Cd 含量超标的农产品达 14.6×10^{8}kg（叶雪明等，1995）。

由于 Cd 在自然界中常常与 Zn 伴生，在世界范围内 Zn 冶炼厂周围的土壤 Cd 污染程度常较为严重。我国辽宁省葫芦岛锌厂附近土壤 Cd 含量最高达到 33.07mg·kg^{-1}；美国宾夕法尼亚的 Palmerton 锌冶炼区，土壤 Cd 含量由 37.4mg·kg^{-1} 到 1020mg·kg^{-1} 不等；而在我国湖南宝山矿区，表层土壤 Cd 的含量最高达到了 2587mg·kg^{-1}（刘威等，2003；刘翠华等，2003；Brown et al.，1994）。这些矿区周围的土地保持水土能力薄弱，营养极度贫瘠，植被覆盖度较低，已经基本丧失了土壤的正常功用。

Cd 污染作为新的污染源，集约化农业、畜牧业的生产使得土壤 Cd 污染面积呈增加趋势，同时土壤中 Cd 污染存在低剂量长期暴露的生态风险，这就令土壤中 Cd 带来的危害更大。Cd 污染已受到世界各国的高度重视，联合国环境规划署（DNFP）把 Cd 列入重点研究的环境污染物，世界卫生组织（WTO）也将其作为优先研究的食品污染物。

1.6.1.2 土壤 Cd 污染的主要来源

Cd 元素在自然界中相当稀少且分布十分分散，它在陨石中的平均含量是 2.4mg·kg^{-1}，地壳中平均含量是 0.2mg·kg^{-1}，土壤和水体中也有微量 Cd（柳絮等，2007；刘国胜等，2004）。在未经污染的土壤中，Cd 主要来源于成土母质，在世界范围内土壤中 Cd 的含量一般为 0.01～2.00mg·kg^{-1}，中值含量为 0.35mg·kg^{-1}，日本和英国土壤的 Cd 背景值分别为 0.413mg·kg^{-1} 和 0.62mg·kg^{-1}，我国土壤的 Cd 背景值平均只有 0.097mg·kg^{-1}（许嘉琳等，1995；孟凡乔等，2000）。

导致土壤出现 Cd 污染的原因有很多，主要分为两类：自然原因和人为原因，其中主要的还是来源于人类的社会活动。首先，随着工业的飞速发展，化石燃料的燃烧和金属冶炼过程使城郊区大气中 Cd 沉降现象十分严重。工业和生活污水以及含 Cd 的大气沉降物将引起水体 Cd 污染，被污染的水体可通过渗流、灌溉、疏浚作业及生物迁移等作用造成土壤的重金属 Cd 污染。如湖南衡阳某 Pb 冶炼厂周围稻田、菜园地土壤都遭受重金属元素的严重污染，土壤 Cd 总量最高可达 51.3mg·kg^{-1}，且污染程度与污染源的距离呈负相关（刘国胜等，2004）。

污水灌溉则是我国农田土壤出现 Cd 污染的一个重要的原因。从近年来发表的相关调查研究报告看，我国农田 Cd 污染很多是由于引用工业污水灌溉造成的。

在工矿和城郊区,污灌农田无一例外都存在土壤 Cd 污染问题。1993 年中国环境状况公报显示,全国工业废水的排放量为 219.5 亿 t,污水灌溉农田的面积 330 万 hm²,污灌农田平均年接纳工业污水 6645t·hm⁻²,其中无疑有 Cd 污染问题。根据有关部门的调查统计,目前我国工业企业年排放的未经处理的污水达 300 亿~400 亿 t,用这些工业污水灌溉农田的面积占污灌总面积的 45%,造成严重的重金属污染,尤其是 Hg 和 Cd 的污染,全国因污灌引起 Cd 污染的农田面积为 3892hm²,其中沈阳张士灌区有 1067hm² 的土壤平均 Cd 含量 3~7mg·kg⁻¹,最高达 9.38mg·kg⁻¹,在重污染区表层土壤 Cd 含量可高出底层 50~1380 倍,15cm 以下接近本　　底值。

含 Cd 肥料的大量施用是造成土壤 Cd 污染的又一重要原因(刘国胜等,2004;柳絮等,2007)。含 Cd 的肥料主要是磷肥和一些含 Cd 生活垃圾,生活垃圾中 Cd 污染物可以通过人为控制加以解决,而磷肥的生产以磷矿石为原料,磷矿石除含有营养元素 P、K、Ca、Mn、Zn 和 B 等以外,同时也含有 Se、Cd、Cr 和 F 等元素,其中又以 Cd 含量最高。此外,固体废弃物的不合理处置及含 Cd 农用化学品的使用也是导致农田土壤 Cd 污染的一个重要原因(崔力拓等,2006)。

1.6.2　Cd 污染的生态效应

1.6.2.1　Cd 对植物的影响和植物的耐性

1. Cd 对植物生长及细胞分裂的影响

作为一种生物非必需元素,Cd 进入植物并累积到一定程度,就会对植物表现出毒害作用。通常会使植物出现生长迟缓、植株矮小、退绿、产量下降等症状。大麦受 Cd 污染后,种子的萌发率下降,且随处理浓度增大和时间延长而加剧,当 Cd 浓度为 0.01mol·L⁻¹ 时,种子萌发率小于 45%(张义贤,1997)。植物根系作为吸收重金属离子的重要器官,最先接触重金属离子,因此植物根系是反映重金属作用的主要部位之一,过的 Cd 将抑制根系的伸长和侧根数目的增加。莫文红等研究表明:植物的生长水平与 Cd 浓度呈明显的负相关,当 Cd²⁺浓度为 0.1mg·L⁻¹ 时,蚕豆根生长的平均长度为 1.50cm·24h⁻¹,而 Cd 浓度达到 5.0mg·L⁻¹ 时,根生长的平均长度仅为 0.21cm·24h⁻¹(莫文红,李懋学,1992;秦天才,吴玉树,1997;赵博生,莫华,1997;赵博生,毕红卫,1999)。这主要是因为重金属离子使分生区细胞核变小,尤其是核仁变小,阻碍其分裂,因而根的伸长受到抑制,形成所谓的"狮尾根",也可能是重金属影响了植物的光合作用从而影响到植物根系的生长,因此,通常把根系的生物量、长度、数量等指标作为植物的耐性指标(王焕校,2002;刘秀梅等,2002;朱云集等,2000)。

　　莫文红、段昌群和张义贤等详细观察了 Cd 对植物细胞分裂的影响，研究结果表明，Cd 能引起植物细胞分裂出现障碍或不正常分裂，表现为细胞分裂周期延长，产生 C-有丝分裂、染色体断裂、畸变、粘连和液化等（莫文红，李懋学，1992；段昌群，王焕校，1995；张义贤，1997）。可能原因是 Cd 与 Ca 竞争，影响 Ca 调素的活性进而影响细胞分裂。此外，Cd 能与带负电的核酸结合，破坏核仁结构，抑制 DNase 和 RNase 活性，并使植物体 DNA 合成受阻（Degraeve，1981；段昌群等，1992），这些与遗传有关的因子的变化必然对植物产生重大影响。

　　2. Cd 对细胞超微结构的影响

　　植物在受到重金属污染物的影响而尚未表现出可见症状之前，在组织和细胞内可能已经发生了亚细胞显微结构等方面的变化。施国新等（2000）的研究表明，用 $3mg·L^{-1}$ 的 Cd^{2+} 处理 6 天后，黑藻叶细胞中高尔基体消失、核仁和核糖体逐渐消失；内质网以光滑型为主，并且开始膨胀或解体；线粒体脊突膨胀成多种形态。而经 $5mg·L^{-1}$ 的 Cd^{2+} 污染水处理 6 天后，叶细胞核膜破损，核质、染色质散出；叶绿体中类囊体基粒和片层出现明显的膨胀；线粒体仅存少量残体。

　　3. Cd 对植物生理生化的影响

　　重金属污染下，植物的生理生化代谢也会受到严重的影响，导致植物生长发育受阻，甚至死亡。其中，光合器官对重金属污染有很高的敏感性，过量的 Cd 会抑制植物叶绿素的合成并可以引起叶绿素的解体，也可以引起光合作用生物膜中类脂的过氧化过程，并对光合作用系统 II 产生一定的影响（Baszyńki et al.，1980；杨丹慧等，1989；Mocquot et al.，1996）。在 Gil 等（1995）的研究中，Cd 污染后的番茄的叶绿素 a 和 b 含量均随 Cd 浓度增大而减少。

　　植物细胞膜系统是植物细胞和外界环境进行物质交换和信息交流的界面和屏障，其稳定性是细胞进行正常生理功能的基础。重金属作为膜脂过氧化的诱导剂，会破坏细胞内自由基的产生和清除之间的平衡，导致大量的活性氧自由基产生，自由基引发膜中不饱和脂肪酸产生过氧化反应，使膜脂过氧化的产物 MDA（丙二醛）大量累积，细胞膜的结构功能被破坏，细胞通透性上升。孙赛初等（1985）通过测定外渗液电导度和外渗液 K 含量，证明 Cd^{2+} 对植物的细胞膜有严重的伤害作用。赵博生等在重金属毒害试验中加入自由基清除剂（苯甲酸、抗坏血酸等）降低了重金属对植物的毒害及 MDA 的生成，亦证明重金属对植物的伤害是通过自由基介导（赵博生，莫华，1997；赵博生，毕红卫，1999）。

　　重金属污染对植物体内酶系统也有明显的影响。植物在 Cd 胁迫下，SOD、POD 和 CAT 会发生相应变化，但依 Cd 胁迫浓度、植物品种及其抗性的不同而不同。陈朝明等（1996）报道，当土壤 Cd 含量小于 $22.3mg·kg^{-1}$ 时，Cd 对桑树的

POD、SOD 无明显影响或有促进，但 Cd 含量超过 22.3mg·kg^{-1} 时，SOD 活性降低，当 Cd 含量达 145mg·kg^{-1} 时，POD 也明显下降；杨居荣等（1995）用 Cd 分别处理小麦、玉米、黄瓜和大豆，结果显示，耐性强的小麦，SOD、POD 和 CAT 活性升高，而耐性弱的大豆，三种酶的活性均降低。这表明耐性植物在一定的 Cd 浓度范围内，三种酶的活性得以维持或提高，超过这个范围，它们的活性则仍要下降，下降的幅度要比耐性弱的植物小。Cd 对上述几种酶的同工酶谱也发生影响，但情况根据植物物种的变化而有所不同。受 Cd 污染后，玉米、西葫芦根内 POD 同工酶谱的带数减少且颜色深浅改变，而多数蔬菜幼苗却增加一条新酶带（刘海亮等，1991）。

此外，低浓度的 Cd 有刺激酶活性和促进三羧酸循环产生能量的作用，从而导致植物呼吸强度增加，而高浓度的 Cd 对酶活性有明显的抑制作用，呼吸作用显著下降；重金属污染物对蒸腾作用也有明显的影响，当污染物超过一定数值后，可以诱发脱落酸的产生，使得气孔蒸腾阻力加大或气孔关闭，蒸腾强度降低；重金属污染物还可以影响植物体内的化学成分，如 Cd 在蚕豆种子内的累积能显著影响种子中氨基酸、蛋白质、糖、淀粉和脂肪等的含量（段昌群，王焕校，1995；王焕校，2002；谢建治等，2005）。

4. 植物的耐 Cd 机制

植物对重金属的耐性主要有以下两种途径，一种是金属排斥机制，即重金属吸收到植物体内后又被排出体外，或重金属在植物体内的运输受到阻碍；另一种途径是重金属富集，但可自行解毒，即重金属在植物体内以不具有生物活性的解毒形式存在，如结合到细胞壁上、离子主动运输到液泡以及与蛋白质、有机酸结合等（Baker，1981，1987）。

首先，在植物对重金属耐性机制中，最有效的方法是限制该重金属进入细胞或者选择性地将过多的重金属排出体外。植物的这种机制使得植物体内积蓄的 Cd 含量较低，不会达到产生毒性效应的浓度。因此，植物的耐 Cd 能力与根细胞对 Cd 的选择性吸收有关，同种植物的耐性型比其敏感型对 Cd 的吸收要少（Meharg，1993）。同时，将 Cd 滞留在根部，限制 Cd 的向上运输可以避免 Cd 对植物光合作用及其他重要生理过程的干扰，是植物耐 Cd 的一个比较普遍的机制。

在细胞的各组成部分中，细胞壁和液泡是 Cd 最重要的积累部位，络合于细胞壁或积累于液泡中的这部分 Cd 对植物不具有毒性。细胞壁是 Cd 进入细胞的第一道屏障，细胞壁的重金属沉淀作用可以阻止过量的 Cd 进入原生质体。Nishizono 等（1987）报道 *Athyrium yokoscense* 的根所吸收的重金属中有 70%～90%累积在根尖细胞壁上，这种沉积阻止 Cd 进入原生质以减轻其毒害，此外，植物液泡对重金属的累积和隔离也在植物重金属抗性中起到重要作用。当然，植物对 Cd

的耐性有时也是以牺牲部分细胞为代价的，在一部分细胞中累积较高浓度的 Cd，甚至破坏这些细胞来保持其他细胞正常的生命活动。

Cd 对植物毒性的大小不仅与其含量有关，还与其存在形式有着密切的关系。Cd 在植物体内可以以多种形式存在，其中，游离态对植物的毒性最大，而植物体内存在的众多物质（如酶、有机酸、糖等）都可以络合 Cd，从而使 Cd 发生形态上的变化，减轻其对植物的毒害作用。但是，这些重要物质与 Cd 结合后可能会失去活性，影响植物正常的生理过程，因此它们只能暂时轻微地缓解重金属的毒性，而一些特殊的有机物如金属硫蛋白（MTs）和植物金属螯合素（PCs）则容易与 Cd 发生络合反应，使 Cd 失去与其他物质络合的机会，因而可以产生较为持久的解毒效果（Grill et al., 1985）。

在 Cd 胁迫下，植物体内抗氧化系统的加强同样是一种重要的抗性机制。植物体内的抗氧化系统由抗氧化酶类和抗氧化剂两部分组成。其中，抗氧化酶类主要包括 SOD、CAT、POD、APX 和 GR；抗氧化剂类主要有抗坏血酸、谷胱甘肽和 a-生育酚（VitE）。植物在生长发育的过程中会不断产生活性氧，过多的活性氧能直接或间接地启动膜脂过氧化，导致细胞膜系统的损伤和破坏，而抗氧化系统则具有消除活性氧的作用。正常情况下植物体内的活性氧和抗氧化系统之间存在动态平衡，使活性氧保持在较低的水平，但当植物受到逆境胁迫时，活性氧会大量产生，诱导抗氧化酶类活性上升并增加抗氧化剂的含量以清除过多的活性氧，对植物起着重要的保护作用。但是，抗氧化系统的清除能力是有一定限度的，当活性氧产生的速度超过了其清除范围，过量的活性氧甚至会攻击保护酶本身，导致其活性下降。

除以上抗性途径外，向生长介质分泌配位体减低 Cd 的有效性也是植物抗 Cd 胁迫的重要途径之一。这些有机配位体包括有机酸、氨基酸、多糖、酚类和多肽等（田生科等，2006）。

1.6.2.2　Cd 污染对土壤系统的影响

在土壤-植物系统中，根系是植物和土壤直接接触的部分。根系不断地从土壤中吸收养分，向土壤中排放分泌物，以完成其生命活动，并在这个过程中，改良被污染土壤的性质。

根系分泌物是指植物在生长过程中，根系向生长介质中分泌的质子和大量有机物质的总称。根系分泌的有机化合物有 200 种左右，按其分子量的大小可以分为低分子分泌物和高分子分泌物。低分子分泌物主要有有机酸、糖类、酚类和各种氨基酸；高分子分泌物则主要包括黏胶和外酶，其中，黏胶包括多糖和多糖醛酸。一般情况下，根系向环境中释放的有机碳量占植物固定碳总量的 1%～40%，其中有 4%～7%通过分泌作用进入土壤（许卫红等，2006）。土壤理化性质是影响植物修复效率的重要因素，根系分泌物对土壤的理化性质，如团聚体的大小、pH、阳离子交换量（CEC）及吸附性均具有不同程度的影响。已有研究发现，根系分泌物中的黏胶对土壤微团聚体的稳定性、团聚体大小和分布等物理性质有显著的影响。

重金属在根际中的形态转化研究也日益引起人们的重视。重金属的存在形态一般可以划分为五种，即交换态、碳酸盐结合态、铁锰氧化物结合态、有机物结合态和残渣态。其中，交换态是植物利用重金属的主要形态，最易被植物吸收；碳酸盐结合态、铁锰氧化结合态、有机物结合态是植物的潜在利用形态，外界条件的改变可以使其转化为交换态；残渣态稳定性较高，可利用性最低（Clemente et al.，2008；Kirk and Bajita，1995；McGrath et al.，1997；Kong and Bitton，2003）。刘霞等（2002）的研究表明，碳酸盐结合态和铁锰氧化物结合态对植物吸收重金属Cd的贡献最大，可以转化为有效态Cd供植物吸收。同时，由于部分植物根际中重金属铁锰氧化结合态几乎为非根际环境的两倍，因此，根际可能存在交换态、碳酸盐结合态等形态向铁锰氧化结合态转化的机制（刘霞等，2003；林琦等，1998）。根系分泌物对土壤重金属形态的影响主要表现在以下三个方面：①根系可以通过分泌质子，酸化土壤中不溶态的重金属，促进植物对土壤中元素的吸收和活化；②根系分泌物中含有某些重金属结合蛋白和某些特殊的有机酸，能螯合土壤中的重金属；③根系分泌物还原土壤中的重金属。在根细胞质膜上的专一性金属还原酶的作用下，土壤中的高价金属离子被还原，溶解性增加。此外，根系分泌的有机酸、氨基酸等有机物被根际微生物利用，使根际土壤的氧化还原环境电位低于非根际土，从而改变根际土壤中变价重金属Cr、Cu等的形态和有效性。

吸附和解吸附是重金属离子在土壤中发生的重要化学过程，重金属的吸附-解吸附特性受根系分泌物的影响，并与根系分泌物的分解程度有关。大部分的高分子根系分泌物能对重金属产生吸附、络合作用，促进重金属的固定，减轻重金属的生物毒性；而一些低分子的根系分泌物则会影响铁、锰及铝氧化物表面对重金属的吸附（许卫红等，2006）。新鲜的根系分泌物可以减少土壤对重金属的吸附，提高其扩散性，但根系分泌物经培养分解后则对重金属的吸附起到相反的效果。

根系分泌物中含有大量的活性物质，是土壤酶的重要来源，并可以提高土壤微生物的活性（Chen et al.，2005，2001）。因此，根系分泌物对土壤酶的活性也具有极其重要的影响。

植物在Cd污染土壤上生长的过程中，必然伴随着Cd的吸收过程。植物不断吸收土壤中的Cd并累积在体内，从而降低了土壤中Cd的总量，减轻了重金属Cd对土壤系统的破坏程度。

1.6.3　Cd 污染土壤的植物修复

重金属污染土壤植物修复的关键在于基质的改良与物种的选择，尤其是耐性植物和超积累植物的应用。近年来我国重金属污染土壤的植物修复研究工作发展很快，陆续发现了一批 Cd 富集植物：龙葵（*Solanum nigrum*）、宝山堇菜（*Viola baoshanensis*）、印度芥菜（*Brassica juncea*）、三叶鬼针草（*Bidens pilosa*）、天蓝遏蓝菜（*Thlaspi caerulescens*）、伴矿景天（*Sedum plumbizincicola*）、忍冬（*Lonicera japonica*）等，为开展 Cd 污染土壤的植物修复研究提供了很好的基础。由于 Cd 超富集植物往往植株矮小，生物量偏低，生长速度慢，生长周期长，在利用基因工程培育理想的超富集植物方面进展也十分缓慢（Glass，2000）；同时，由于根系较浅，对深层土壤污染修复能力较差，难以大规模的应用（Shen et al.，1997；Römkens et al.，2002；王华等，2006）。此外，Cd 在植物体内的累积，也可能增加重金属对野生生物，特别是野生食草动物的威胁。这些都严重限制了 Cd 超富集植物的应用。

继续寻找适宜的 Cd 超积累植物，寻找廉价的、无风险或风险小、生物可降解的螯合剂，促进污染土壤中 Cd 提取效率的提高，加强用于修复的植物的材料产后处置及其资源化利用，仍将是我国未来 Cd 污染土壤植物修复工作的重要内容（魏树和等，2003，2005）。

观赏植物分布广泛、适应性强，而且品种众多，资源潜力巨大，其中全世界花卉植物总数就有 3 万余种，其中较常用者约达 6000 种，包括变种则有 40 万种以上。这些植物不仅本身具有优良的生长特性，如容易繁殖、生长迅速、生物量大，而且它们对各种污染物均具有一定程度的耐性，并且其中不乏对重金属污染具有良好耐性和富集能力的种类（刘家女等，2007）。邹春萍等（2015）对 25 种观赏植物重金属富集特性的研究发现，这些植物均能够在受到轻度污染的 Cd-Pb-Cu 土壤上正常生长，并表现出较强的重金属富集能力，具有较好的重金属污染土壤植物修复潜力。林立金等（2016）采用土壤高浓度 Cd 污染法，从 5 种花卉植物中筛选出具有 Cd 富集植物基本特征的花卉植物硫华菊，并通过栽培试验发现硫华菊地上部分 Cd 含量均超过 Cd 超富集植物临界值（$100 \text{mg} \cdot \text{kg}^{-1}$）。这为将观赏植物应用于污染土壤的植物修复提供坚实的理论基础。一些具有重金属抗性、可以在重金属污染土壤上良好生长的观赏植物，既可以实现重金属污染土壤的再利用，产生一定的经济价值，又可以避免污染物通过食物链传递危害人类健康。此外，人类在长期的生产实践中，积累了丰富的花卉品种选育、栽培以及病虫害防治等经验，这也为培育具有不同功能和不同需求的修复植物，提供了技术支撑。吊兰（*Chlorophytum comosum*）为宿根草本，隶属于百合科吊兰属，被称为"空中仙子"，是一种深受人们喜爱的常见观赏植物，具有分布范围广、环境竞争力强和易于栽培等特点，对重金属具有较好的耐性与积累特性（王友保等，2010；Wang et al., 2011，2012；吴丹等，2012；汪楠楠等，2013）。为了更好地探讨吊兰对重金属 Cd 及其伴生金属的耐性和积累特性，我们从吊兰对 Cd 及其主要伴生金属 Cu、Pd、Zn 等的耐性与积累特性，栽培吊兰对重金属污染土壤的修复效果评价，调节剂强化作用下吊兰对 Cd 等重金属污染土壤的耐性和修复效果分析等方面开展研究，为此类重金属污染土壤的植物修复与再利用提供参考依据。

2 吊兰对镉的耐性与积累特性

2.1 耐 Cd 观赏植物的筛选

Cd 是一种生物非必需元素，在环境中具有活性强、移动性大、生物毒性强且持久的特性，易被植物吸收，并通过食物链的富集危及人类健康（陈怀满，1996；Gupta and Gupta，1998；di Toppi and Gabbrielli，1999）。20 世纪 80 年代以来，随着电解电镀技术的发展、农业生产中化肥施用量的增加、工业废物和城市垃圾排放量的增大，Cd 污染明显增加，Cd 污染土壤的治理已迫在眉睫（Tschuschke et al.，2002；Polle and Schützendübel，2003；Wu and Zhang，2002；宋波等，2006）。与物理化学方法相比，植物修复技术以其安全、廉价等众多优点成为学术界研究的热点（周启星等，2007；丛源等，2009）。但是，一方面已知重金属超富集植物种类稀少，难以广泛应用；另一方面，相当一部分重金属污染土壤不迫切要求转化为耕地，当前急需解决的是稳定改良基质，实现植被覆盖，以减少对周围环境的影响，但是选用农作物或药用植物可能造成重金属通过食物链富集危害人类健康（Römkens et al.，2002）。

观赏植物由于分布广泛、适应性强及较高的美学价值，已经成为修复物种新的来源。一些具有重金属抗性，可以在 Cd 污染土壤上良好生长的观赏植物，既可以实现 Cd 污染土壤的再利用，产生一定的经济价值，又可以避免污染物通过食物链传递危害人类健康。对观赏植物进行筛选，研究其对 Cd 的耐受与积累特性，探索其在 Cd 污染土壤修复中应用的可行性，具有重要的理论意义和实践价值。

2.1.1 研究设计

根据市场调研和文献检索，本书先期选取了 10 种常见观赏植物：天南星科海芋属滴水观音（*Alocasia macrorrhiza*）、牻牛儿苗科天竺葵属碰碰香（*Pelargonium odoratissimum*）、仙人掌科蟹爪兰属蟹爪兰（*Zygocactus truncatus*）、兰科火炬兰属火炬兰（*Grosourdya appendiculatum*）、菊科雏菊属雏菊（*Bellis perennis*）、菊科百日草属百日草（*Zinnia elegans*）、豆科含羞草属含羞草（*Mimosa pudica*）、鸭跖草科鸭跖草属白雪姬（*Tradescantia sillamontana*）、马齿苋科马齿苋树属树马齿苋（*Portulacaria afra*）和百合科吊兰属吊兰（*Chlorophytum comosum*）进行植物的初步筛选。在选择 0、20、50mg·kg^{-1} 3 个 Cd 添加浓度进行 10 种观赏植物幼苗的培养时发现，滴水观音、碰碰香、蟹爪兰、火炬兰、雏菊和百日草在较低 Cd 浓度下生长就受到了显著抑制，并在 50mg·kg^{-1} Cd 浓度下存活率较低。在此基础上，选取了生长状况较好的四种观赏植物：含羞草、吊兰、白雪姬和树马齿苋，进一步研究其在重金属 Cd 胁迫下的生理生化反应及对 Cd 的积累情况，以筛选出对 Cd 具有较高耐性和对 Cd 污染土壤具有较好修复能力的观赏植物（燕傲蕾，2010）。具体操作如下。

植物材料。从芜湖市大江花鸟市场购买含羞草（*M. pudica*）、白雪姬（*T. sillamontana*）、树马齿苋（*P. afra*）的幼苗，分别经预培养缓苗 1 周后，选取生长情况相近的幼苗进行试验。吊兰（*C. comosum*）幼苗取自安徽师范大学生态修复实验室培养的吊兰母枝，剪下带有气生根的幼苗后于土中培养，幼苗生根稳定后取生长情况相近的幼苗进行试验。

栽培用土壤。采集安徽师范大学后山山坡园田土（土壤为黄棕壤，pH=5.33，电导率为 101μS·cm^{-1}，氮、磷、钾和有机质的总量分别为 1.55、2.06、9.69 和 25.55g·kg^{-1}，土壤 Cd 含量为 0.6mg·kg^{-1}），风干，过 3mm 筛后充分混匀备用。

栽培试验。用直径为 12.5cm 的塑料花盆，每盆装土 250g。向土壤中添加 CdCl$_2$，使土壤含 Cd 量分别为 5、10、50、100mg·kg^{-1}（以纯 Cd^{2+} 计），以不添加 Cd 的处理为对照（CK）。将其稳定 2 周后，每盆栽培 2 株观赏植物进行试验。以上每种处理均设 3 个重复。

取样分析。栽培 50d 后，分别将 4 种植物小心连根取出，用抖落法收集根区土壤。去掉土样中的残余根系，自然风干后磨细，过 1mm 筛，即为土壤样品，测定土壤酶活性。除去根部土壤后，用自来水、蒸馏水多次冲洗植株后用滤纸吸干。用剪刀将根和地上部分分开，分别测量植株的根长、地上部分长、根与地上部分鲜重和干重，取成熟的鲜叶片进行生理生化指标的测定。将根和地上部分分开，105℃杀青 0.5h，75℃过夜，磨碎过筛后，用混酸（浓 HNO$_3$：HClO$_4$：浓 H$_2$SO$_4$=8：1：1）隔夜消化，采用日本岛津 AA6800 型原子吸收分光光度计测定植物体内的 Cd 含量。

数据处理。采用 Microsoft Excel 和 SPSS 统计分析软件进行数据处理与分析。并计算耐性指数、富集系数、转运系数和土壤酶活性相对变化率。各指标计算方法如下：

耐性指数(%)=各处理组根的平均长度×100/对照组根系平均长度

富集系数=植物地上或地下部分重金属含量/土壤中重金属含量

转运系数=地上部分的重金属含量/根中的金属含量

相对变化率(RC)(%)=(实验组某指标数值−空白组该指标数值)×100/空白组该指标数值

2.1.2 四种观赏植物对重金属 Cd 的耐性与积累特性

2.1.2.1 Cd 对四种植物生长的影响

从表 2-1 可以看出：吊兰的各生长指标均表现为在低 Cd 浓度时上升，在高 Cd 浓度时下降。其中，吊兰的根长和地上部分长度在 5mg·kg^{-1} 时达到峰值，分别为对照的 1.24 和 1.01 倍，根的鲜重、干重和地上部分的鲜重、干重则在 10mg·kg^{-1} Cd 浓度下达到峰值，分别为对照组的 1.32、1.11 倍和 1.15、1.35 倍；含羞草的根长、根鲜重和地上部分干重在低 Cd 浓度时上升，在高 Cd 浓度时下降，其中，根长在 5mg·kg^{-1} 时达到最大值，为对照的 1.11 倍，根鲜重和地上部分干重则在 10mg·kg^{-1} Cd 浓度下达到峰值，分别为对照组的 1.11 和 1.05 倍；白雪姬的根长和地上部分长度同样表现出在低 Cd 浓度时上升，在高 Cd 浓度时下降的趋势，并在 5mg·kg^{-1} 时达到最大值，分别为对照的 1.003 和 1.08 倍；含羞草和白雪姬的其他指标以及树马齿苋的全部生长指标均随着 Cd 浓度的上升而下降。对各植物在不同浓度下的生长指标进行多重比较发现：吊兰除根长之外的所有生长指标均与对照无显著差别；含羞草的大多数生长指标在 50mg·kg^{-1} 时才与对照有明显差异；白雪姬和树马齿苋的大部分生长指标则在 10mg·kg^{-1} 时即与对照组有明显差异，其中，树马齿苋的地上部分干重在 5mg·kg^{-1} 时就与对照有明显差异。

表 2-1 四种观赏植物的生长指标

植物	Cd 浓度 （mg·kg^{-1}）	根长 （cm）	茎叶长 （cm）	根鲜重 （g·株$^{-1}$）	茎叶鲜重 （g·株$^{-1}$）	根干重 （g·株$^{-1}$）	茎叶干重 （g·株$^{-1}$）	耐性指数（%）
吊兰	CK	14.28±0.68b	10.79±1.10a	4.86±2.14a	5.06±2.36a	7.01±3.49a	4.33±2.15a	100.00
	5	17.77±0.90a	10.85±1.36a	6.25±3.44a	5.66±2.69a	7.60±3.56a	5.09±2.84a	124.53
	10	15.56±1.93b	10.84±1.20a	6.40±2.94a	5.81±2.18a	7.76±3.72a	5.85±2.44a	108.96
	50	14.71±2.82b	10.04±0.99a	5.39±2.46a	4.93±1.13a	6.21±3.00a	4.33±1.52a	102.99
	100	9.75±1.28c	9.21±1.25a	4.40±2.39a	4.15±2.03a	5.13±1.75a	3.37±1.32a	68.30
含羞草	CK	10.38±0.85a	9.25±0.87a	2.85±0.49a	2.57±0.37a	1.56±0.15a	1.68±0.09a	100.00
	5	11.57±0.85a	8.72±0.68a	3.09±0.40a	2.40±0.48a	1.45±0.11a	1.72±0.11a	111.40
	10	11.50±1.06a	8.62±0.58a	3.15±0.40a	2.17±0.27a	1.08±0.17b	1.76±0.10a	110.77
	50	11.12±0.93a	5.63±0.40b	1.94±0.22b	1.43±0.41b	0.87±0.09bc	1.14±0.17b	107.13
	100	10.29±0.66a	4.01±0.02c	1.34±0.18b	1.03±0.13b	0.69±0.08c	0.74±0.05c	99.10
白雪姬	CK	3.02±0.16a	8.15±0.24b	1.83±0.15a	4.79±0.57a	0.73±0.08a	3.53±0.14a	100.00
	5	3.03±0.51a	8.79±0.30a	1.81±0.11a	4.32±0.61ab	0.70±0.12a	2.98±0.10a	100.33
	10	2.86±0.17a	8.22±0.23b	1.50±0.12b	3.86±0.13bc	0.68±0.06a	2.80±0.20a	94.43
	50	2.19±0.08b	7.97±0.39b	1.42±0.16bc	3.56±0.24bc	0.63±0.04b	2.60±0.28ab	72.33
	100	1.19±0.16c	7.26±0.17c	1.22±0.10c	3.42±0.42c	0.49±0.08b	2.17±0.39b	39.31

续表

植物	Cd 浓度 (mg·kg⁻¹)	根长 (cm)	茎叶长 (cm)	根鲜重 (g·株⁻¹)	茎叶鲜重 (g·株⁻¹)	根干重 (g·株⁻¹)	茎叶干重 (g·株⁻¹)	耐性指数 (%)
树马齿苋	CK	5.79±0.40a	5.77±0.20a	1.32±0.14a	4.96±0.37a	0.68±0.10a	2.75±0.29a	100.00
	5	5.54±0.22a	5.20±0.49a	1.31±0.12a	4.19±0.45b	0.65±0.10a	2.58±0.15ab	95.78
	10	4.66±0.57b	4.80±0.58b	1.27±0.18a	2.60±0.04c	0.61±0.08a	2.51±0.10b	80.42
	50	4.20±0.20b	4.33±0.47b	0.45±0.08b	1.00±0.14d	0.21±0.04b	0.63±0.04c	72.55
	100	2.93±0.31c	2.67±0.47c	0.23±0.04c	0.63±0.06d	0.11±0.02b	0.45±0.05c	50.67

注：表中数据为平均值±标准差；数字后字母用来表示同一个指标在不同处理条件下的差异性，数据之间若含有相同的字母则说明差异不显著，即 $P>0.05$，反之，则差异显著，即 $P<0.05$。全书同

在土壤重金属胁迫环境下，植物根系是最先接触重金属的部位，可以对重金属进行吸收或排斥。敏感植物在重金属胁迫下，会抑制根系的生长，导致植物生长缓慢、生物量小，而耐性植物则没有影响或影响较小，因此根系耐性指数（TI）是用来反映植物体对重金属耐性大小的一个非常重要的指标（严明理等，2009）。分别计算四种植物在不同 Cd 浓度下的耐性指数发现：吊兰、含羞草和白雪姬的耐性指数均在低浓度时上升，在高浓度时下降，在 5mg·kg⁻¹ 浓度下达到峰值，并且在 Cd 浓度低于 100mg·kg⁻¹ 时，吊兰和含羞草的耐性指数均大于 100；树马齿苋的耐性系数则随着 Cd 浓度的上升而不断下降，相关系数为 -0.956^*，呈显著负相关[①]。吊兰、含羞草、白雪姬和树马齿苋的平均耐性指数分别为 101.00、105.57、81.35 和 79.88。由此可见，吊兰和含羞草对 Cd 的耐性较强，白雪姬和树马齿苋对 Cd 的耐性相对较弱。

2.1.2.2　Cd 对四种植物生理指标的影响

1. Cd 对四种植物光合色素含量的影响

光合色素是作物光合作用的物质基础，其含量高低是判定植物光合作用强弱的一个重要生理指标（杜天庆等，2009）。从表 2-2 可以看出：吊兰、含羞草和树马齿苋的叶绿素 a、b 的含量均表现为在低 Cd 浓度时上升，在高 Cd 浓度时下降。吊兰和含羞草的叶绿素 a、b 的含量均在 10mg·kg⁻¹ 时达到峰值，分别为对照的 1.14、1.11 倍和 1.26、1.09 倍，而在最大胁迫浓度 100mg·kg⁻¹ 时分别为对照的 83.68%、81.51%和 83.74%、69.83%；树马齿苋的叶绿素 a、b 的含量则在 5mg·kg⁻¹ 时达到峰值，分别为对照的 1.06 和 1.05 倍，在 100mg·kg⁻¹ 时分别为对照的 60.64% 和 51.26%；白雪姬的叶绿素 a、b 的含量则随着 Cd 胁迫的加重而不断下降，在

---

① 数字后标"**"，代表 $P<0.01$，差异性极显著；数字后标"*"，代表 $0.01<P<0.05$，差异性显著；数字后无星号，代表无统计学差异。全书同。

100mg·kg^{-1}时其叶绿素 a、b 的含量分别为对照的 69.34%和 60.82%。四种植物类胡萝卜素含量的变化趋势与叶绿素有较大差异，吊兰和含羞草的类胡萝卜素含量均在低 Cd 浓度时上升，在高 Cd 浓度时下降，但在各处理浓度下均与对照组无显著差异；白雪姬和树马齿苋的类胡萝卜素均则随着 Cd 浓度的上升而升高，相关系数分别为 0.959[**]和 0.959[**]，并在 50mg·kg^{-1}时与对照组差异明显。

分别计算各植物中类胡萝卜素占总色素的百分比（xc%）和在不同处理下叶绿素 a 和 b 的比值（a/b）发现：随着 Cd 添加浓度的上升，xc%和 a/b 值大多呈现出上升的趋势，在 100mg·kg^{-1}浓度下吊兰、含羞草、白雪姬和树马齿苋的 xc%值分别为对照的 1.13、1.11、3.99 和 5.52 倍，a/b 值则分别为对照的 1.01、1.20、1.14 和 1.18 倍。这表明在 Cd 胁迫条件下，叶绿素 a 受破坏程度可能低于叶绿素 b，类胡萝卜素几乎没有受到破坏。

表 2-2　Cd 对四种植物的光合色素含量的影响

植物	Cd 浓度 （mg·kg^{-1}）	叶绿素 a （mg·g^{-1}FW）	叶绿素 b （mg·g^{-1}FW）	类胡萝卜素 （mg·g^{-1}FW）	xc% （%）	a/b
吊兰	CK	18.97±2.47b	11.19±1.95a	2.56±0.32a	7.86±0.46a	1.71±0.10a
	5	20.15±1.10ab	11.74±0.68a	2.78±0.42a	8.04±1.36a	1.72±0.10a
	10	21.55±0.66a	12.44±1.04a	2.93±0.37a	7.93±1.02a	1.74±0.09a
	50	20.42±0.92ab	11.72±0.82a	2.76±0.22a	7.92±0.72a	1.74±0.08a
	100	17.02±1.30c	9.89±0.30b	2.65±0.47a	8.91±1.08a	1.72±0.12a
含羞草	CK	7.09±1.19b	3.97±0.06a	1.10±0.40b	8.90±2.20a	1.79±0.33b
	5	7.79±0.74b	4.35±0.12a	1.24±0.22ab	9.45±1.01a	1.93±0.14b
	10	8.94±0.77a	4.35±0.57a	1.41±0.06a	9.67±0.99a	2.06±0.10b
	50	6.76±0.19bc	3.26±0.32b	1.09±0.05b	9.78±0.13a	2.08±0.15b
	100	5.94±0.25c	2.78±0.23b	0.95±0.06b	9.86±0.08a	2.14±0.08a
白雪姬	CK	5.55±1.00a	5.04±1.05a	0.17±0.04a	1.62±0.30b	1.11±0.10a
	5	5.50±0.45a	4.62±0.37ab	0.22±0.10a	2.14±0.92b	1.19±0.01a
	10	5.30±0.80a	4.49±0.56ab	0.25±0.07a	2.48±0.65ab	1.19±0.21a
	50	4.59±0.79ab	3.27±0.92bc	0.41±0.07b	5.13±1.47a	1.45±0.27a
	100	3.85±0.44b	3.07±0.79c	0.48±0.11b	6.57±1.95a	1.31±0.40a
树马齿苋	CK	4.51±0.28a	3.39±0.30a	0.16±0.08a	2.05±1.12d	1.33±0.04b
	5	4.80±0.07a	3.56±0.50a	0.25±0.08a	2.97±1.15cd	1.36±0.18b
	10	3.75±0.08b	2.79±0.10b	0.26±0.07a	3.88±1.10c	1.35±0.06b
	50	3.30±0.16c	2.26±0.10c	0.40±0.02b	6.70±0.66b	1.46±0.01b
	100	2.73±0.29d	1.74±0.17d	0.49±0.05b	9.88±0.09a	1.57±0.01a

注：FW 指鲜重，下同

2. Cd 对四种植物电导率的影响

细胞膜透性调节细胞内外物质的交换运输,是评定植物对污染物反应的指标之一。重金属与细胞膜成分相结合,造成膜蛋白的磷脂结构改变,破坏细胞膜系统使选择性降低、透性增大,细胞内一些可溶物质外渗,从而电导率升高(Strange and MacNair,1991)。随着 Cd 处理浓度的升高,四种植物的电导率均随之上升,且与 Cd 添加浓度显著正相关,吊兰、含羞草、白雪姬和树马齿苋与 Cd 浓度之间的相关系数分别为 0.931*、0.940*、0.962** 和 0.946*。吊兰、含羞草、白雪姬和树马齿苋的电导率分别平均上升了 28.61%、22.75%、43.78% 和 31.02%,当 Cd 浓度达到最大浓度 100mg·kg^{-1} 时,吊兰、含羞草、白雪姬和树马齿苋的电导率分别为对照的 1.46、1.39、1.81 和 1.56 倍。白雪姬的电导率受 Cd 污染的影响程度最大,树马齿苋次之,吊兰和含羞草的电导率受 Cd 污染的影响的程度最小。

3. Cd 对四种植物 O_2^- · 产生速度的影响

不同植物在正常生长条件下 O_2^- · (超氧阴离子)产生水平存在明显的差异;吊兰、含羞草、白雪姬和树马齿苋的 O_2^- · 产生速度均随着 Cd 浓度的上升而升高,并与 Cd 浓度极显著正相关,相关系数分别为 0.978**、0.981**、0.979** 和 0.983**。在 Cd 浓度低于 50mg·kg^{-1} 时,吊兰、含羞草、白雪姬和树马齿苋的 O_2^- · 产生速度分别平均上升了 2.97%、6.32%、17.51% 和 18.8%,而在 50～100mg·kg^{-1} Cd 浓度间,四者的 O_2^- · 产生速度分别平均上升了 22.28%、32.5%、60.79% 和 70.2%。这说明在 Cd 胁迫浓度较低时,植物体内的 O_2^- · 产生速度增加较慢,而当 Cd 浓度增加到一定水平时, O_2^- · 产生速度会快速上升。且在四种植物中,吊兰的 O_2^- · 产生速度升高得最慢,含羞草次之,树马齿苋和白雪姬则上升较快。

4. Cd 对四种植物 MDA 含量的影响

MDA 可与蛋白质、核酸、氨基酸等活性物质交联,形成脂褐素,干扰细胞的正常生命活动,是反映膜脂过氧化水平的一个指标(Clijsters and van Assche,1985;Demidchik et al., 1997)。四种植物的 MDA 含量均随着 Cd 浓度的上升而表现出上升的趋势,且与 Cd 浓度极显著正相关,吊兰、含羞草、白雪姬和树马齿苋与 Cd 浓度之间的相关系数分别为 0.967**、0.985**、0.963** 和 0.993**。在 0～100mg·kg^{-1} Cd 浓度之间,吊兰、含羞草、白雪姬和树马齿苋的 MDA 含量分别平均上升了 7.14%、16.19%、30.87% 和 24.06%,且在各 Cd 处理浓度下,MDA 的上升幅度均表现为白雪姬>树马齿苋>含羞草>吊兰。MDA 含量增加表示细胞膜脂过氧化水平高,膜结构受损伤程度加深,植物的抗逆性减弱(Panla and Thompson,1984)。因此,从 MDA 方面来看,吊兰对重金属 Cd 的耐受性最高,含羞草和树马齿苋次之，白雪姬对重金属 Cd 的耐受性最低。

2.1.2.3 Cd 在四种植物体内的积累和分布情况

随着 Cd 浓度的上升，四种观赏植物根系和地上部分的 Cd 累积浓度均明显升高（表 2-3）。其中吊兰体内 Cd 的累积浓度最高，在 10mg·kg^{-1} 下根系 Cd 累积浓度就超过了 100mg·kg^{-1}，在最高胁迫浓度 100mg·kg^{-1} 下其根和地上部分的 Cd 累积浓度分别高达 883.20 和 623.80mg·kg^{-1}；树马齿苋体内的 Cd 累积浓度次之，在 100mg·kg^{-1} Cd 浓度下其根和地上部分的 Cd 累积浓度分别为 612.37mg·kg^{-1} 和 259.47mg·kg^{-1}；当 Cd 浓度高于 10mg·kg^{-1} 时，含羞草根系和地上部分 Cd 的累积浓度均高于白雪姬，且在 50mg·kg^{-1} 时根和地上部分的累积浓度均超 100mg·kg^{-1}，分别为 224.25 和 136.80mg·kg^{-1}；白雪姬的 Cd 累积浓度最低，根系 Cd 累积浓度在 50mg·kg^{-1} 时达到 194.59mg·kg^{-1}，地上部分的 Cd 累积浓度在土壤 Cd 浓度为 100mg·kg^{-1} 时超过 100mg·kg^{-1}，为 152.5mg·kg^{-1}。

植物对重金属的吸收分布情况是耐性物种选择的重要指标，富集系数反映植物对重金属的富集能力，转运系数反映重金属在植物体内的运输和分配情况（Reeves，1992；Monni et al.，2000）。吊兰、含羞草、白雪姬和树马齿苋根系和地上部分的富集系数的平均值分别为 13.83、11.39，5.80、3.26，5.17、2.86 和 10.87、5.39，表明对 Cd 累积能力的高低顺序为吊兰>树马齿苋>含羞草>白雪姬。吊兰、含羞草、白雪姬和树马齿苋的转运系数的平均值分别为 0.82、0.57、0.53 和 0.47，在 Cd 胁迫下，尤其是在 Cd 浓度大于 5mg·kg^{-1} 时，吊兰和含羞草的转运系数显著高于白雪姬和树马齿苋，这表明吊兰和含羞草在较高浓度下转运系数仍保持在较高的水平，能将吸收的 Cd 较多地运输到地上部位，其体内可能存在较好的运输和解毒机制以应对重金属 Cd 的胁迫。白雪姬和树马齿苋这方面的能力则相对较弱。

表 2-3　Cd 在四种植物体内的积累和分布情况

植物	Cd 浓度 （mg·kg^{-1}）	根积累浓度 （mg·kg^{-1}）	地上部分积累浓度 （mg·kg^{-1}）	转运系数	富集系数	
					根	地上部分
吊兰	CK	7.85±0.20a	6.95±0.15a	0.89±0.07a	11.51	10.19
	5	98.82±6.61b	81.52±5.82b	0.83±0.05a	20.37	16.81
	10	179.60±3.67c	149.0±11.61c	0.83±0.05a	18.77	15.60
	50	469.00±6.16d	393.70±17.63d	0.84±0.06a	9.59	8.05
	100	883.20±61.10e	623.80±15.75e	0.71±0.04b	8.91	6.29
含羞草	CK	6.25±0.40d	3.48±0.17c	0.56±0.01b	9.94	5.53
	5	27.55±4.71cd	12.43±1.65c	0.45±0.02c	5.51	2.49
	10	44.35±6.49c	27.50±4.41c	0.62±0.01a	4.44	2.75
	50	224.25±8.26b	136.80±9.56b	0.61±0.02a	4.49	2.73
	100	460.00±24.75a	277.75±24.00a	0.60±0.02a	4.60	2.78

续表

植物	Cd 浓度 （mg·kg^{-1}）	根积累浓度 （mg·kg^{-1}）	地上部分积累浓度 （mg·kg^{-1}）	转运系数	富集系数	
					根	地上部分
白雪姬	CK	4.36±0.54d	3.08±0.44d	0.71±0.01a	6.93	4.89
	5	31.50±4.92cd	16.58±1.94cd	0.53±0.02b	6.30	3.31
	10	50.35±4.04c	28.30±2.45c	0.56±0.00b	5.03	2.83
	50	194.59±8.17b	86.00±10.47b	0.44±0.04c	3.89	1.72
	100	369.64±27.29a	152.50±11.96a	0.41±0.00d	3.70	1.53
树马齿苋	CK	9.10±0.69e	6.95±0.82d	0.76±0.03a	14.49	11.06
	5	64.73±4.40d	24.65±3.30d	0.38±0.03b	12.95	4.93
	10	133.62±5.36c	54.20±2.80c	0.41±0.00b	13.36	5.42
	50	372.25±11.43b	146.82±14.00b	0.39±0.03b	7.44	2.94
	100	612.37±22.75a	259.47±15.06a	0.42±0.01b	6.12	2.59

2.1.2.4　四种观赏植物对 Cd 耐性的比较分析

重金属影响植物根尖细胞有丝分裂，造成细胞分裂速度减慢，并通过改变植物的生理生化过程而影响其生长发育（Seregin and Ivanov, 2001；Seregin and Kozhevnikova, 2006；Romanowska et al., 2008）。在本实验中，吊兰、含羞草、白雪姬和树马齿苋的生长均受到不同程度的影响，可能的原因是 Cd 与 Ca 竞争，影响 Ca 调素的活性进而影响细胞分裂。同时，Cd 能与带负电的核酸结合，破坏核仁结构抑制 DNase 和 RNase 活性，并使植物体 DNA 合成受阻，产生 C-有丝分裂、染色体断裂、畸变、粘连和液化，进而影响植物的生长发育。在前人研究中，菖蒲（*Acorus calamus*）和鸡冠菜（*Meristotheca papulosa*）的平均耐性指数分别为 59.0 和 52.6（周守标等，2007；徐素琴，程旺大，2005），而吊兰、含羞草、白雪姬和树马齿苋的平均耐性指数分别为 101.00、105.57、81.35 和 79.88，这表明本书选取的四种观赏植物均对 Cd 有较强的耐性。

光合器官是植物出现病害症状的最敏感部位。在 Cd 胁迫下，四种植物叶绿素含量均有不同程度的下降，受破坏的程度为吊兰<含羞草<白雪姬<树马齿苋；类胡萝卜素所占色素总含量的百分比 xc% 和叶绿素 a/b 值却随着 Cd 浓度的上升而升高。逆境胁迫下叶绿素含量下降的主要原因是叶绿体片层中捕光 Chlalb-Pro 复合体合成受到抑制。Cd^{2+} 可能与叶绿素合成相关酶（原叶绿素脂还原酶、δ-氨基乙酰丙酸合成酶和胆色素原脱氨酶）的肽链中富含 SH 的部分结合，抑制了酶活性从而阻碍了叶绿素的合成（Somashekaraiah et al., 1992）。同时，在光合作用的过程中，叶绿素 b 主要进行光能的收集，叶绿素 a 主要起到将光能进行转化的作用，而类胡萝卜素可保护叶绿素分子免遭光氧化损伤。a/b 值越高，则植物对光能的利用效率越高。因此，在 Cd 胁迫造成叶绿素含量下降的情况下，植物可能通

过升高 xc%和 a/b 值的途径提高光能利用效率来维持自身的生长。植物细胞膜系统是植物细胞和外界环境进行物质交换和信息交流的界面和屏障，其稳定性是细胞进行正常生理功能的基础。在 Cd 的胁迫下，活性氧产生和清除的代谢系统失调，活性氧和自由基在体内过量累积，造成膜脂过氧化，MDA 含量升高。同时，Cd 直接与膜蛋白的—SH 结合或与磷酸乙醇胺和单分子层的磷脂酰丝氨酸反应，破坏了细胞质膜的结构和功能（Vallee and Ulmer, 1972），使细胞膜的选择性降低、电导率升高。在本实验中，四种观赏植物的 $O_2^-\cdot$ 生成速度、MDA 含量和电导率均随着 Cd 添加浓度的上升表现出上升趋势，且变化的显著性顺序为吊兰<含羞草<树马齿苋<白雪姬。

重金属累积能力的大小是修复物种选择的一个重要指标。超富集植物龙葵在 $25mg\cdot kg^{-1}$ Cd 浓度下茎叶 Cd 累积浓度分别为 103.8 和 $124.6mg\cdot kg^{-1}$（魏树和等，2005），但大多数植物累积能力均较低。李福燕等（2007）发现在 Cd 浓度为 $100mg\cdot kg^{-1}$ 时，剑麻（*Agave sisalana*）的根和地上部分中重金属 Cd 的累积浓度分别为 133.6 和 $55.86\ mg\cdot kg^{-1}$。Han 等（2007）发现 *Iris lactea* var.*chinensis* 的根和地上部分在 $20mg\cdot L^{-1}$ 时对重金属 Cd 的累积浓度分别为 389.19 和 $241.18mg\cdot kg^{-1}$。而在严明理等（2009）的研究中，在 Cd 浓度为 $50mg\cdot kg^{-1}$ 时，羽叶鬼针草（*Bidens maximowicziana*）的根和地上部分中重金属 Cd 的累积浓度分别为 87.1 和 $89.2mg\cdot kg^{-1}$；美洲商陆（*Phytolacca americana*）的根和地上部分中重金属 Cd 的累积浓度分别为 78.10 和 $79.2mg\cdot kg^{-1}$；紫叶芥菜（*Brassica juncea*）的根和地上部分中重金属 Cd 的累积浓度分别为 79.1 和 $78.2mg\cdot kg^{-1}$。Shin（2005）研究的 *Juniperus monosperma* 的 Cd 累积浓度更低。与这些研究相比，虽然与超富集植物存在一定的差距，吊兰、含羞草、白雪姬和树马齿苋在 $50mg\cdot kg^{-1}$ 时，除白雪姬的地上部分外，Cd 的累积浓度均高于 $130mg\cdot kg^{-1}$，吊兰根和地上部分的累积浓度已分别达到了 469.00 和 $393.70mg\cdot kg^{-1}$。这表明吊兰、含羞草、白雪姬和树马齿苋对重金属 Cd 均具有较强的累积能力，且对 Cd 累积能力的大小为吊兰>树马齿苋>含羞草>白雪姬。而从转运系数的大小可以看出，将 Cd 转移到地上部分的能力是吊兰>含羞草>白雪姬>树马齿苋。

由以上分析可知：吊兰受 Cd 的影响最小，耐性最强，含羞草和白雪姬次之，树马齿苋最低；在重金属的吸收累积方面，四种观赏植物对重金属 Cd 均有较强的累积能力，其中吊兰的累积能力最强，树马齿苋和含羞草次之，白雪姬最低，同时，吊兰的转运系数在高浓度下也能保持较高的水平，体内可能存在较好的运输和解毒机制。这说明，四种植物中，吊兰对重金属 Cd 具有最高的耐性和较强的累积能力，适合用于重金属 Cd 污染土壤的修复和治理；而含羞草、白雪姬和树马齿苋虽然耐性相对较低，但对 Cd 也有一定的累积能力，因此可以作为在较低 Cd 污染土壤上生长的经济作物，在治理土壤 Cd 污染的同时创造经济效益。

2.1.3　四种观赏植物对 Cd 污染土壤酶修复效果的研究

土壤酶在土壤的多种重要代谢过程中起着重要作用，与土壤肥力、植物营养利用效率密切相关，是衡量土壤生物学活性和土壤生产力的重要指标（Tuyler，1974；Madejón et al.，2001；Hinojosa et al.，2004）。从 20 世纪 70 年代开始，国内外学者已将土壤酶学应用到了土壤中金属污染的研究领域，将土壤酶作为土壤污染物诊断、土壤污染修复及其修复效果的重要指标（Chen et al.，2005；王友保等，2009）。

2.1.3.1　四种植物对 Cd 污染土壤蔗糖酶活性的影响

蔗糖酶对增加土壤中易溶性营养物质起重要作用，其活性的强弱可作为土壤健康质量、营养供应能力、熟化程度和肥力水平的评价指标（李东坡等，2005）。经过 50 天的栽培，我们发现：随着 Cd 添加浓度的上升，无论在不栽种植物的空白组还是栽培四种观赏植物的实验组中，蔗糖酶的活性均无显著变化（表 2-4）。但是与空白组相比，除了含羞草组的蔗糖酶活性略低于空白组外，吊兰组、白雪姬组和树马齿苋组蔗糖酶的平均活性均高于空白组，平均相对变化率分别为 0.82、0.83 和 0.37，其中，吊兰组和白雪姬组蔗糖酶的活性与空白组有显著的差别（$P<0.05$）。这说明蔗糖酶对 Cd 污染敏感性较低，与前人研究中蔗糖酶保护容量大、稳定性较高相符（和文祥等，2000；滕应等，2002）。但是，栽培植物对土壤中蔗糖酶的活性有一定的刺激作用，并且在本书所研究的四种观赏植物中，吊兰和白雪姬可以显著提高土壤中蔗糖酶的活性（表 2-5）。

表 2-4　四种植物对 Cd 污染土壤蔗糖酶的影响

Cd 浓度 （mg·kg⁻¹）	空白组	吊兰	含羞草	白雪姬	树马齿苋
CK	7.12±0.25a	7.21±0.52a	7.08±0.22a	7.12±0.13a	7.13±0.20a
5	7.11±0.15a	7.19±0.46a	7.09±0.31a	7.18±0.20a	7.13±0.19a
10	7.06±0.20a	7.14±0.35a	7.13±0.28a	7.17+0.16a	7.12±0.20a
50	7.10±0.05a	7.13±0.33a	7.12±0.25a	7.18±0.17a	7.12±0.21a
100	7.12±0.25a	7.12±0.54a	7.05±0.18a	7.16±0.23a	7.13±0.29a

表 2-5　实验组与空白组蔗糖酶活性差别的 *T* 检验（$n=5$）

指标	吊兰	含羞草	白雪姬	树马齿苋
RC（%）	0.82	−0.07	0.83	0.37
T	−2.909	0.216	−3.112	−2.051
P	0.044	0.840	0.036	0.067

2.1.3.2 四种植物对 Cd 污染土壤脲酶活性的影响

脲酶的酶促产物——氨是植物的氮源之一，在土壤氮素循环中起着重要作用（陈恩风，1988；蔡贵信，1989）。从表 2-6 可以看出：当土壤 Cd 浓度低于 10mg·kg^{-1}时，各组的脲酶活性无显著变化或略有上升，但随着 Cd 胁迫浓度的进一步上升，各组的脲酶活性均表现出下降的趋势，且与土壤 Cd 浓度显著负相关，空白组、吊兰组、含羞草组、白雪姬组和树马齿苋组脲酶活性与 Cd 浓度之间的相关系数分别为–0.946*、–0.958*、–0.923*、 –0.923*和–0.912*；当土壤 Cd 浓度达到 100mg·kg^{-1}时，空白组、吊兰组、含羞草组、白雪姬组和树马齿苋组脲酶的活性分别为对照的 44.75%、55.79%、46.30%、53.12%和 44.43%。与空白组相比，栽种植物的实验组在各添加浓度下脲酶的活性均高于空白组，吊兰组、含羞草组、白雪姬组和树马齿苋组脲酶活性的 RC（%）值分别为 27.84、19.29、25.48 和 14.39，在 100mg·kg^{-1}下，吊兰组、含羞草组、白雪姬组和树马齿苋组脲酶的活性分别为空白组的 1.47、1.22、1.36 和 1.13 倍，且各实验组的脲酶活性均与空白组存在显著的差别（$P<0.05$）（表 2-7）。

表 2-6 四种植物对 Cd 污染土壤脲酶活性的影响

Cd 浓度（mg·kg^{-1}）	空白组	吊兰	含羞草	白雪姬	树马齿苋
CK	1.07±0.18a	1.18±0.11a	1.18±0.09a	1.14±0.12ab	1.14±0.12a
5	1.10±0.13a	1.17±0.15a	1.26±0.12a	1.29±0.14a	1.26±0.12a
10	0.91±0.04b	1.06±0.12a	0.98±0.07b	1.02±0.06b	0.94±0.03b
50	0.60±0.13c	0.77±0.08b	0.67±0.06c	0.75±0.09c	0.63±0.03c
100	0.48±0.04c	0.66±0.07b	0.55±0.06c	0.61±0.06c	0.51±0.03c

表 2-7 实验组与空白组脲酶活性差别的 T 检验（$n=5$）

指标	吊兰	含羞草	白雪姬	树马齿苋
RC（%）	27.84	19.29	25.48	14.39
T	–8.716	–5.844	–8.784	–3.635
P	0.001	0.004	0.001	0.022

2.1.3.3 四种植物对 Cd 污染土壤过氧化氢酶的影响

过氧化氢酶能有效地防止土壤代谢过程中产生的过氧化氢对生物体造成的毒害，使过氧化氢分解为氧气和水。从表 2-8 可以看出，随着 Cd 浓度的不断上升，空白组过氧化氢酶活性不断下降，实验组的过氧化氢酶活性则均表现为在低浓度时上升，而在高浓度时下降，且均于 5mg·kg^{-1} 下达到最大值。空白组、吊兰组、含羞草组、白雪姬组和树马齿苋组过氧化氢酶的活性均与土壤 Cd 浓度显著负相关，相关系数分别为–0.946*、–0.958*、–0.923*、–0.923*和–0.912*；在土壤 Cd 浓度 100mg·kg^{-1} 下，脲酶的活性分别为对照的 78.37%、88.10%、84.49%、86.76% 和 79.31%。

　　很多研究发现，过氧化氢酶与脲酶均对 Cd 具有很高的敏感性，可以作为反映土壤重金属污染情况的重要指标（和文祥等，2000；滕应等，2002）。与空白组相比，实验组在各添加浓度下过氧化氢的活性均高于空白组，吊兰组、含羞草组、白雪姬组和树马齿苋组过氧化氢酶活性的 RC（%）值分别为 11.71、7.58、10.88 和 5.63，在 100mg·kg^{-1} 下，吊兰组、含羞草组、白雪姬组和树马齿苋组过氧化氢酶的活性分别为空白组的 1.17、1.10、1.15 和 1.04 倍，且过氧化氢酶活性在各实验组和空白组之间存在显著的差别（$P<0.05$）（表 2-9）。

表 2-8　四种植物对 Cd 污染土壤过氧化氢酶的影响

Cd 浓度（mg·kg^{-1}）	空白组	吊兰	含羞草	白雪姬	树马齿苋
CK	2.82±0.17a	2.94±0.07a	2.88±0.09a	2.92±0.04a	2.90±0.09a
5	2.72±0.11a	2.97±0.07a	2.94±0.09a	3.04±0.09a	2.98±0.07a
10	2.61±0.01ab	2.93±0.05a	2.80±0.13a	2.89±0.06a	2.79±0.09a
50	2.35±0.06bc	2.71±0.07b	2.59±0.06b	2.67±0.13b	2.46±0.07b
100	2.21±0.13c	2.59+0.07c	2.43±0.10b	2.53±0.07b	2.30±0.10c

表 2-9　实验组与空白组过氧化氢酶活性差别的 T 检验（$n=5$）

指标	吊兰	含羞草	白雪姬	树马齿苋
RC（%）	11.71	7.58	10.88	5.63
T	–6.061	–5.699	–6.251	–4.315
P	0.004	0.005	0.003	0.012

2.1.3.4　四种植物对 Cd 污染土壤磷酸酶的影响

　　磷酸酶可以加速土壤有机磷的脱磷速度，其活性是评价土壤磷素生物转化方向和强度的指标（关松荫，1987）。当 Cd 添加浓度较低时，各组磷酸酶的活性无显著变化，当土壤 Cd 浓度高于 10mg·kg^{-1} 时，土壤磷酸酶的活性开始受到显著影响（表 2-10），且随着 Cd 浓度的上升不断下降，在 100mg·kg^{-1} 下，空白组、吊兰组、含羞草组、白雪姬组和树马齿苋组过氧化氢酶的活性分别为对照的 50.64%、85.05%、59.45%、66.85%和 51.11%；各组过氧化氢酶活性均与 Cd 浓度显著负相关，相关系数分别为-0.963^{**}、-0.968^{**}、-0.952^{*}、-0.990^{**}和-0.964^{*}。与空白组相比，栽种植物的实验组在各添加浓度下磷酸酶的活性均高于空白组，吊兰组、含羞草组、白雪姬组和树马齿苋组的磷酸酶活性的分别比空白组高了58.92、13.47、19.15和11.02个百分点，在$100mg\cdot kg^{-1}$下，吊兰组、含羞草组、白雪姬组和树马齿苋组磷酸酶的活性分别为空白组的2.07、1.21、1.34和1.08倍，且各实验组的磷酸酶活性均与空白组存在显著的差别（$P<0.05$）（表2-11）。

表2-10 四种植物对 Cd 污染土壤磷酸酶的影响

Cd 浓度（mg·kg⁻¹）	空白组	吊兰	含羞草	白雪姬	树马齿苋
CK	21.08±0.44a	25.95±1.35a	21.70±1.68ab	20.38±1.89ab	22.47±2.34ab
5	19.04±2.55a	25.84±1.35a	22.72±1.51a	21.86±2.31a	23.31±2.23a
10	17.55±1.21a	26.70±2.11a	19.45±1.85b	20.30±2.01ab	19.30±1.50b
50	13.66±1.73b	24.15±0.93b	15.48±1.09c	17.75±1.33b	14.81±1.19c
100	10.67±1.34b	22.07±0.63c	12.90±1.64c	14.29±1.79c	11.48±2.40c

表2-11 实验组与空白组磷酸酶活性差别的 T 检验（$n=5$）

指标	吊兰	含羞草	白雪姬	树马齿苋
RC（%）	58.92	13.47	19.15	11.02
T	−7.110	−4.195	−4.152	−3.037
P	0.002	0.014	0.014	0.039

2.1.3.5 四种植物对 Cd 污染土壤酶修复效果的比较

土壤酶在土壤系统的物质和能量转换中起着重要的作用，蔗糖酶的活性能反映土壤呼吸的强度，脲酶能反映土壤有机氮的转化情况，磷酸酶是土壤有机磷的重要指标，过氧化氢酶则与土壤有机质的转化速率密切相关（关松荫，1987）。已有大量研究表明，重金属可以通过改变蛋白质的结构等方式显著影响土壤酶的活性，但各酶对重金属污染的敏感程度有一定的差异（滕应等，2002，2003；Speir et al.，1980，1995）。本实验研究发现，蔗糖酶对 Cd 污染的敏感性较低；低浓度的 Cd 污染对脲酶、过氧化氢酶和磷酸酶的活性均无显著影响，但当 Cd 浓度大于$10mg\cdot kg^{-1}$时，脲酶、过氧化氢酶和磷酸酶的活性随着 Cd 浓度的上升不断下降，且均与 Cd 浓度显著负相关。其中，脲酶对 Cd 污染的敏感程度最高，可以作为衡量土壤 Cd 污染情况的重要指标。

土壤中各种酶的积累是土壤微生物、土壤动物以及植物根系共同作用的结果（曹慧等，2003；Chen et al.，2005）。植物可以直接或间接地影响土壤酶的含量，

Shkjins、Speir 和 Dick 等的研究均显示，植物生长能提高土壤中磷酸酶、核酸酶、蔗糖酶、脲酶、过氧化氢酶和蛋白酶等土壤酶的活性（Shkjins，1978；Dick and Deng，1991；Speir et al.，1980，1995）。本实验也证明了这一结论，四种观赏植物的根际环境均能提高土壤脲酶、磷酸酶和过氧化氢酶的活性，吊兰和白雪姬还能显著地提高土壤蔗糖酶的活性（表 2-12）。

　　分别将栽种四种观赏植物对四种土壤酶活性提高的百分数进行对比发现：除了吊兰对磷酸酶的修复效果最好，脲酶次之外，其他三种观赏植物对土壤酶的修复效果均为脲酶>磷酸酶>过氧化氢酶>蔗糖酶；而在土壤酶的修复效果方面，除了敏感性较低的蔗糖酶外，修复能力均为吊兰>白雪姬>含羞草>树马齿苋，且以四种土壤酶在各添加浓度下的平均土壤酶活性相对变化率（RC）为综合指标进行多重比较发现（表 2-13），虽然种植四种观赏植物后土壤酶活性均显著恢复，但种植吊兰的土壤中土壤酶的活性高于其他三种观赏植物并存在显著的差别，这表明吊兰对土壤酶活性的修复效果最强，含羞草、白雪姬和树马齿苋次之。

表 2-12　四种酶修复效果的比较

项目	吊兰	含羞草	白雪姬	树马齿苋
蔗糖酶	0.82c	−0.07d	0.83c	0.37b
脲酶	27.84b	19.29a	25.48a	14.39a
过氧化氢酶	11.71bc	7.58c	10.88bc	5.63ab
磷酸酶	58.92a	13.47b	19.15ab	11.02a

注：表中数据为各观赏植物栽培后对应土壤酶活性提高的百分数的平均值

表 2-13　四种植物对土壤酶修复效果的比较

指标	吊兰	含羞草	白雪姬	树马齿苋
四种酶的平均 RC（%）	24.82a	10.07b	14.09b	7.85b

2.2　吊兰对土壤 Cd 污染的耐性及其修复效果

　　通过对吊兰、含羞草、白雪姬和树马齿苋对 Cd 耐性及其对 Cd 污染土壤中土壤酶活性影响的初步研究，可以看出，这四种观赏植物均对 Cd 具有一定的耐受性，能显著提高 Cd 污染土壤中土壤酶的活性。其中，吊兰对 Cd 的耐性最强，对土壤酶活性的修复能力也显著高于其他三种观赏植物。所以，本书继续选取观赏植物吊兰为研究对象，更加深入地研究吊兰对 Cd 的耐性机制以及吊兰生长对 Cd 污染土壤的修复作用。此外，由于在对十种观赏植物进行筛选时，发现吊兰的生长状况最好，外伤症状现象最不明显，因此，在对含羞草、吊兰、白雪姬和树马齿苋四种观赏植物进行进一步筛选时，除了与其他三种植物一样设置了 0、5、10、50、100mg·kg^{-1} 5 个 Cd 离子胁迫浓度外，种植吊兰的实验组还同时增添了中间浓度 20mg·kg^{-1} 和高胁迫浓度 200mg·kg^{-1}，以更加具体地研究吊兰对 Cd 胁迫的反应，研究其对 Cd 胁迫的耐性以及栽培吊兰对 Cd 污染土壤的修复情况，为吊兰在 Cd 污染地区的实际应用提供理论依据。

2.2.1　研究设计

植物材料。吊兰（*C. comosum*）幼苗取自安徽师范大学生态学实验室培养的吊兰母枝，剪下带有气生根的幼苗后于土中培养，幼苗生根稳定后取生长情况相近的幼苗进行试验。

栽培用土壤。采集安徽师范大学后山山坡园田土（土壤为黄棕壤，pH=5.33，电导率为 101μS·cm^{-1}，氮磷钾和有机质的总量分别为 1.55、2.06、9.69 和 25.55g·kg^{-1}，土壤 Cd 含量为 0.6 mg·kg^{-1}），风干，过 3mm 筛后充分混匀备用。

栽培试验。采用直径为 12.5cm 的塑料花盆，每盆装土 250g。试验设置 CK（即不添加 CdCl$_2$）、5、10、20、50、100、200mg·kg^{-1} 7 个 CdCl$_2$ 处理浓度（以 Cd^{2+} 计），于室温下稳定两周后，每盆栽种 2 株吊兰作为栽种植物的实验组，另设不栽种植物的空白对照组。以上每种处理均设 3 个重复。

取样分析。栽培 50 天后，分别将植物小心连根取出，用抖落法收集根区土壤。去掉土样中的残余根系，自然风干后研磨过筛，同时采集空白对照组土壤，风干、研磨、过筛。所有土壤样品用于测定土壤酶活性、土壤基本化学性质、土壤 Cd 总量和有效态含量，并做土壤 Cd 形态分布分析。

除去根部土壤后，用自来水、蒸馏水多次冲洗植株后用滤纸吸干。用剪刀将根和地上部分分开，分别测量植株的根长、地上部分长、根与地上部分鲜重和干重，取成熟的鲜叶片进行生理生化指标的测定。将根和地上部分分开，105℃杀青 0.5h，75℃过夜，磨碎过筛后，用混酸（浓 HNO$_3$：HClO$_4$：浓 H$_2$SO$_4$=8：1：1）隔夜消化，采用日本岛津 AA6800 型原子吸收分光光度计测定植物体内的 Cd 含量。

数据处理。参照 2.1.1 进行数据处理和计算耐性指数、富集系数、转运系数、土壤酶活性相对变化率和 Cd 形态分布变化率。

2.2.2　吊兰对 Cd 的耐性和累积特性研究

2.2.2.1　Cd 对吊兰生长的影响

作为一种生物非必需的有毒元素，Cd 的存在会影响植物的生长。其中，植物根系作为最先接触重金属的部位，可以对重金属进行吸收或排斥。敏感植物在重金属胁迫下，会抑制根系的生长，导致植物生长缓慢、生物量小，而耐性植物则没有影响或影响较小，因此根系耐性指数（TI）是用来反映植物体对重金属耐性大小的一个非常重要的指标（严明理等，2009）。经过 50 天的生长，可以看出（表 2-14）：在较低 Cd 浓度下，Cd 对吊兰的生长具有刺激作用。吊兰的根长和地上部分长度在 5mg·kg^{-1} 达到最大值，分别为对照组的 1.24 和 1.01 倍；根干重在 20mg·kg^{-1} 浓度下达到峰值，地上部分干重和总干重则在 10mg·kg^{-1} 浓度下达到最大值，三者分别为对照的 1.17、1.35 和 1.20 倍。当 Cd 浓度达到 20mg·kg^{-1} 以上时，有部分生长指标开始受到抑制，但除了根长在 100mg·kg^{-1} 浓度下与对照组有明显差别之外，各生长指标均在 Cd 浓度达到 200mg·kg^{-1} 时才与对照组有显著差别。计算吊兰在不同 Cd 胁迫浓度下的耐性指数发现，在 Cd 胁迫浓度低于 100mg·kg^{-1} 时，吊兰的耐性指数均高于 100，并在 5mg·kg^{-1} 时最大，达到 124.46；当土壤 Cd 浓度为 100 和 200mg·kg^{-1} 时，根系的耐性指数虽然下降明显，却依然达到了 50 以上，这表明吊兰对 Cd 污染的耐性较强。

表 2-14　Cd 对吊兰生长的影响

Cd 浓度 (mg·kg^{-1})	根长 (cm)	茎叶长 (cm)	根干重 (g·株$^{-1}$)	茎叶干重 (g·株$^{-1}$)	总干重 (g·株$^{-1}$)	耐性指数 (%)
CK	14.28±0.68b	10.79±1.10a	7.01±3.49ab	4.33±2.15ab	11.34±3.52ab	100
5	17.77±0.90a	10.85±1.36a	7.60±3.56ab	5.09±2.84ab	12.69±6.23ab	124.46
10	15.56±1.93b	10.84±1.20a	7.76±3.72ab	5.85±2.44a	13.61+6.12a	108.96
20	16.13±1.40ab	10.28±1.30a	8.23±2.03a	5.34±1.34ab	13.57±3.35a	112.98
50	14.71±2.82b	10.04±0.99a	6.21±3.00ab	4.33±1.52ab	10.54±4.24ab	102.99
100	9.75±1.28c	9.21±1.25ab	5.13±1.75ab	3.37±1.32ab	8.50±2.94ab	68.30
200	9.64±1.04c	7.68±1.67b	3.80±0.84b	2.74±1.20b	6.54±0.90b	67.51

2.2.2.2　Cd 对吊兰生理指标的影响

在重金属胁迫环境下，随着植物对重金属的吸收和累积，植物将表现山显著的生理变化。从表 2-15 可以看出，Cd 胁迫对光合色素的含量产生了明显的影响：叶绿素 a、b 和类胡萝卜素的含量均在低 Cd 浓度时上升，在高浓度时下降，在 10mg·kg^{-1} 时达到最大值，分别为对照的 1.14、1.11 和 1.14 倍。在最高 Cd 胁迫浓度 200mg·kg^{-1} 下，三者的含量分别为对照组的 83.68%、81.51% 和 95.37%。其中，叶绿素 a 的含量在 100mg·kg^{-1} 下与对照组有显著差异，叶绿素 b 在 200mg·kg^{-1} 时与对照组存在显著差异，类胡萝卜素则在 6 个 Cd 添加浓度下与对照组均无显著差异。计算叶绿素 a/b 值可以看出：随着 Cd 胁迫浓度的升高，a/b 值略有上升，在各 Cd 浓度之间却无显著差异。这表明叶绿素对 Cd 的敏感性高于类胡萝卜素，光合色素受 Cd 破坏的程度为叶绿素 a≈叶绿素 b>类胡萝卜素。

在细胞膜伤害方面我们可以看出：随着 Cd 添加浓度的增加，吊兰叶片的电导率和 $O_2\cdot^-$ 产生速度不断上升，两者与 Cd 浓度之间的相关系数分别为 0.847* 和 0.986**；MDA 的含量虽然在 5mg·kg^{-1} 时有所下降，为对照组的 95.86%，但从 10mg·kg^{-1} 开始同样随着 Cd 浓度的增加不断上升，MDA 含量与 Cd 浓度之间的相关系数达到 0.950**，呈极显著正相关。当 Cd 浓度达到最大浓度 200mg·kg^{-1} 时，吊兰的电导率、$O_2\cdot^-$ 产生速度和 MDA 含量分别为对照的 1.54、1.44 和 1.29 倍。

表 2-15 Cd 对吊兰生理指标的影响

Cd 浓度 (mg·kg^{-1})	电导率 (μS·cm^{-1})	$O_2\cdot^-$ 产生速度 (μmol·g^{-1} FW·min^{-1})	MDA 含量 (μmol·g^{-1} FW)	叶绿素 a (mg·g^{-1}FW)	叶绿素 b (mg·g^{-1}FW)	类胡萝卜素 (mg·g^{-1}FW)	a/b
CK	46.17±2.64f	1.01±0.16d	3.21±0.53ab	18.97±2.47b	11.19±1.95bc	2.56±0.32ab	1.71±0.10a
5	51.50±3.62e	1.01±0.12cd	3.08±0.31a	20.15±1.10ab	11.74±0.68ab	2.78±0.42ab	1.72±0.10a
10	54.40±2.65e	1.07±0.12cd	3.22±0.76ab	21.55±0.66a	12.44±1.04a	2.93±0.37a	1.74±0.09a
20	60.60±2.42d	1.13±0.13cd	3.44±0.69ab	20.96±0.87a	12.05±0.21ab	2.88±0.24ab	1.74±0.09a
50	64.00±3.10c	1.19±0.08bc	3.63±0.42abc	20.42±0.92ab	11.72±0.82ab	2.76±0.22ab	1.74±0.08a
100	67.60±2.42b	1.28±0.11bc	3.85±0.41b	17.02±1.30a	9.89±0.30cd	2.65±0.47ab	1.72±0.12a
200	71.03±2.64a	1.46±0.07a	4.15±0.38c	15.88±0.21c	9.12±0.54d	2.44±0.18b	1.74±0.08a

SOD、POD 和 CAT 是植物适应多种逆境胁迫的重要酶类，被统称为植物保护酶系统（Fridovich，1978）。当植物受 Cd 污染后，SOD、POD 和 CAT 的活性发生相应变化，但依品种及抗性的不同而不同。从表 2-16 可以看出：三种保护酶的活性均在低 Cd 浓度时上升，在 Cd 高浓度时下降。SOD 和 CAT 的活性在 5mg·kg^{-1} 时最高，分别为对照的 1.11 和 1.38 倍；POD 的活性则在 10mg·kg^{-1} 达到峰值，为对照组的 1.57 倍。当 Cd 浓度达到 10mg·kg^{-1} 时，SOD 的活性开始明显下降，并与对照组存在显著差异；POD 和 CAT 的活性均在 20mg·kg^{-1} 时开始低于对照组，其中 POD 在 20mg·kg^{-1} 就与对照组差异明显，CAT 则在 50mg·kg^{-1} 才与对照组存在显著差异。当 Cd 达到最高浓度 200mg·kg^{-1} 时，SOD、POD 和 CAT 的活性分别为对照组的 46.71%、19.23%和 34.05%。这表明低浓度的 Cd 对吊兰的保护酶系统具有激活作用，作为植物自身的保护反应，来清除重金属胁迫下所产生的活性氧，而当 Cd 胁迫达到一定程度时，酶的结构或合成受到影响，保护酶系统就会受到严重的破坏。对吊兰而言，SOD、POD 和 CAT 的 Cd 胁迫阈值分别为 10、20 和 50mg·kg^{-1} 左右。

表 2-16　Cd 对吊兰保护酶系统的影响

Cd 浓度 (mg·kg^{-1})	SOD (U·g^{-1}FW)	POD (U·g^{-1}FW)	CAT (mg·g^{-1}·min^{-1})
CK	871.79±78.04b	390.00±65.19b	2.10±0.37a
5	1202.87±68.98a	450.00±61.24b	2.33±0.43a
10	770.74±56.10c	612.50±86.60a	2.31±0.28a
20	661.39±69.49d	262.50±35.36c	2.04±0.10a
50	587.48±61.88de	175.00±25.00d	1.38±0.13b
100	528.91±56.51e	116.67±10.21de	0.90±0.04c
200	407.24±49.81f	75.00±18.03e	0.71±0.02c

2.2.2.3　Cd 在吊兰体内的累积与分布

植物对重金属的吸收分布情况是耐性物种选择的重要指标。从表 2-17 可以看出：随着 Cd 浓度的上升，吊兰的根和地上部分中 Cd 的累积浓度不断升高，且在各 Cd 梯度浓度之间均存在显著的差异。其中，在 10mg·kg^{-1} 浓度下，吊兰根和地上部分的累积浓度即达到了 100mg·kg^{-1} 以上，在累积浓度方面已达到超富集植物的标准（Brooks et al., 1977；Chaney et al., 1997；Salt et al., 1998）。而在土壤 Cd 浓度为 200mg·kg^{-1} 下，吊兰根和地上部分的累积浓度更分别高达 1522.00 和 865.50mg·kg^{-1}（表 2-17）。富集系数和转运系数分别反映植物对重金属的富集能力以及重金属在植物体内的运输和分配情况（Reeves, 1992；Baker et al., 1994；Monni et al., 2000）。吊兰的富集系数在低 Cd 浓度时上升，在高 Cd 浓度时下降，在 50mg·kg^{-1} 时低于对照组；转运系数则在 0～50mg·kg^{-1} 均处于 0.82～0.88 的范围内，当 Cd 浓度达到 100mg·kg^{-1} 时，转运系数开始显著下降，并在 200mg·kg^{-1} 浓度时下降到 0.563。这表明，在 Cd 浓度低于 50mg·kg^{-1} 时，吊兰的累积能力较强，并能将吸收的 Cd 大量运输到地上部位，体内可能存在较好的运输机制。而在高浓度的 Cd 胁迫下，吊兰则减少了 Cd 向地上部分的运输，以减少 Cd 的伤害，保证植物的正常生长。

与目前研究发现的一些对 Cd 具有较强富集能力的植物（表 2-18）相比，经过 50 天的栽培，在土壤 Cd 浓度为 5mg·kg^{-1} 时，吊兰根和地上部分的 Cd 累积浓度分别达到了 98.82 和 81.52mg·kg^{-1}，虽然低于遏蓝菜，却明显高于克里夫兰烟（Nicotiana clevelandii）在 8mg·kg^{-1} Cd 浓度下 30.52 和 39.18mg·kg^{-1} 的 Cd 累积浓度，并接近羽叶鬼针草在 50mg·kg^{-1} 时 87.1 和 89.2mg·kg^{-1} 的累积浓度；在 100mg·kg^{-1} 时，吊兰根和地上部分的累积量分别高达 883.2 和 623.8mg·kg^{-1}，明显高于蜀葵、剑麻和超富集植物龙葵在该 Cd 浓度下的累积浓度，在 200mg·kg^{-1} 下，吊兰根和地上部分的累积量更分别达到 1522.00 和 8756.50mg·kg^{-1}，明显高于超富集植物宝山堇菜在土壤 Cd 含量为 210mg·kg^{-1} 时的累积浓度。

表 2-17　吊兰体内 Cd 含量与分布

处理浓度 (mg·kg^{-1})	根积累浓度 (mg·kg^{-1})	地上部分积累浓度 (mg·kg^{-1})	富集系数		转运系数
			根	地上部分	
CK	7.85±0.20a	6.95±0.15a	11.51	10.19	0.885
5	98.82±6.61b	81.52±5.82b	20.37	16.81	0.825
10	179.60±3.67c	149.30±11.61c	18.77	15.60	0.831
20	265.50±0.30d	221.20±7.60d	13.81	11.51	0.833
50	469.00±6.16e	393.70±17.63e	9.59	8.05	0.840
100	883.20±61.10f	623.80±15.75f	8.91	6.29	0.706
200	1522.00±32.53g	856.50±8.53g	7.77	4.37	0.563

表 2-18　几种植物累积量的比较

植物名称	Cd 浓度 (mg·kg^{-1})	栽培天数（d）	根累积量 (mg·kg^{-1})	叶累积量 (mg·kg^{-1})	文献出处
遏蓝菜 *Thlaspi caerulescens*[a]	5	94	407	937	Sterckeman et al., 2004
克里夫兰烟 *Nicotiana clevelandii*	8	自然生长	30.52	39.18	Doroszewska and Berbeć, 2004
羽叶鬼针草 *Bidens maximowicziana*	50	90	87.1	89.2	严明理等, 2009
龙葵 *Solanum nigrum*[a]	100	80	109.9	167.8	Sun et al., 2006
茄子 *Solanum melongena*	100	90	188.8	64.0	Sun et al., 2006
蜀葵 *Althaea rosea*	100	120	178.5	135.6	Liu et al., 2009
剑麻 *Aagave sisalana*	100	自然生长	133.6	55.86	李福燕等, 2007
宝山堇菜 *Viola baoshanensis*[a]	210	自然生长	882	745	刘威等, 2003

a：Cd 超积累植物

2.2.2.4　吊兰超积累 Cd 潜力的分析

本研究发现，吊兰在 Cd 胁迫条件下生长状况较好，低浓度的 Cd 能促进吊兰生长，且当 Cd 浓度不超过 $100mg \cdot kg^{-1}$ 时，吊兰的耐性指数均高于 100，远远高于前人研究中菖蒲（*Acorus calamus*）和鸡冠菜（*Meristotheca papulosa*）59.0 和52.6 的平均耐性指数（周守标等，2007；徐素琴，程旺大，2005）。吊兰在生理指标的变化方面也表现出相似的特征。光合器官是植物出现病害症状的最敏感部位，Cd 进入植物体内后会减小净光合作用速率，损伤光合器官，降低叶绿素含量，抑制气孔开放，影响植物的光合作用（Krupa，1988；Larason et al.，1998）；同时，植物在逆境中会产生大量的氧自由基（刘燕云，曹洪法，1993），这些活性氧能够直接或间接启动膜脂过氧化，导致膜的损伤和破坏，使细胞膜的选择性降低、电导率升高。保护酶系统对自由基和过氧化物起着清除作用，有效阻止 O_2^{-} 和 H_2O_2 的积累，限制了自由基对膜脂的过氧化启动，也对叶绿素的含量有一定的影响。已有研究表明，$POD-H_2O_2$ 分解系统参与了叶绿素的降解，叶绿素的含量与 POD 的活性负相关，与 CAT 的活性正相关（Zeng et al.，1991）。在自由基的产生和消除这两个过程中，只有三种保护酶协调一致，才能使生物自由基维持在一个低水平，从而维持植物正常的生理活动。当植物受 Cd 污染后，SOD、POD 和 CAT 的活性会发生相应变化，但依品种及抗性的不同而不同，槐叶萍（*Salvinia natans*）在 Cd 胁迫下 SOD 酶活性一直呈下降趋势，菰（*Zizania latifolia*）和菖蒲（*Acorus calamus*）的 POD 和 CAT 活性则在 Cd 浓度为 $2.23mg \cdot kg^{-1}$ 时开始下降，吊兰的SOD、POD 和 CAT 的活性则在 $10 \sim 50mg \cdot kg^{-1}$ Cd 浓度间下才开始下降。因此，吊兰在 Cd 胁迫环境下，脂质过氧化生物标志物 MDA 的含量在较高 Cd 浓度下才显著上升，表现出自由基所引发的组织伤害；叶绿素 a、b 的含量在 $100mg \cdot kg^{-1}$ 下才与对照组有显著差别，类胡萝卜素和叶片衰老的指标 a/b 值则在各处理浓度间均无显著差别。这表明，吊兰在高浓度 Cd 胁迫下仍能维持正常的生理活动，对 Cd 胁迫表现出很高的耐性。

用植物来修复重金属污染的土壤，能否成功取决于两个方面：植物体内重金属含量的高低和植物生物量的大小（沈振国等，2000）。南旭阳（2005）发现，在$47.35mg \cdot kg^{-1}$ Cd 污染土壤下白兰花（*Michelia alba*）和雪松（*Cedrus deodara*）对Cd 的富集系数的最大值分别为 17.46 和 15.63，最低只有 1.48 和 1.95；刘威等（2003）研究发现 Cd 超富集植物宝山堇菜（*Viola baoshanensis*）在自然生长时地上部分 Cd 累积量平均能达到 $1168mg \cdot kg^{-1}$，而魏树和等（2005）研究的另一种植物龙葵（*Solanum nigrum*）在 $25mg \cdot kg^{-1}$ Cd 浓度下茎叶 Cd 累积浓度分别为 103.8和 $124.6mg \cdot kg^{-1}$；Shin 和 Jarvis 等研究的 *Juniperus monosperma* 等植物累积浓度更低（Jarvis and Jones，1978；Shin，2005）。与这些研究相比，吊兰的累积系数最高达到 20.17，最低也保持在 8 左右，高于上述所有的非超富集植物；吊兰在 20mg·kg^{-1} 浓度下根和地上部分的累积量分别达到 265 和 221mg·kg^{-1}、在 200mg·kg^{-1} 浓度下分别达到 1522.00 和 865.50mg·kg^{-1}，高于上述除宝山堇菜外的所有植物，并达到了 Brooks 等（1997）所提出的超富集植物的标准。

作为一种常见的观赏植物，吊兰在带来显著的经济效益的同时，不但可以在较高 Cd 浓度下正常生长，维持内部生理指标的稳定性，对重金属 Cd 具有很强的耐性，而且对重金属 Cd 具有很强的富集能力，甚至超过了同等条件下超富集植物。因此，可以认为吊兰是一种有潜力的 Cd 超富集植物，在重金属 Cd 污染土壤治理方面具有很高的应用价值。

2.2.3 吊兰生长对土壤 Cd 形态分布与含量的影响

重金属毒性的大小不仅与重金属的总量有关，而且与重金属在土壤中的存在形态有密切的关系（刘清等，1996；Ma and Rao，1997）。重金属在土壤中存在形态的不同决定了其迁移转化特点和污染性质的差异，从而表现出不同的生物活性与毒性。其中，交换态（EXC）是植物吸收利用的主要形态，具有最高的活性和生物毒性；碳酸盐结合态（CA）、铁锰氧化物结合态（Fe-Mn）和有机结合态（OM）具有较强的潜在生物有效性，可补充因植物吸收而减少的 EXC，在一定条件下也可以被植物吸收利用；残渣态（RES）生物活性和毒性最小（Clemente et al.，2008；Kirk and Bajita，1995；McGrath et al.，1997；Kong and Bitton，2003）。而在植物生长的过程中，受到植物生长、吸收及根系分泌等活动的影响，土壤重金属的形态分布将发生显著的变化，这种变化将进一步影响到重金属的生物毒性（陈有鑑等，2001，2002，2003）。因此在研究土壤中重金属的危害时，必须将植物-土壤作为一个整体，分析土壤重金属的形态变化及其影响，这对研究土壤重金属对植物的毒理效应以及植物对重金属的抗性与耐性具有重要意义。

2.2.3.1 Cd 在土壤中的形态分布特征

在不栽培吊兰的空白组土壤中，各形态 Cd 的含量均随着 Cd 添加浓度的上升而升高，且几乎在各添加浓度间均存在显著差别（表 2-19）。

分别计算不同 Cd 浓度下各形态在总量中所占的百分数发现，RES 在各浓度下均达到 50%以上，为优势形态。Fe-Mn 和 RES 随着添加浓度的升高而下降，在土壤 Cd 浓度为 200mg·kg^{-1} 时达到最小值，与 CK 相比分别下降了 34.76%和14.00%；EXC、CA、OM 均随着添加浓度的升高而上升，在 200mg·kg^{-1} 浓度下达到最大值，与 CK 相比分别上升了 79.54%、24.71%和44.15%。Cd 的形态分布特征在不同 Cd 浓度间存在一定的差异。

表 2-19　空白组土壤 Cd 形态分布

Cd 浓度	EXC		CA		Fe-Mn		OM		RES	
(mg·kg⁻¹)	(mg·kg⁻¹)	%	(mg·kg⁻¹)	%	(mg·kg⁻¹)	%	(mg·kg⁻¹)	%	(mg·kg⁻¹)	%
CK	0.07±0.02a	10.11	0.06±0.01a	9.38	0.10±0.02a	14.07	0.05±0.02a	6.59	0.41±0.05a	59.85
5	0.75±0.23ab	15.41	0.42±0.01b	8.59	0.64±0.01a	13.24	0.30±0.04a	6.19	2.74±0.58b	56.58
10	1.48±0.02b	15.40	0.86±0.02c	8.95	1.27±0.02b	13.22	0.66±0.03ab	6.89	5.32±0.43c	55.54
20	3.19±0.04c	16.01	1.88±0.08d	9.44	2.50±0.18c	12.57	1.41±0.02b	7.09	10.93±0.05d	54.90
50	8.29±0.13d	16.72	4.88±0.11e	9.85	5.47±0.23d	11.02	3.73±0.00c	7.51	27.21±0.93e	54.89
100	17.15±0.26e	17.18	10.40±0.09f	10.44	10.26±0.35e	10.28	8.84±0.06d	8.85	53.13±1.14f	53.20
200	35.69±1.46f	18.15	22.99±0.16g	11.69	18.04±0.41f	9.18	18.69±0.19e	9.50	101.20±0.03g	51.47

2.2.3.2　吊兰生长对 Cd 形态分布的影响

在栽培吊兰的实验组中，各形态的 Cd 含量同样随着 Cd 添加浓度的上升不断升高，且几乎在各添加浓度间均存在显著差别（表 2-20）。分别计算不同添加 Cd 浓度下各形态在总量中所占的百分数，发现 Fe-Mn 和 OM 的百分比随着添加浓度的上升而下降，降幅在 200mg·kg⁻¹ 最高，分别达到 34.85% 和 55.04%；EXC 和 CA 的百分比均随着添加浓度的升高而上升，在 200mg·kg⁻¹ 下，增幅分别达到 141.58% 和 42.92%；而 RES 则占重金属总量的 37.27%～50.67%，在各浓度下均为优势形态。与空白组相比，实验组土壤中 Cd 的形态分布情况发生了较大的变化。

表 2-20　实验组土壤 Cd 形态分布

Cd 浓度	EXC		CA		Fe-Mn		OM		RES	
(mg·kg⁻¹)	(mg·kg⁻¹)	%	(mg·kg⁻¹)	%	(mg·kg⁻¹)	%	(mg·kg⁻¹)	%	(mg·kg⁻¹)	%
CK	0.05±0.01a	9.14	0.04±0.00a	7.24	0.10±0.01a	18.67	0.13±0.01a	23.81	0.22±0.01a	41.14
5	0.59±0.15ab	12.74	0.37±0.02ab	7.96	0.86±0.01ab	18.67	1.06±0.00ab	23.04	1.73±0.37a	37.59
10	1.49±0.17b	16.15	0.76±0.03b	8.21	1.61±0.05bc	17.45	1.94±0.00bc	20.92	3.45±0.69a	37.27
20	3.46±0.32c	19.21	1.59±0.03c	8.86	2.75±0.11c	15.28	2.90±0.05c	16.08	7.30±0.91ab	40.57
50	8.29±1.00d	20.23	3.70±0.20d	9.03	6.12±0.04d	14.93	5.63±0.03d	13.77	17.24±3.10b	42.04
100	17.66±0.22e	21.10	8.22±0.24e	9.83	11.32±0.13e	13.53	9.66±0.10e	11.54	36.81±3.62c	44.00
200	34.16±1.29f	22.09	16.00±0.52f	10.34	18.81±1.27f	12.16	16.56±0.26f	10.71	69.14±11.04d	44.70

对空白组和实验组 Cd 各形态所占百分比进行相对变化率分析与 T 检验（表 2-21）发现，与空白组相比，实验组的 RES 平均减少了 25.39%；Fe-Mn 和 OM 则明显增加，增幅分别为 32.40% 和 141%；CA 下降了 10.04%，EXC 上升了 9.07%。除 EXC 外，各 Cd 形态在空白组与实验组之间均存在极显著差异（$P<0.01$）。

这表明植物的生长明显促进了 RES 向弱结合态的转化，提高了土壤中 Cd 的迁移能力。其中，OM 的显著上升除了与 RES 向其转化有关，还可能与植物生长刺激了土壤微生物的繁殖和活性，提高了根际土壤的有机质含量有密切的关系（Moffat, 1995）。EXC 和 CA 作为最容易被植物吸收的两种形态（张维碟等, 2003），一部分 CA 态 Cd 可能被植物直接吸收，且吸收量高于其他形态转化而来的增加量，从而引起 CA 百分比的下降。而 EXC 百分比虽有所上升，在实验组和空白组间却无显著差异，这种情况可能也与植物对 Cd 的大量吸收累积有关。

表 2-21　空白组与实验组各 Cd 形态百分比的 T 检验

项目	EXC	CA	Fe-Mn	OM	RES
RC（%）	9.065	−10.040	32.402	141.495	−25.391
T	−1.657	4.520	−10.580	−3.861	7.720
P	0.149	0.004	0.000	0.008	0.000

2.2.3.3　吊兰影响土壤 Cd 形态分布的能力分析

重金属的生物毒性不仅与其总量有关，更大程度上由其形态分布所决定。不同的形态产生不同的环境效应，直接影响到重金属的毒性、迁移及在自然界的循环（钱进等, 1995；彭克明, 1980；Chaignon et al., 2002）。而在植物生长的条件下，根系分泌物可以通过改变土壤酸碱度和氧化还原条件等来影响各形态重金属向 EXC 转化，对土壤重金属形态分布有很大影响（Entry et al., 2002；Fitz and Wenzel, 2002）。吊兰的生长使土壤 Cd 的形态分布状况发生了显著改变：虽然 RES 在实验组和空白组均为优势形态，但是与空白组相比，实验组的 RES 百分比明显降低，Fe-Mn 和 OM 的百分比则明显升高，除 EXC 外各形态在空白组和实验组均存在极显著差异（$P<0.01$）。

在空白组中，土壤重金属 Cd 中 RES 所占百分比较高，土壤的淋溶作用较弱。而在栽培植物的实验组中，植物生长通过改变根际环境改变根系分泌物的数量和组成，重新调节重金属在根际中的化学过程，影响土壤重金属的形态分布（Sanders, 1982, 1983），增强了重金属的迁移能力，加大了 Cd 的淋溶。同时，重金属活性的增强也促进了植物对重金属 Cd 的吸收累积。在这两者的共同作用下，与空白组相比，实验组的 Cd 总量显著下降（$P<0.01$），降低了土壤重金属 Cd 的污染程度。

由以上讨论可以看出，吊兰的生长促进了重金属 Cd 的形态转变，增加了土壤 Cd 的有效性，增加了植物对 Cd 的吸收和土壤 Cd 的流失，从而导致土壤 Cd 含量下降，污染程度降低。因此，作为一种兼具美化环境和经济效益的观赏植物，吊兰在 Cd 污染土壤的治理方面有较大应用价值。

2.2.4　吊兰对 Cd 污染土壤修复效果的研究

　　土壤质量是环境质量的重要组成部分，是指在一定的时间和空间范围内，土壤维持生态系统的生产力和动植物健康而不发生退化及其他生态问题与环境问题的能力。土壤质量指标是表示从土壤生产潜力和环境管理的角度监测和评价土壤物理、化学和生物学性质、土壤过程以及可表征土壤变化的其他特征，包括土壤肥力指标和土壤环境质量指标（陈怀满等，2002；骆士寿等，2004；赵其国等，2002）。其中，作为土壤的基本组分之一，土壤酶积极地参与土壤的发生发育、肥力形成以及土壤净化等多种代谢过程，与土壤肥力和植物营养利用效率显著相关。目前，土壤酶已经成为衡量植物对重金属污染土壤修复效果的重要指标之一（Nannipieri，1994；关松荫，1987；周礼恺等，1985）。

2.2.4.1　吊兰对 Cd 污染土壤基本理化学性质的影响

　　土壤基本理化性质是分析其他土壤指标的依据，也是体现植物修复效果的最直接指标。从表 2-22 可以看出，在空白组中，随着 Cd 处理浓度上升，土壤的 pH 逐渐下降，与对照组相比，5～200mg·kg^{-1} Cd 浓度组土壤的 pH 分别下降了 9.518%、11.02%、12.15%、15.52%、17.59% 和 19.28%；土壤电导率则随着 Cd 处理浓度的升高而上升，与对照组相比，5～200mg·kg^{-1} Cd 浓度组土壤的电导率分别上升了 1.485%、14.36%、31.19%、51.49%、95.05% 和 132.7%；在土壤营养成分方面，全氮、全磷、全钾的含量随 Cd 浓度的升高略有下降，土壤有机质在较低 Cd 浓度下无明显变化，而在高 Cd 浓度下明显下降。其中，有机质最大降幅为 13.86%，全氮含量最大降幅为 2.897%，全磷含量最大降幅为 3.179%，全钾含量最大降幅为 3.536%，下降的显著性顺序为有机质>全钾>全磷>全氮。这说明受 Cd 污染的裸露土壤会发生酸化，且酸化程度随 Cd 污染浓度的上升而加重；裸地的营养成分也会丧失，但短时期内除有机质外其他营养成分丧失不明显，可能是微生物分解有机质补充了土壤中的氮磷钾。

　　在实验组中，随着 Cd 浓度的升高，土壤的 pH 和电导率也分别表现出降低和上升的趋势，且变化的幅度与土壤 Cd 浓度有关。其中，土壤 pH 在 5mg·kg^{-1} Cd 浓度下明显下降，在 5～50mg·kg^{-1} 浓度间下降平缓，并在 Cd 浓度达到 100mg·kg^{-1} 时再次明显下降；土壤电导率在 0～10mg·kg^{-1} 时浓度范围上升明显，在 10～50mg·kg^{-1} 浓度间上升趋缓，并在 Cd 浓度达到 100mg·kg^{-1} 时再次明显上升。在各添加浓度下，实验组的 pH 均高于空白组，电导率低于实验组，差距最大分别达到 18.96 和 54.31 个百分点，且均在空白组与实验组间存在极显著差异（$P<0.01$）（表 2-23）。在营养成分方面，有机质和全氮的含量在低 Cd 浓度下下降，在高 Cd

浓度下上升，并在 20mg·kg^{-1} 浓度时达到最低；全磷和全钾含量的变化趋势却和全氮相反，在低 Cd 浓度下升高，在高 Cd 浓度下降低，并于 20mg·kg^{-1} 时达到顶峰。各营养成分在空白组与实验组间均存在显著的差别。造成这些现象的原因可能是低浓度的 Cd 对植物生长具有激活作用，吊兰在 5～10mg·kg^{-1} 浓度生长最旺盛，且吊兰不是固氮植物，生长旺盛的处理组大量吸收土壤中的氮，使土壤全氮含量下降，而从 50mg·kg^{-1} 开始，Cd 对植物生长的抑制作用开始显现，植物生长受到影响，对氮的吸收减少，因此土壤氮含量上升，但仍然低于空白组；有机质主要来源于微生物对腐败物质的分解，吊兰生长周期较长，在试验期内基本未发生枯死落叶等情况（200mg·kg^{-1} 除外），因此除 200mg·kg^{-1} 浓度组外有机质的含量较空白组均有所下降；至于磷和钾，则可能是因为低 Cd 浓度下生长旺盛的植物根部微生物生长兴旺，分解有机质释放出磷和钾，以供植物生长需要，高浓度下植物与根部微生物的生长均受到影响，释放量与吸收量都有所降低，但释放量仍大于吸收量，在释放与吸收的双方作用下呈现出在低 Cd 浓度下升高、在高 Cd 浓度下降低的趋势。

表 2-22 不同土壤 Cd 浓度对土壤基本理化性质的影响

组别	浓度 (mg·kg^{-1})	pH	电导率 (μS·cm^{-1})	有机质 (%)	全氮 (g·kg^{-1})	全磷 (g·kg^{-1})	全钾 (g·kg^{-1})
空白组	CK	5.33±0.00a	101.00±5.66a	2.56±0.28a	1.55±0.07a	2.06±0.05a	9.69±0.73a
	5	4.82±0.14b	102.50±9.19a	2.56±0.46a	1.55±0.11a	2.05±0.03a	9.69±0.43a
	10	4.74±0.18b	115.50±9.19ab	2.57±0.52a	1.54±0.03a	2.05±0.15a	9.64±0.60a
	20	4.68±0.25bc	132.50±4.95b	2.56±0.50a	1.54±0.05a	2.05±0.06a	9.59±0.22a
	50	4.50±0.11bcd	153.00±7.78c	2.37±0.73a	1.53±0.05a	2.03±0.10a	9.56±0.09a
	100	4.39±0.08cd	197.00±9.90d	2.30±0.63a	1.53±0.16a	2.02±0.05a	9.49±0.38a
	200	4.30±0.05d	235.00±7.07e	2.20±0.10a	1.52±0.08a	1.99±0.04a	9.36±0.21a
实验组	CK	5.48±0.10a	56.80±3.12a	2.06±0.37a	1.31±0.08ab	2.16±0.11cb	13.70±0.29b
	5	5.46±0.06a	67.80±2.28b	1.97±0.26a	1.28±0.10ab	2.33±0.05ab	14.44±0.37a
	10	5.35±0.08ab	73.40±3.91bc	1.81±0.34a	1.24±0.10a	2.37±0.10a	14.70±0.47a
	20	5.33±0.08ab	75.40±3.36c	2.02±0.45a	1.29±0.07ab	2.21±0.04b	13.35±0.13bc
	50	5.28±0.10b	80.00±3.39c	2.16±0.70a	1.34±0.07ab	2.12±0.03cbd	12.99±0.00cd
	100	5.22±0.11b	90.00±1.92d	2.20±0.28a	1.38±0.13ab	2.08±0.07cd	12.48±0.25d
	200	4.93±0.19c	112.00±11.07e	2.23±0.15a	1.44±0.09b	2.03±0.05d	11.13±0.07e

表 2-23 实验组与空白组土壤基本理化性质差别的 T 检验（$n=7$）

指标	pH	电导率	有机质	全氮	全磷	全钾
T	7.435	−7.689	−3.527	−7.199	3.653	8.813
P	0.000	0.000	0.012	0.000	0.011	0.000

2.2.4.2　吊兰对 Cd 污染土壤酶活性的影响

土壤酶是土壤的重要组成成分，土壤酶活性与土壤肥力、植物营养利用效率显著相关（关松荫，1987；刘树庆，1996），是衡量土壤生物活性和土壤生产力的重要指标（Tuyler，1974；Madejón et al.，2001）。从表 2-24 可以看出，与尹君等（1999）的研究结果有所不同，在空白组和实验组中，随着 Cd 浓度的上升，蔗糖酶的活性均无明显变化；脲酶、磷酸酶和过氧化氢酶的活性则明显下降或在 5mg·kg^{-1} 浓度处略有上升继而显著下降。其中，空白组在 200mg·kg^{-1} 浓度下脲酶、磷酸酶、过氧化氢酶的活性为对照组的 33.12%、42.91%和 74.47%，这表明，随着土壤 Cd 浓度的上升，除蔗糖酶外，Cd^{2+}对其他三种土壤酶活性的抑制作用增强，即酶对 Cd 的敏感性为脲酶>磷酸酶>过氧化氢酶。实验组土壤酶的抑制强弱顺序与空白组相同。

表 2-24　不同土壤 Cd 浓度对土壤酶的影响

组别	浓度 (mg·kg^{-1})	蔗糖酶 (mg·g^{-1}·24h^{-1})	脲酶 (mg·g^{-1}·24h^{-1})	磷酸酶 (mg·100g^{-1}·2h^{-1})	过氧化氢酶 (mL)
空白组	CK	7.12±0.25	1.07±0.18a	21.08±0.44a	2.82±0.17a
	5	7.11±0.15	1.10±0.13a	19.04±2.55ab	2.72±0.11a
	10	7.06±0.20	0.91±0.04ab	17.55±1.21ab	2.61±0.01ab
	20	7.07±0.10	0.76±0.18bc	15.83±1.73bc	2.50±0.29abc
	50	7.10±0.05	0.60±0.13cd	13.66±1.77cd	2.35±0.06bcd
	100	7.12±0.25	0.48±0.04d	10.67±1.34de	2.21±0.13cd
	200	7.09±0.15	0.35±0.04e	9.04±0.96e	2.10±0.14d
实验组	CK	7.21±0.52	1.18±0.11a	25.95±1.35a	2.94±0.07a
	5	7.19±0.46	1.17±0.15a	25.84±1.35a	2.97±0.07a
	10	7.14±0.35	1.06±0.12ab	26.70±2.11a	2.93±0.05a
	20	7.16±0.41	0.92±0.12bc	25.24±1.08ab	2.81±0.09b
	50	7.13±0.33	0.77±0.08cd	24.15±0.93b	2.71±0.07b
	100	7.12±0.54	0.66±0.07d	22.07±0.63c	2.59±0.07c
	200	7.04±0.37	0.44±0.14e	17.59±0.96d	2.39±0.07d

此外，与空白组相比，实验组中除蔗糖酶的活性无明显变化外（$P>0.05$）（表 2-25），脲酶、磷酸酶和过氧化氢酶的活性均有明显上升，且在 100mg·kg^{-1} 浓度时最为明显，分别达到空白组的 1.377、2.068 和 1.172 倍，在实验组和空白组之间均存在极显著差异（$P<0.01$）。这表明，吊兰对土壤酶起到了良好的修复作用，并且对各酶的修复效果为磷酸酶>脲酶>过氧化氢酶。

表 2-25　实验组与空白组土壤基本理化性质差别的 *T* 检验（*n*=7）

指标	蔗糖酶	脲酶	磷酸酶	过氧化氢酶
T	2.130	7.831	10.359	8.873
P	0.077	0.000	0.000	0.000

重金属对土壤酶活性产生影响，一般是认为 Cd 与酶活性功能部位产生直接作用，使其空间结构发生一定的变化所致。当重金属离子促进了酶活性中心功能与底物之间的配位结合时，便产生激活作用；而重金属对酶的钝化作用，则可能是高浓度的重金属与某些酶分子的巯基、氨基或羧基结合，占据了酶活性的功能基位置从而产生了抑制作用。另外，重金属（Cd、Pb、Zn）还可以通过抑制土壤微生物的生长和繁殖，减少其体内酶的合成与分泌，从而导致土壤酶活性的降低（周礼恺等，1985）。

2.2.4.3　吊兰生长对 Cd 总量的影响

在土壤–植物生态系统中，重金属的总量必然会影响其累积能力和生物毒性。从表 2-26 可以看出，实验组和空白组的 Cd 总含量均随着添加浓度的增加而上升，在各添加浓度间均有显著差别，但实验组的 Cd 总含量在各浓度下均小于空白组。在未添加 Cd 的 CK 组中，实验组与空白组 Cd 总含量的差距最大，相差 22.06 个百分点（将空白组的含量视为 100%，下同）；而在各添加浓度下，此差距随着添加浓度的升高表现出上升的趋势，在土壤 Cd 浓度为 200mg·kg^{-1} 时达到最大值，差距达到 21.39 个百分点。

表 2-26　Cd 处理下实验组与空白组的 Cd 总量

处理浓度 （mg·kg^{-1}）	实验组 Cd 总量 （mg·kg^{-1}）	空白组 Cd 总量 （mg·kg^{-1}）
CK	0.53±0.04a	0.68±0.03a
5	4.60±0.35b	4.85±0.07b
10	8.57±0.50c	9.57±0.57c
20	17.32±0.42d	19.22±0.00d
50	40.32±0.71e	48.89±1.45e
100	82.98±1.24f	99.12±0.92f
200	154.00±0.53g	195.90±0.50g

从表 2-27 可以看出：与空白组相比，实验组 Cd 总量平均下降了 13.71%，且 Cd 总量下降的百分比在实验组和空白组间存在极显著差异（*P*<0.01），吊兰的生

长显著降低了土壤 Cd 的总量。这可能是因为植物的生长改变了土壤中重金属的形态分布，促进了 RES 向 OM、Fe-Mn、CA 和 EXC 的转化，活化了土壤中的重金属，提高了其可利用性。重金属的活化一方面促进植物对土壤重金属的吸收和累积；另一方面，重金属活化可能导致土壤重金属的淋溶作用大幅度增强，从而加大了重金属的流失。这两个方面共同作用造成了实验组土壤 Cd 含量的明显降低。

表 2-27　空白组与实验组 Cd 总量下降百分比差别的 T 检验（n=7）

RC（%）	T	P
−13.710	5.427	0.003

2.2.4.4　吊兰生长对土壤有效态 Cd 含量的影响

在土壤–植物生态系统中，重金属的累积能力及其生物毒性不仅与其总量有关，更大程度上是由其形态所决定的。其中，有效态 Cd 指的是容易被植物吸收的水溶态和交换态重金属，是植物利用 Cd 的主要形态，已有研究认为其可以作为判断土壤 Cd 污染程度指标之一（尹君等，1999）。从表 2-28 可以看出，与空白组相比，实验组在各浓度下的有效态 Cd 含量均有不同程度的下降，与空白组间均有极显著差异（$P<0.01$）（表 2-29）。其中，有效态 Cd 在 200mg·kg^{-1} Cd 浓度处降幅最大，达到 52.39%。土壤 Cd 总量的降低主要源于淋溶作用以及吊兰对土壤 Cd 的吸收累积，而有效态 Cd 的降低除了与 Cd 总量的降低有关外，还与根系分泌物和根系土壤环境有着密切的联系。土壤和根系分泌物的作用是极其复杂的。首先，植物根系分泌质子，酸化土壤中不溶态的重金属，促进植物对土壤中元素的活化与吸收；同时，根系分泌物中存在某些金属结合蛋白能螯合重金属，改变根系土壤的氧化还原环境，从而改变重金属的有效性。其次，低分子量的有机酸能增加土壤 Cd 的活性和植物对 Cd 的吸收量，有助于溶解性配合物和螯合物的形成，固定重金属降低，其生物毒性，但更高分子量的有机酸却抑制植物吸收 Cd。最后，有机质可能钝化也可能活化土壤 Cd，关键在于腐殖质组成成分和土壤条件的综合作用（Mench and Martin，1991）。

表 2-28　土壤有效态 Cd 含量的变化

处理浓度（mg·kg^{-1}）	实验组（mg·kg^{-1}）	空白组（mg·kg^{-1}）	变化率 RC（%）
CK	0.22±0.12a	0.25±0.03a	12.00
5	2.32±0.21a	2.98±0.12a	22.15
10	4.08±0.30a	6.96±1.31b	41.38

处理浓度（mg·kg^{-1}）	实验组（mg·kg^{-1}）	空白组（mg·kg^{-1}）	变化率 RC（%）
20	6.71±0.12a	14.10±1.42c	52.41
50	30.66±2.68b	42.43±0.81d	27.74
100	59.56±7.05c	89.83±0.88e	33.70
200	89.79±12.02d	174.50±3.54f	48.54

表 2-29　实验组与空白组有效态 Cd 含量下降百分比差别的 T 检验（$n=7$）

指标	检验值
T	7.036
P	0.001

2.2.4.5　吊兰对 Cd 污染土壤修复潜力的分析

作为一种观赏植物，吊兰除了具备安全廉价、避免二次污染等植物修复的特点外，还能创造较高的经济价值。从上文的分析可以看出，吊兰能显著提高 Cd 污染土壤的 pH，降低其电导率，土壤中营养元素磷、钾的含量也有所上升，较空白组均有显著差异（$P<0.05$），这证明吊兰在保持土壤性质和肥力方面有较好的作用，但因其不是固氮植物，土壤中氮含量会有所下降，在栽培过程中应酌情施加氮肥。

与前人研究相似（沈桂琴，廖瑞章，1987；杨志新，刘树庆，2000），在吊兰的盆栽试验中，脲酶、磷酸酶和过氧化氢酶对 Cd 均敏感，且脲酶的敏感性最强，但是，本实验在实验组与空白组各 Cd 污染浓度下均未发现蔗糖酶活性有明显变化，说明蔗糖酶对 Cd 并不敏感。在植物对土壤酶活性的修复方面，经 50 天的修复，相比于月季（*Rosa chinensis*）和金盏菊（*Calendula officinalis*）分别将土壤的脲酶水平恢复到对照的 29%和 19%，吊兰在 200mg·kg^{-1} Cd 浓度时，脲酶活性仍达到对照的 36.78%，并且在各个浓度下，吊兰均有更好的恢复效果。近年来国内外学者（刘树庆，1996；Tuyler，1974）研究认为土壤酶活性对重金属敏感，可以作为评价重金属污染的指标之一，由此从土壤酶角度来说吊兰对 Cd 污染土壤有非常显著的修复效果。

在刘云国等（2002）研究的月季、铺地柏、天门冬等 10 种观赏植中，修复效果最好的月季可以使土壤中 Cd 降幅达到 6.38mg·kg^{-1}，铺地柏和天门冬修复下，Cd 降幅只有 1.06mg·kg^{-1}，六月雪、菊花、金橘等次之。与这些观赏植物相比，吊兰在 50mg·kg^{-1} Cd 浓度下，使土壤 Cd 降幅达到 9.68mg·kg^{-1}；在 200mg·kg^{-1} Cd 浓度下，Cd 降幅更高达 46.02mg·kg^{-1}。而且，作为评价 Cd 污染程度的指标之一，吊兰有效态 Cd 的含量下降更为明显。从以上分析可以看出，吊兰在稳定土壤和修复重金属污染两方面均有显著效果，在 Cd 污染土壤的修复方面有着良好的应用前景。

2.3　吊兰对高浓度 Cd 污染的耐性与修复

2.3.1　研究设计

植物材料。吊兰（*C. comosum*）幼苗取自安徽师范大学生态学实验室培养的吊兰母枝，剪下带有气生根的幼苗进行水培驯化 30 天。水培营养液采用含 $1mg \cdot L^{-1}$ Cd^{2+}的 1/2 Hogland 营养液。幼苗生根稳定后，取生长情况相近的幼苗，进行试验。

栽培用土壤。采集安徽师范大学后山山坡园田土（土壤为黄棕壤，pH=4.77，电导率为 $107.5\mu S \cdot cm^{-1}$，氮磷钾和有机质的总量分别为 0.77、0.95、8.69 和 $4.13g \cdot kg^{-1}$，土壤 Cd 含量为 $0.6mg \cdot kg^{-1}$），风干，过 3mm 筛后充分混匀备用。

栽培试验。采用直径为 12.5cm 的塑料花盆，每盆装土 250g。试验设置 200、500、1000 和 $1500mg \cdot kg^{-1}$ 四个 $Cd(Ac)_2 \cdot 2H_2O$ 处理浓度（以 Cd^{2+}计），以不添加 $Cd(Ac)_2 \cdot 2H_2O$ 的土壤为空白组（CK），于室温下稳定两周后，每盆栽种 2 株吊兰作为栽种植物的实验组，另设不栽种植物的空白对照组。以上每种处理均设 3 个重复。

取样分析。栽培 90 天后，分别将植物小心连根取出，用抖落法收集根区土壤。去掉土样中的残余根系，自然风干后研磨过筛，同时采集空白对照组土壤，风干、研磨、过筛。所有土壤样品用于测定土壤酶活性、土壤 Cd 含量。

除去根部土壤后，用自来水、蒸馏水多次冲洗植株后用滤纸吸干。用剪刀将根和地上部分分开，分别测量植株的根长、地上部分长、根与地上部分鲜重和干重。

2.3.2　高浓度 Cd 污染对土壤酶活性的影响

表 2-30 列出了不同高浓度 Cd 污染胁迫对土壤酶活性的影响。随着 Cd 浓度的不断提高，脲酶活性呈下降的趋势，这说明重金属对土壤脲酶有明显的抑制作用，可能与酶活性分子中的活性部位—SH 和含咪唑的配体等结合产生了与底物的竞争性抑制作用有关（尹君等，1999）。土壤过氧化氢酶、蔗糖酶和磷酸酶活性正如本章第一节所描述，在 Cd 浓度高于 $200mg \cdot kg^{-1}$ 时随着 Cd 浓度的增大均呈下降的趋势，而过氧化氢酶活性在 $200mg \cdot kg^{-1}$ Cd 污染胁迫时比空白组的过氧化氢酶活性高，这进一步验证了较高浓度的重金属污染对土壤蔗糖酶、磷酸酶和过氧化氢酶活性具有抑制作用，而一定低浓度的重金属对土壤蔗糖酶、磷酸酶和过氧化氢酶活性具有一定的促进作用。

表 2-30 高浓度 Cd 污染对土壤酶活性的影响

处理浓度 (mg·kg^{-1})	过氧化氢酶 (0.02mol·L^{-1}KMnO$_4$,mL·g^{-1})	蔗糖酶 (0.1 mol·L^{-1}NaS$_2$O$_3$, mL·g^{-1}·24h^{-1})	脲酶 (NH$_3$-N, mg·g^{-1}·24h^{-1})	磷酸酶 (P$_2$O$_5$, mg·100g^{-1}·2h^{-1})
CK	0.433±0.029a	2.570±0.035a	100.341±4.166a	24130.671±2306.108a
200	0.462±0.034a	2.209±0.010a	91.113±0.926ab	22955.117±4611.498ab
500	0.432±0.029a	1.530±0.435b	80.625±0.930b	19328.983±1910.820b
1000	0.419±0.019a	1.506±0.838b	66.179±12.995c	9535.709±217.590c
1500	0.415±0.052a	1.316±0.328b	37.210±6.212d	8649.522±2734.973c

　　将过氧化氢酶、蔗糖酶、脲酶以及磷酸酶这四种土壤酶与 Cd 添加浓度进行相关分析，它们的相关系数分别为−0.736、−0.883[*]、−0.991[**]和−0.965[**]，这说明四种土壤酶活性与 Cd 添加浓度均呈负相关，且土壤蔗糖酶活性与 Cd 浓度之间的相关性显著，脲酶、磷酸酶和 Cd 浓度之间的相关性极显著。在这四种土壤酶中，脲酶活性对重金属 Cd 浓度变化最为敏感，在重金属 Cd 处理浓度为 1500mg·kg^{-1} 时，脲酶活性的抑制率为 62.92%，过氧化氢酶活性的变化最小，抑制率为 4.16%，这四种土壤酶对镉的敏感顺序为脲酶>磷酸酶>蔗糖酶>过氧化氢酶。

　　土壤酶是一种生物催化剂，控制着土壤中所进行的生物化学过程，而土壤酶活性更能直接反映土壤生物化学过程的强度和方向。土壤酶活性是土壤生物性能的一种最稳定、最敏感的指标，是测定土壤污染和监测由污染所导致的土壤的各种变化的一种生物学方法（刘树庆，1996；周礼恺等，1985），在选择反映土壤重金属污染情况的土壤酶时，一般选择对重金属比较敏感的土壤酶作为指标酶。因此，对于指示高浓度 Cd 污染土壤的植物修复，四种土壤酶的选择顺序为脲酶> 磷酸酶>蔗糖酶>过氧化氢酶。

2.3.3 高浓度 Cd 污染对吊兰生长的影响

　　在 1500mg·kg^{-1} Cd 浓度范围内，吊兰均能生长，但随着 Cd 浓度的不断提高，吊兰的生长开始受到一定的限制（表 2-31）。说明过高浓度的 Cd 胁迫使细胞直径发生变化、细胞液泡化、细胞结构发生变化，各细胞器受到不可逆转的致死性分离，细胞功能丧失或细胞死亡，从而对植物的生长发育造成一定程度的伤害（彭鸣等，1991）。当 Cd 浓度为 1500mg·kg^{-1} 时，根长、株高、鲜重以及干重均受到一定程度的抑制，抑制率分别为 37.48%、58.21%、45.7%和 51.35%。将根长、株高、鲜重以及干重这些指标与 Cd 处理浓度进行相关分析，它们的相关系数分别为−0.946[*]、−0.620[*]、−0.779[*]和−0.808[*]，这说明根长、株高、鲜重以及干重这些指标与 Cd 处理浓度之间均呈负相关，且它们的相关性均显著，它们的相关性大小顺序为根长>干重>鲜重>株高。

表 2-31　Cd 污染对吊兰生长的影响

处理浓度 （mg·kg⁻¹）	根长 （cm）	株高 （cm）	鲜重 （g·株⁻¹）	干重 （g·株⁻¹）	耐性指数 （%）
CK	10.717±0.591	21.537±1.218	4.070±0.580	0.370±0.030	100.000
200	10.785±2.817	9.580±0.492	2.738±0.852	0.249±0.024	100.635
500	9.660±0.281	9.558±0.165	2.530±0.050	0.210±0.010	90.137
1000	9.335±1.442	9.260±0.212	2.232±0.143	0.181±0.013	87.105
1500	6.700±0.245	9.000±0.163	2.210±0.110	0.180±0.010	62.517

　　根系是吸收和排除重金属的主要部分，敏感植物的根长在重金属的影响下将受到明显抑制，而耐性植物根系生长受到的影响相对轻微，因此耐性指数是反映植物对重金属耐受性的一个重要指标（Yan et al., 1998；严明理等，2009）。在上述四个 Cd 浓度处理组中，通过计算不同 Cd 浓度时吊兰的耐性指数，可以发现，在 Cd 浓度低于 200mg·kg⁻¹ 时，吊兰的耐性指数均大于 100%，当 Cd 胁迫浓度大于 200mg·kg⁻¹ 时吊兰的耐性指数虽然有所下降，但在 1500mg·kg⁻¹ Cd 胁迫浓度下吊兰的耐性指数仍达到 62.517%。现有资料显示，在土壤 Cd 浓度为 100mg·kg⁻¹ 时，对 Cd 具较高耐性的含羞草（*Mimosa pudica*）、树马齿苋（*Porulaca afra*）（燕傲蕾等，2010）、秋华柳（*Salix variegate*）和枫杨（*Pterocarla stenoptera*）（贾中民等，2011）的耐性指数分别为 99.10%、50.67%、37.55% 和 38.12%；超积累植物龙葵（*Solanum nigrum*）和茄子（*Solanum melongena*）（Sun et al., 2006）的根长与不添加重金属的对照组的比率也仅为 66% 和 61%，超富集植物蜀葵（*Althaea rosea Cav.*）（Liu et al., 2009）的耐性指数为 88.89%，而吊兰在 200mg·kg⁻¹ Cd 胁迫浓度下耐性指数仍为 100.635%，明显高于上述几种耐性植物在 Cd 浓度为 100mg·kg⁻¹ 时的耐性指数，也高于超积累植物龙葵和茄子在该浓度时的比率。虽然从 200mg·kg⁻¹ Cd 胁迫浓度之后，吊兰的耐性指数有所下降，但即使在 1500mg·kg⁻¹ 这样高浓度的 Cd 胁迫下，吊兰的耐性指数仍达到 62.517%。这说明吊兰对 Cd 有很强的耐性，可以维持在高 Cd 胁迫下正常生长，显示了适度诱导驯化下的吊兰在土壤植物修复方面有很大的应用前景。

　　将吊兰的根长、株高与四种土壤酶活性进行回归分析（见表 2-32），四种酶的活性均与吊兰根长、株高呈正相关，其中过氧化氢酶活性、蔗糖酶活性和脲酶活性与吊兰根长、株高达到显著水平，磷酸酶活性与吊兰根长、株高达到极显著水平。比较吊兰植株根长和株高与土壤酶活性的相关性发现，四种土壤酶活性与吊兰根长的相关性明显大于株高。这是因为土壤中各种酶的累积是土壤微生物、土壤动物和植物生长发育活动共同作用的结果，在植物的生长过程中，主要通过根系不断向土壤中分泌各种有机物、无机物、生长激素等活性物质，从而影响土壤酶的活性，同时植物的地上部分也可以通过促进植物根系的生长分泌活动来影响土壤酶的活性（Dick and Deng，1991；Chen et al.，2005；曹慧等，2003）。

表 2-32　吊兰根长、株高与土壤酶活性的回归分析

因变量	标准化回归模型	F	P
过氧化氢酶	$y=0.010x_1-0.001x_2+0.352$	1.767	0.042
蔗糖酶	$y=0.176x_1+0.053x_2-0.458$	6.249	0.022
脲酶	$y=13.171x_1+0.874x_2-59.539$	47.979	0.020
磷酸酶	$y=3257.885x_1+321.593x_2-17623.092$	3.127	0.000

注：x_1 为吊兰根长，x_2 为吊兰株高

2.3.4　高浓度 Cd 污染对土壤有效态 Cd 含量的影响

土壤有效态 Cd 含量随着 Cd 添加量的增加而显著增加，两者之间呈显著的正相关关系（见表 2-33），相关系数达到 0.992[**]。重金属的生物毒性和积累的能力主要取决于其存在形态，土壤重金属有效态含量的大小至关重要。有效态重金属指的是容易被植物吸收的水溶态和交换态重金属。土壤重金属有效态含量的大小，是影响植物吸收多少、快慢，以及影响土壤酶活性和组成等的最直接部分。而植物的生长、吸收，土壤微生物的作用，土壤酶的作用等也可以影响土壤重金属有效态的含量。土壤和根环境之间的相互作用非常复杂：根系分泌物能分泌质子酸化土壤，可以提高土壤中重金属的流动性和植物吸收，而一些金属结合蛋白或螯合剂可与根分泌物中的金属产生复合物，这可能会阻止金属被植物吸收。重金属的有效态可以通过改变根际周围的土壤环境的氧化还原环境而改变。低分子量有机酸通常可以提高 Cd 的有效性，促进可溶性 Cd 复合物和螯合物的形成。超高分子量有机酸也可与重金属形成高分子复合物，以减少其生物利用度，克制土壤中重金属的流动性和植物吸收（Mench and Martin，1991）。

表 2-33　Cd 污染对土壤有效态 Cd 含量的影响

处理浓度（mg·kg^{-1}）	有效态 Cd 含量（mg·kg^{-1}）
CK	0.048±0.008a
200	140.178±0.742b
500	304.995±5.000c
1000	698.328±7.638d
1500	1249.995±10.000e

　　将土壤 Cd 有效态含量和土壤酶活性进行相关分析发现（见表 2-34），土壤有效态 Cd 含量与几种土壤酶活性均呈负相关关系。土壤脲酶与有效态 Cd 含量的相关性最强，其次是磷酸酶。四种酶对土壤 Cd 有效态含量的敏感性依次为脲酶>磷酸酶>蔗糖酶>过氧化氢酶。这和前文关于土壤酶活性的论述是一致的。因此，可以认为，土壤脲酶活性是反映土壤高浓度 Cd 污染的一个有效指标。鉴于土壤有效态 Cd 与土壤酶活性相关性较大，同时二者均易受土壤环境因素影响，对土壤污染变化反应敏感，因此把这两类指标结合起来作为判断土壤 Cd 污染程度指标更为合适。

表 2-34　土壤有效态 Cd 含量与土壤 Cd 含量和土壤酶活性相关分析

指标	土壤镉含量	过氧化氢酶	蔗糖	脲酶	磷酸酶
相关性数值	0.992**	−0.716	−0.830*	−0.997**	−0.936*

3 EDTA 与柠檬酸调节下吊兰对土壤镉污染的耐性与修复特性

自 20 世纪 80 年代,植物修复技术一经提出,即被迅速而广泛地接受和应用,成为当前国内外研究的热点(陈同斌,2002;祖艳群,李元,2003)。与传统的物理、化学修复方法相比,植物修复技术绿色清洁、不破坏土壤结构,符合可持续发展要求,同时大大降低了成本,植物修复方法种植和管理费用每公顷约 200~10000 美元,仅是传统物理、化学方法的 1/1000~1/100。然而单纯的植物修复过程十分缓慢,一块土壤的植物修复进程往往需要耗费数年甚至数十年,例如使用 Cd 超积累植物天蓝遏蓝菜,连续种植 6 茬,才可以将 Cd 浓度为 19mg·kg^{-1} 的工业污染土壤下降至 3mg/kg(唐世荣,2001)。为了解决植物修复技术在实际运用过程中出现的以上问题,有效地提高植物修复技术的效果,目前常采取的方法中,一种是广泛寻找新的超积累植物,筛选生物量大、生长迅速、生物富集量大的植物;另一种是利用物理、化学、生物等方法强化植物的吸收,如通过施加肥料、土壤改良剂、有机螯合剂和生物源的填料等,强化植物对土壤中重金属的吸收效率,加快植物修复进程(Xiong and Lu,2002)。

3.1 螯合剂在植物修复中的应用

3.1.1 螯合剂的种类

在土壤重金属植物修复中运用的螯合剂一般可以分为两大类:一类是天然的有机酸,包括柠檬酸、苹果酸、酒石酸、丙二酸、草酸、乙酸等,主要来自植物根系分泌物、动植物残骸的分解和土壤微生物代谢等(施卫明,1993;曹享云,1994)。它们可以与重金属离子形成可溶性络合物,促进重金属离子的解吸附,增强重金属离子的迁移性和生物活性。另一类是氨基多羧酸类,包括人工合成螯合剂,如乙二胺四乙酸(EDTA)、乙二醇双四乙酸(EGTA)、二乙三胺五三乙酸(DTPA)、环己烷二胺四乙酸(CDTA)、乙二胺二乙酸(EDDHA)、羟乙基替乙二胺三乙酸(HEDTA),以及天然螯合剂氨基三乙酸(NTA)和 S,S-乙二胺二琥珀酸(S,S-EDDS)等。氨基多羟酸类具有较强的活化能力,其中人们对 EDTA 尤为关注。

3.1.2　螯合剂对土壤重金属的活化

土壤中重金属的含量、重金属的形态和生物有效性、植物的种类以及环境条件都能影响植物对重金属的吸收与积累，其中土壤重金属含量是影响植物体吸收重金属的重要因子。重金属在土壤中大部分不是以液态离子形式存在，而是固相的，并且往往被牢固地结合着。重金属的移动性和生物有效性与土壤溶液的组成相关（刘霞等，2002）。土壤中施加螯合剂，既可以与土壤溶液中的可溶性金属离子结合，防止金属沉淀或吸附在土壤胶体上，又可以通过与重金属离子竞争土壤颗粒表面的吸附点位，将重金属离子从土壤颗粒表面脱离出来，并与重金属离子结合形成金属-有机配合物结合态，将重金属由不溶态转为可溶态。随着土壤溶液中自由离子的减少，被土壤吸附或结合的金属离子开始溶解，以补偿平衡的移动，从而提高了重金属的活性。大量研究表明，土壤中施加螯合剂可以增加金属离子的溶解度，增强重金属的活性和迁移性。例如：研究发现 EDTA 的螯合作用可以有助于增强 Cd 的移动性，提高土壤溶液中 Cd 的浓度（蒋先军，2001）。螯合剂对重金属活化能力因螯合剂的种类和浓度不同而不同。张敬锁等（1999）研究发现，不同螯合剂对污染土壤中镉活化能力的强弱顺序为 EDTA>柠檬酸>苹果酸；魏世强等（2003）也发现 8 种螯合剂均能显著促进 Cd 从土壤中溶出，其作用大小顺序为 EDTA>DTPA>柠檬酸＞胡敏酸＞草酸＞富里酸＞酒石酸＞水杨酸。另外，EDTA、柠檬酸、酒石酸、草酸等螯合剂在低浓度时对重金属的活化作用不大，只有在较高浓度下才表现出较强的活化能力（杨仁斌，2000）。EDTA 对 Cd、Cu、Zn、Pb、Ni 等重金属的活化作用随其浓度的增加，呈线性提高。

3.1.3　螯合剂对植物吸收转运重金属的影响

施用螯合剂可以增加植物对重金属的吸收。这一方面是因为螯合剂可以活化土壤中原有的非有效态重金属，增加重金属向植物根系的扩散速度（di Toppi and Gabbrielli，1999）；另一方面，螯合剂也可以调节植物对营养元素的吸收、影响植物的营养状况及生理活性，进而影响植物对重金属的吸收（Nizhou，1999）。EDTA 可以与土壤重金属络合，提高重金属在土壤溶液中的溶解度，促进植物对重金属的吸收（李玉红等，2002）。施加 EDTA 不但提高了某些植物对重金属的吸收，而且促进了重金属向地上部分的转移。Blaylock 等（1997）研究了 EDTA、DTPA、柠檬酸等不同螯合剂对印度芥菜（*Brassia juneea*）吸收 Pb 和 Cd 的影响，研究表明，施加螯合剂后，植物地上部分铅、镉的浓度显著增加。蒋先军等（2003）的研究结果表明 EDTA 能增加印度芥菜地上部分中 Cd 的含量，可能是 EDTA 加入土壤后增加了重金属在土壤溶液中的浓度，从而高浓度的 Cd 增加了细胞膜的透性，土壤溶液中的 Cd 与 EDTA 络合物进入植物体内。

螯合剂一方面可以螯合、络合重金属，改变重金属在土壤中的形态，活化土壤中的重金属，将重金属从土壤颗粒表面解吸下来，提高土壤重金属的迁移性和生物可利用性，增加植物对重金属的吸收；另一方面又可以促进植物生长，提高植物的生物量，从而提高植物吸收土壤重金属的总量，并能影响重金属在植物体内的迁移和分布，增加重金属污染土壤的植物修复效果（胡珊，2012）。为此，本书分别选择具有代表性的两种螯合剂，天然有机酸柠檬酸（CA）和人工合成螯合剂乙二胺四乙酸（EDTA）为材料，实施吊兰对 Cd 污染土壤的化学强化修复，探讨柠檬酸和 EDTA 调节下，吊兰对土壤 Cd 污染的耐性与修复效果，为 Cd 污染土壤的化学强化植物修复提供参考。

3.2　研究设计

植物材料。吊兰（*C. comosum*）幼苗取自安徽师范大学生态学实验室培养的吊兰母枝，剪下带有气生根的幼苗后于土中培养，幼苗生根稳定后取生长情况相近的幼苗进行试验。

栽培用土壤。采集安徽师范大学后山山坡园田土（土壤为黄棕壤，pH=5.42，电导率为 101.47μS·cm^{-1}，氮磷钾和有机质的总量分别为 1.55、2.06、9.69 和 17.45g·kg^{-1}，土壤 Cd 含量为 0.6mg·kg^{-1}），风干，过 3mm 筛后充分混匀备用。

栽培试验。采用直径为 12.5cm 的塑料花盆，每盆装土 250g，以溶液形式加入 CdCl$_2$·2.5H$_2$O，使土壤含 Cd 量为 10mg·kg^{-1}（以 Cd^{2+}计），充分混匀，稳定 10 天后，每盆栽种 2 株吊兰作为栽种植物的实验组，另设不栽种植物的空白对照组。保持土壤湿润，生长 70d 后，向各处理组施加 EDTA、柠檬酸的梯度浓度溶液和 EDTA 与柠檬酸混合溶液，施加量为 10mL·2d^{-1}，连续处理 40 天。EDTA、柠檬酸的梯度溶液添加水平见表 3-1。以上每种处理均设 3 个重复。

表 3-1　EDTA 和柠檬酸浓度梯度

处理	组别	浓度（mmol·L^{-1}）
EDTA	1	0.0
	2	2.5
	3	5.0
	4	7.5
	5	10.0
柠檬酸	1	0.0
	2	2.5
	3	5.0
	4	7.5
	5	10.0

处理	组别	浓度（mmol·L^{-1}）
EDTA-柠檬酸	1	0.0-0.0
	2	0.0-10.0
	3	2.5-7.5
	4	5.0-5.0
	5	7.5-2.5
	6	10.0-0.0

取样分析。吊兰累计栽培生长 110 天后，分别将吊兰小心连根取出，用抖落法收集根区土壤。去掉土样中的残余根系，自然风干后研磨过筛，同时采集空白对照组土壤，风干、研磨、过筛。所有土壤样品用于测定土壤酶活性、土壤基本化学性质、土壤 Cd 总量和有效态含量。

除去根部土壤后，用自来水、蒸馏水多次冲洗植株后用滤纸吸干。用剪刀将根和地上部分分开，分别测量植株的根长、地上部分长、根与地上部分鲜重和干重，取成熟的鲜叶片进行生理生化指标的测定。将根和地上部分分开，105℃杀青0.5h，75℃过夜，磨碎过筛后，用混酸（浓 HNO$_3$：HClO$_4$：浓 H$_2$SO$_4$=8：1：1）隔夜消化，采用日本岛津 AA6800 型原子吸收分光光度计测定植物体内的 Cd 含量。

数据处理。参照 2.1.1 进行数据处理和计算耐性指数、富集系数、转运系数、土壤酶活性相对变化率等。

3.3 EDTA 与柠檬酸调节对 Cd 污染条件下吊兰生长和生理生化特性的影响

3.3.1 EDTA 和柠檬酸调节对 Cd 污染条件下吊兰生长指标的影响

从表 3-2 可见，所有浓度的 EDTA 处理均促进吊兰地上部分的生长，在5.0mmol·L^{-1} EDTA 浓度下，吊兰的地上部分长度达到最大值 20.78cm，为对照组的 2.46 倍。低浓度的 EDTA 均促进吊兰地下部分的生长，在 5.0mmol·L^{-1} EDTA浓度下，吊兰的根长达到最大值 9.40cm，为对照组的 1.47 倍。在较高浓度 EDTA（10.0mmol·L^{-1}）作用下，吊兰根长较对照组有所减小，但变化不显著。

耐性指数能较好地反映植物对 Cd 的抗性。指数值越高，表明吊兰根所受的影响越小，对 Cd 抗性越强。通过计算不同浓度 EDTA 调节下吊兰的耐性指数，可以发现除 10.0mmol·L^{-1} 外，其他各浓度 EDTA 调节下吊兰耐性指数都高于100，并在 5mmol·L^{-1} 下达到最大值 147.26。这说明添加适当的 EDTA 可促进吊兰生长，增加吊兰的耐性。

表 3-2　EDTA 对吊兰形态学指标的影响

EDTA 浓度（mmol·L^{-1}）	地上部分长度（cm）	根长（cm）	耐性指数（%）
0.0	8.45±0.07c	6.38±0.02b	100.00
2.5	17.73±0.88a	8.28±0.40a	129.77
5	20.78±0.83a	9.40±0.14a	147.26
7.5	18.40±0.64a	8.65±0.21a	135.51
10	14.48±1.45ab	5.63±0.25b	88.12

由表 3-3 可知，各浓度柠檬酸处理都促进吊兰的生长。吊兰地上部分长度和根长都在 5mmol·L^{-1} 柠檬酸浓度下达到最大值，分别是对照组的 2.31 和 1.57 倍。各浓度柠檬酸调节下，吊兰的耐受性指数都大于 100，其中在 5mmol·L^{-1} 浓度时达到最大值 157.44。说明添加柠檬酸可显著促进吊兰生长，增加其耐性。

表 3-3　柠檬酸对吊兰形态学指标的影响

柠檬酸浓度（mmol·L^{-1}）	地上部分长度（cm）	根长（cm）	耐性指数（%）
0.0	8.45±0.07c	6.38±0.02c	100.00
2.5	17.60±0.07a	8.80±0.42b	137.86
5	19.48±0.60a	10.05±0.21a	157.44
7.5	12.43±2.16b	9.03±0.04ba	141.38
10	14.08±2.33b	8.93±0.25b	139.82

从表 3-4 中可见，EDTA 和柠檬酸混合处理促进吊兰生长。在 EDTA 与柠檬酸 2.5-7.5mmol·L^{-1} 的混施浓度下，吊兰的地上部分长度和根长均达到最大值，分别是对照组的 2.63 和 1.54 倍。各处理组中，2.5-7.5mmol·L^{-1} 浓度处理，吊兰的耐性指数达到最大值 157.39，添加 EDTA 和柠檬酸混合液可促进吊兰根系生长，根系耐性指数增大。由于较之单施 EDTA、柠檬酸对吊兰的生长促进作用更明显，所以在 EDTA 2.5mmol·L^{-1}、柠檬酸 7.5mmol·L^{-1} 混合浓度下，吊兰的地上部分和地下部分生长增加最大，耐性指数最大，为调节吊兰生长最适浓度。由上述植物生长指标可见，EDTA 和柠檬酸混合液可以显著增强吊兰的植物生长。

表 3-4　混合施用 EDTA 和柠檬酸对吊兰形态学指标的影响

EDTA-柠檬酸浓度（mmol·L^{-1}）	地上部分长度（cm）	根长（cm）	耐性指数（%）
0.0-0.0	8.45±0.07c	6.38±0.02c	100.00
0.0-10.0	14.08±2.33b	8.93±0.25b	139.82
2.5-7.5	22.20±0.42a	9.85±0.64a	154.39
5.0-5.0	20.05±1.22ab	9.15±0.07ab	143.41
7.5-2.5	15.05±1.27b	9.58±0.04ab	150.16
10.0-0.0	14.48±1.45b	5.63±0.25c	88.12

经 EDTA 处理，吊兰植株干重有所增加（表 3-5），缓解了 Cd 对吊兰生长的影响。EDTA 对吊兰的根和地上部分的影响程度不同：随着 EDTA 浓度的增加吊兰根干重先增加后有所降低，在 EDTA 为 7.5mmol·L^{-1} 时达最大值，为对照组的 1.784 倍，之后有所减小，但差异不显著；而地上部分干重在所有浓度 EDTA 的调节下均增加，并且在 EDTA 为 5.0mmol·L^{-1} 时达到最大值，为对照组的 3.437 倍，之后随着 EDTA 浓度增加有所降低但仍然高于对照组。

表 3-5　EDTA 对吊兰生物量的影响

EDTA 浓度（mmol·L^{-1}）	根干重（g）	地上部分干重（g）	总干重（g）
0.0	0.051±0.007b	0.071±0.063a	0.123±0.056a
2.5	0.059±0.018b	0.174±0.004a	0.233±0.014a
5	0.058±0.001b	0.244±0.058a	0.303±0.057a
7.5	0.091±0.016a	0.146±0.036a	0.237±0.020a
10	0.049±0.010b	0.136±0.035a	0.185±0.035a

经柠檬酸处理，吊兰植株干重有所增加（表 3-6）。柠檬酸对吊兰的地上部分和根的影响相似，均随着柠檬酸浓度的增加先增加后有所降低，但均高于对照组，且都在 5.0mmol·L^{-1} 浓度时达最大值。在柠檬酸为 5.0mmol·L^{-1} 时吊兰根干重、地上部分干重和整株干重分别达到 0.124、0.223 和 0.347g，分别是对照组的 2.431、3.141 和 2.821 倍。

对比 EDTA 和柠檬酸可以发现，柠檬酸调节下吊兰的根和地上部分干重增加更多，对吊兰生物量的影响更大，且低浓度柠檬酸对吊兰的生物量影响更显著。

表 3-6　柠檬酸对吊兰生物量的影响

柠檬酸浓度（mmol·L^{-1}）	根干重（g）	地上部分干重（g）	总干重（g）
0.0	0.051±0.007b	0.071±0.063c	0.123±0.06c
2.5	0.079±0.001ab	0.221±0.02a	0.301±0.015ab
5.0	0.124±0.013a	0.223±0.06a	0.347±0.074a
7.5	0.110±0.024ab	0.200±0.05b	0.310±0.026ab
10.0	0.107±0.035ab	0.119±0.033c	0.226±0.068b

经 EDTA 与柠檬酸的混合处理，吊兰植株干重有所增加，在混施浓度为 7.5-2.5mmol·L^{-1} 时吊兰根干重和整株干重达到最大值（表 3-7），分别是对照组的 4.196 和 4.114 倍。地上部分干重在混施浓度为 5.0-5.0mmol·L^{-1} 时达到最大值，为对照组的 4.704 倍。这可能由于较高浓度 EDTA 和低浓度柠檬酸对吊兰生物量的

影响最显著。

表 3-7 混合施用 EDTA 和柠檬酸对吊兰生物量的影响

EDTA-柠檬酸浓度（mmol·L^{-1}）	根干重（g）	地上部分干重（g）	总干重（g）
0.0-0.0	0.051±0.007c	0.071±0.063c	0.123±0.056c
0.0-10.0	0.107±0.035b	0.119±0.033c	0.226±0.068c
2.5-7.5	0.174±0.005b	0.281±0.042b	0.455±0.047b
5.0-5.0	0.096±0.034bc	0.334±0.038a	0.430±0.004b
7.5-2.5	0.214±0.034a	0.291±0.122ab	0.506±0.088a
10.0-0.0	0.049±0.010c	0.136±0.035c	0.185±0.025c

综合来看，单施柠檬酸较单施 EDTA 对吊兰生长的影响更显著，混施 EDTA 和柠檬酸比单施对吊兰的影响更显著。

3.3.2 EDTA 与柠檬酸对吊兰生理生化指标的影响

3.3.2.1 EDTA 和柠檬酸对吊兰叶片叶绿素含量的影响

叶绿素是植物光合作用的物质基础，其含量高低是判定植物光合作用强弱的一个重要生理指标。从表 3-8 中可以看出，EDTA 处理后，吊兰叶片的叶绿素含量有所增加，在 EDTA 浓度为 5mmol·L^{-1} 时植物的叶绿素 a 和 b 都达到最大值，分别为对照组的 1.47 和 1.55 倍。

表 3-8 EDTA 对吊兰叶绿素含量的影响

EDTA 浓度（mmol·L^{-1}）	叶绿素 a（mg·g^{-1}FW）	叶绿素 b（mg·g^{-1}FW）	叶绿素 a/b
0.0	1.502±0.312a	0.532±0.056a	2.805±0.292
2.5	1.297±0.181a	0.564±0.073a	2.300±0.023
5.0	2.211±0.334a	0.820±0.017a	2.694±0.352
7.5	1.711±0.037a	0.510±0.048a	3.365±0.245
10.0	1.765±0.086a	0.464±0.222a	4.247±1.850

从表 3-9 中可以看出，柠檬酸处理 Cd 胁迫的吊兰后，吊兰叶片的叶绿素含量有所增加，在柠檬酸浓度为 5mmol·L^{-1} 时植物的叶绿素 a 和 b 都达到最大值，为对照组的 1.848 和 2.247 倍。比较 EDTA 与柠檬酸，EDTA 对 Cd 污染下吊兰抗氧化的调节作用更好。

表 3-9　柠檬酸对吊兰叶绿素含量的影响

柠檬酸浓度（mmol·L^{-1}）	叶绿素 a（mg·g^{-1}FW）	叶绿素 b（mg·g^{-1}FW）	叶绿素 a/b
0.0	1.502±0.312c	0.532±0.056b	2.805±0.292a
2.5	2.246±0.077ab	0.620±0.003b	3.620±0.109a
5.0	2.776±0.268a	1.291±0.134a	2.152±0.015a
7.5	1.852±0.174c	0.612±0.277b	3.398±1.206a
10.0	1.709±0.128bc	0.478±0.062b	3.622±0.740a

从表 3-10 中可以看出，EDTA 与柠檬酸混合处理后，吊兰叶片的叶绿素含量有所增加。在混施浓度为 2.5-7.5mmol·L^{-1} 时，吊兰叶绿素 a 和 b 含量都达到最大值，为对照组的 1.388 和 1.128 倍。与单施相比，混施 EDTA 与柠檬酸对增加叶绿素的影响没有单施效果明显。

表 3-10　混施 EDTA 和柠檬酸对叶绿素含量生理的影响

EDTA-柠檬酸浓度（mmol·L^{-1}）	叶绿素 a（mg·g^{-1}FW）	叶绿素 b（mg·g^{-1}FW）	叶绿素 a/b
0.0-0.0	1.502±0.312c	0.532±0.056a	2.805±0.292
0.0-10.0	1.709±0.128b	0.478±0.062a	3.622±0.740
2.5-7.5	2.085±0.270a	0.592±0.099a	3.611±1.06
5.0-5.0	1.438±0.222c	0.556±0.089a	2.589±0.014
7.5-2.5	1.861±0,136ab	0.587±0.205a	3.419±1.424
10.0-0.0	1.765±0.086ab	0.464±0.222a	4.247±1.850

3.3.2.2　柠檬酸和 EDTA 对吊兰叶片抗氧化酶活性的影响

由表 3-11 可知，在各浓度 EDTA 调节下，CAT 活性均增强，在 5.0mmol·L^{-1} EDTA 浓度时达到最大值 13.425，与对照组有显著差异。低浓度的 EDTA 处理，显著提高 POD 的活性，并且在 7.5mmol·L^{-1} 浓度时达到最大值 34.167，显著高于对照组。但在 EDTA 浓度达到 10mmol·L^{-1} 时，POD 活性有所下降，可能高浓度的 EDTA 活化土壤中重金属，Cd 浓度增大，使吊兰受到的胁迫作用增加。

植物在受到胁迫时，SOD 活性最为灵敏，通常会首先发生变化。实验组吊兰的 SOD 活性随着 EDTA 浓度的增加有一定的波动，低浓度 EDTA 调节下，吊兰 SOD 活性增强，在 7.5mmol·L^{-1} EDTA 浓度时，吊兰 SOD 活性达到最大值 53.353，是对照的 1.352 倍，显著提高了吊兰对 Cd 胁迫的适应性。但 10mmol·L^{-1} EDTA 浓度时，吊兰 SOD 活性反而低于对照组。这是因为低浓度的 EDTA 能抑制重金属在土壤溶液中的解吸，并且 EDTA 与重金属可以结合成植物不易吸收的形态，阻碍重金属进入吊兰体内，有助于缓解 Cd 对吊兰的胁迫，减轻对重金属的毒害，SOD 活性增强。而高浓度的 EDTA 却能够促进 Cd 的解吸，抑制 Cd 的吸附，提高土壤中 Cd 的生物有效性，加大 Cd 对吊兰的胁迫作用。

表 3-11   EDTA 对吊兰抗氧化酶活性的影响

EDTA 浓度 (mmol·L^{-1})	CAT（0.02mol·L^{-1} KMnO$_4$, mL·g^{-1}）	POD (U·min^{-1}·g^{-1} FW)	SOD (U·g^{-1})
0.0	11.345±0.346b	20.333+8.014b	39.453±3.534b
2.5	11.600±1.556b	27.500+12.492a	42.278±14,768ab
5.0	13.425±0.318a	31.000+12.257a	46.783±1.432a
7.5	13.250±0.071a	34.167+23.335a	53.353±21.146a
10.0	11.855±0.120b	10.833+1.650c	35.673±4.253b

由表 3-12 可知，在柠檬酸调节下，吊兰 CAT、POD、SOD 活性都有所增加。CAT、SOD 活性在 7.5mmol·L^{-1} 柠檬酸浓度时均达到最大值，其中 SOD 活性为对照的 1.473 倍；POD 活性在 2.5mmol·L^{-1} 柠檬酸浓度时达到最大值。低浓度柠檬酸显著增加 CAT、POD、SOD 活性，有效缓解了自由基对吊兰的损害，因此在低浓度柠檬酸调节下，吊兰生长最好，地上部分长度和干重最大。比较 EDTA 和柠檬酸的作用效果发现，柠檬酸对吊兰抗氧化酶活性的影响更显著。

表 3-12   柠檬酸对吊兰抗氧化酶活性的影响

柠檬酸浓度 (mmol·L^{-1})	CAT (0.02mol·L^{-1} KMnO$_4$, mL·g^{-1})	POD (U·min^{-1}·g^{-1} FW)	SOD (U·g^{-1})
0.0	11.345±0.346a	20.333+8.014a	39.453±3.534a
2.5	13.056±0.068ab	42.833+3.536c	44.512±4.186b
5.0	12.339±0.453a	32.667+4.714b	47.115±15.435b
7.5	14.200±0.758b	21.000+10.371a	58.152±7.634c
10.0	13.343±0.134ab	23.500+12.964a	42.173±20.031a

由表 3-13 可知，EDTA 和柠檬酸混合调节下，吊兰 CAT、POD、SOD 活性都有所增加。CAT 活性在所有混合调节下均显著提高，且在 EDTA-柠檬酸混施浓度为 2.5-7.5mmol·L^{-1} 时达到最大值 143.928，为对照组的 1.228 倍。POD 活性则在 EDTA-柠檬酸浓度为 2.5-7.5mmol·L^{-1} 时达到最大值 27.000，为对照组的 1.328 倍。吊兰叶片 SOD 活性随着 EDTA 和柠檬酸混合浓度的变化有一定的波动，低浓度 EDTA 调节下吊兰 SOD 活性增强，但高浓度（10mmol·L^{-1}）EDTA 下吊兰 SOD 活性反而低于对照组，在 5.0-5.0mmol·L^{-1} EDTA-柠檬酸混合液作用下，吊兰

SOD 活性达到最大值，是对照的 1.221 倍。

表 3-13　　混施 EDTA 和柠檬酸对吊兰抗氧化酶活性的影响

EDTA-柠檬酸浓度 （mmol·L^{-1}）	CAT（0.02mol·L^{-1} KMnO$_4$, mL·g^{-1}）	POD （U·min^{-1}·g^{-1} FW）	SOD （U·g^{-1}）
0.0-0.0	11.345±0.346a	20.333+8.014b	39.453±3.534a
0.0-10.0	13.343±0.134b	23.500+12.964b	42.173±20.031b
2.5-7.5	13.928±0.039b	27.000+8.014c	46.393±0.763b
5.0-5.0	13.286±0.373b	26.833+4.007c	48.137±16.433b
7.5-2.5	12.754±0.148a	22.667+2.828b	42.631±6.562b
10.0-0.0	11.855±0.120a	10.833+1.650a	35.673±4.253a

　　总的来看，螯合剂 EDTA 和柠檬酸均能缓解 Cd 对吊兰的胁迫作用，柠檬酸调节下叶绿素 a、b 的含量，CAT、POD、SOD 活性增加幅度，均比 EDTA 和混施两种螯合剂的调节效果更显著。

3.4　EDTA 与柠檬酸调节下吊兰对 Cd 污染土壤酶活性的影响

3.4.1　EDTA 单一调节对土壤酶活性的影响

　　脲酶是尿素氨基水解酶类的通称，能促进尿素和有机物分子中碳氢键的水解，它的活性在某些方面可以反映土壤的供氮水平与能力。磷酸酶能促进有机磷化合物分解供给作物吸收，在土壤磷素的生物化学循环过程中起着重要作用，促进作物对土壤有机磷的吸收，因此，磷酸酶活性是评价土壤磷素生物转化方向与强度的指标。过氧化氢酶是重要的氧化还原酶，可酶促作物营养代谢过程中产生的过氧化氢分解，从而防止过氧化氢对生物体的毒害作用。蔗糖酶是一种可以把土壤中高分子量蔗糖分子分解成能够被植物和土壤微生物吸收利用的葡萄糖和果糖的水解酶，为土壤生物体提供充分能源，其活性反映了土壤有机碳累积与分解转化的规律，左右着土壤的碳循环。

　　由表 3-14 可知，在没有栽培吊兰的空白组中，施用 EDTA 提高了土壤脲酶、磷酸酶、过氧化氢酶和蔗糖酶的活性。但 EDTA 施用量对各种酶的影响效果并不一致。2.50、5.0、7.5、10mmol·L^{-1} EDTA 处理下，土壤脲酶活性分别比对照提高了 10.41%、16.99%、22.13% 和 11.54%，施用 7.5mmol·L^{-1} EDTA 对提高脲酶活性最为有效。2.50、5.0、7.5、10mmol·L^{-1} EDTA 处理下，磷酸酶活性分别比对照提高 46.29%、235.60%、106.29% 和 82.94%，说明 5.0mmol·L^{-1} 的 EDTA 施用量为调节磷酸酶的最适浓度。EDTA 对土壤的过氧化氢酶活性具有促进作用，且随着

EDTA 浓度的升高而升高，到 EDTA 浓度为 10mmol·L^{-1} 时达到最大值，比对照提高了 13.16%。施用 EDTA 对提高土壤蔗糖酶活性效果十分显著，尤其高浓度 EDTA 促进效果最为明显，在 10mmol·L^{-1} EDTA 处理下，蔗糖酶活性比对照提高了 188.04%。

　　EDTA 对土壤酶的促进可能是由于螯合剂将固定态重金属螯合，一部分转化为有效态，而酶体作为蛋白质，需要一定量的重金属离子作为辅基，此时重金属能促进酶活性中心与底物间的配位结合，使酶分子与其活性中心保持一定的专性结构，改变酶催化反应的平衡性质和酶蛋白的表面电荷，从而增强酶活性，即表现出一定的激活作用（周礼恺等，1985）。

表 3-14　EDTA 对空白对照组土壤酶的影响

EDTA (mmol·L^{-1})	脲酶 (NH$_3$-N,mg·g^{-1}·24h^{-1})	磷酸酶 (P$_2$O$_5$,mg·100g^{-1}·2h^{-1})	过氧化氢酶 (0.02mol·L^{-1} KMnO$_4$, mL·g^{-1})	蔗糖酶 (0.02mol·L^{-1} NaS$_2$O$_3$, mL·g^{-1}·24h^{-1})
0.0	58.545±0.872c	5244.935±709.753c	0.418±0.014b	1.597±0.083c
2.5	64.637±0.218b	7672.908±690.571c	0.433±0.007b	3.909±0.911ab
5.0	68.493±1.091a	17601.822±1994.98a	0.458±0.000a	3.694±0.788b
7.5	71.385±0.055a	10819.777±575.476b	0.468±0.000a	3.527±1.919b
10.0	65.292±0.055b	9558.316±1630.514b	0.473±0.021a	4.600±0.330a

　　从表 3-15 可以看出，种植吊兰的情况下，施用 EDTA 对土壤酶活性的影响和没有种植吊兰的空白组相似，不过总体上来说，由于栽培吊兰本身起到了很好的修复土壤酶的作用，EDTA 对 Cd 污染下土壤酶活性的提升作用没有空白组显得突出。

表 3-15　EDTA 对实验组土壤酶的影响

EDTA (mmol·kg^{-1})	脲酶 (NH$_3$-N,mg·g^{-1}·24h^{-1})	磷酸酶 (P$_2$O$_5$,mg·100g^{-1}·2h^{-1})	过氧化氢酶 (0.02mol·L^{-1} KMnO$_4$, mL·g^{-1})	蔗糖酶 (0.02mol·L^{-1} NaS$_2$O$_3$, mL·g^{-1}·24h^{-1})
0.0	67.619±2.132a	8287.813±937.526b	0.461±0.006b	2.932±0.202a
2.5	69.701±2.417a	8739.949±434.333b	0.475±0.021b	3.218±1.416a
5.0	73.222±9.533a	18126.300±2838.149a	0.475±0.051b	3.754±1.062a
7.5	70.858±1.482a	17791.719±1759.572a	0.478±0.010b	4.719±1.315a
10.0	69.598±3.687a	9948.394±328.148b	0.495±0.015a	4.648±0.202a

　　由表 3-16 可知，种吊兰的实验组土壤酶活性都高于未种吊兰的空白组，其中

过氧化氢酶和磷酸酶这两种酶两组之间差异性显著（$P<0.05$）。产生这种差异，可以认为是栽培吊兰和施加 EDTA 共同作用的结果。

表 3-16　实验组与对照组土壤酶活性的配对 T 检验

指标	脲酶	磷酸酶	过氧化氢酶	蔗糖酶
T	2.967	1.931	4.007	−0.703
P	0.041	0.126	0.016	0.521

3.4.2　柠檬酸单一调节对土壤酶活性的影响

由表 3-17 可知，施加柠檬酸增强了没有栽培吊兰的空白组土壤脲酶和磷酸酶的活性，并且随着柠檬酸浓度的增加，脲酶和磷酸酶的活性呈现逐渐增加趋势，2.50、5.0、7.5、10mmol·L^{-1} 浓度的柠檬酸处理，脲酶活性分别比对照提高了10.076%、16.339%、42.350%和44.055%；磷酸酶活性分别比对照提高了61.808%、77.584%、78.101%和140.168%，均在 10.0mmol·L^{-1} 浓度柠檬酸时达到最大值。低浓度柠檬酸对土壤的过氧化氢酶活性的具有一定促进作用，在 2.50、5.0mmol·L^{-1} 的柠檬酸处理下，土壤过氧化氢酶活性分别比对照提高了9.569%和10.766%。但高浓度柠檬酸则抑制土壤过氧化氢酶活性。施用柠檬酸对土壤蔗糖酶活性的影响，也表现出单峰曲线现象，在 7.5mmol·L^{-1} 的柠檬酸作用下，土壤蔗糖酶活性达到最大值为 1.610mL·g^{-1}·24h^{-1}，但本研究中，柠檬酸对土壤蔗糖酶活性的影响未达到显著水平。

表 3-17　柠檬酸对空白对照组土壤酶的影响

柠檬酸 (mmol·L^{-1})	脲酶 (NH$_3$-N,mg·g^{-1}·24h^{-1})	磷酸酶 (P$_2$O$_5$,mg·100g^{-1}·2h^{-1})	过氧化氢酶 (0.02mol·L^{-1} KMnO$_4$, mL·g^{-1})	蔗糖酶 (0.02mol·L^{-1} NaS$_2$O$_3$, mL·g^{-1}·24h^{-1})
CK	58.545± 0.872c	5244.935±709.753c	0.418±0.014a	1.597±0.083a
2.5	64.444±0.273b	8486.753±3030.838c	0.458+0.014a	1.550±0.212a
5	68.146±.997b	9314.163±45.84.623b	0.463+0.007a	1.475±0.106a
7.5	83.337±2.999a	9341.291±441.198b	0.218+0.071b	1.610±0.141a
10	84.340±2.127a	12596.673±3778.957a	0.233+0.007b	1.600±0.000a

对于栽培吊兰的实验组，施加柠檬酸对土壤酶活性的影响和未栽培吊兰的空白组基本一致（表 3-18），不过，与单独施用 EDTA 的处理情况相似，对于栽培了吊兰的实验组，柠檬酸施加带来的土壤酶活性增加程度比空白组小。对实验组和空白组土壤酶活性进行的配对 T 检验（表 3-19），也同样说明了栽培吊兰和施

加柠檬酸共同促进了 Cd 污染土壤酶活性的提高。

表 3-18　柠檬酸对实验组的土壤酶的影响

柠檬酸 (mmol·L^{-1})	脲酶 (NH$_3$-N,mg·g^{-1}·24h^{-1})	磷酸酶 (P$_2$O$_5$,mg·100g^{-1}·2h^{-1})	过氧化氢酶 (0.02mol·L^{-1} KMnO$_4$, mL·g^{-1})	蔗糖酶 (0.02mol·L^{-1} NaS$_2$O$_3$, mL·g^{-1}·24h^{-1})
CK	67.619±2.132c	8287.813±937.526c	0.461±0.006a	2.932±0.202b
2.5	77.130±1.752b	12583.109+3751.446b	0.466+0.010a	2.360±3.640b
5	78.389±2.903b	13198.014+2060.730b	0.468+0.010a	3.647±1.080a
7.5	83.761±2.771a	9698.479+488.558c	0.258+0.000b	4.004±0.500a
10	85.304±4.065a	15811.362+5804.860a	0.268+0.010b	4.981±0.330a

表 3-19　实验组与空白对照组土壤酶活性的配对 *T* 检验

指标	脲酶	磷酸酶	过氧化氢酶	蔗糖酶
T	2.657	1.034	3.597	5.178
P	0.057	0.348	0.016	0.007

3.4.3　EDTA 与柠檬酸混合调节对土壤酶活性的影响

由表 3-20 可知，对于未栽培吊兰的空白组，施加 EDTA 与柠檬酸混合液，显著增强了四种土壤酶的活性，其中在 EDTA 与柠檬酸混合液浓度为 7.5-2.5mmol·L^{-1}时，磷酸酶活性比对照增加了 220.079%，显示出混施 EDTA 和柠檬酸比单施 EDTA 或柠檬酸，对土壤磷酸酶活性增强效果更显著。对于栽培吊兰的实验组，施加 EDTA 与柠檬酸混合液对土壤酶活性的影响和未栽培吊兰的空白组基本一致（表 3-20），不过，对实验组的土壤酶活性均明显高于空白组，且脲酶、过氧化氢酶和蔗糖酶活性增加显著（$P<0.05$）（表 3-21）。

表 3-20　混施 EDTA 和柠檬酸对空白对照组土壤酶活性的影响

组别	EDTA-柠檬酸浓度 (mmol·L^{-1})	脲酶 (NH$_3$-N,mg·g^{-1}·24h^{-1})	磷酸酶 (P$_2$O$_5$,mg·100g^{-1}·2h^{-1})	过氧化氢酶 (0.02mol·L^{-1}KMnO$_4$, mL·g^{-1})	蔗糖酶 (0.02mol·L^{-1}NaS$_2$O$_3$, mL·g^{-1}·24h^{-1})
空白组	0.0-0.0	58.545± 0.872c	5244.935±709.753c	0.418±0.014b	1.597±0.083c
	0.0-10.0	84.340±2.127a	12596.673±3778.957a	0.233+0.007c	1.600±0.000c
	2.5-7.5	68.107±1.309b	8568.138±1266.046b	0.668+0.000a	1.550±0.071c
	5.0-5.0	65.138±0.055b	5516.217±1246.864c	0.593±0.035a	2.600±01.697b
	7.5-2.5	62.285±0.491b	16787.977±1879.887a	0.233+0.007c	1.800±0.283c
	10.0-0.0	65.292 ±0.055b	9558.316±1630.514b	0.473±0.021b	4.600±0.330a

续表

组别	EDTA-柠檬酸浓度(mmol·L^{-1})	脲酶(NH$_3$-N,mg·g^{-1}·24h^{-1})	磷酸酶(P$_2$O$_5$,mg·100g^{-1}·2h^{-1})	过氧化氢酶(0.02mol·L^{-1}KMnO$_4$, mL·g^{-1})	蔗糖酶(0.02mol·L^{-1}NaS$_2$O$_3$, mL·g^{-1}·24h^{-1})
实验组	0.0-0.0	67.619±2.132b	8287.813±937.526c	0.461±0.006b	2.932±0.202b
	0.0-10.0	85.304±4.065a	15811.362+5804.860b	0.268+0.010c	4.981±0.330a
	2.5-7.5	80.497±1.636a	12763.963+509.211b	0.697+0.007a	4.028±1.216a
	5.0-5.0	77.387±2.825b	12800.134±5326.458b	0.628±0.010a	5.172±0.413a
	7.5-2.5	73.222±6.447b	17529.480±2903.645a	0.635±0.012a	4.838±0.541a
	10.0-0.0	69.598±3.687b	9924.547±460.381c	0.495±0.015b	4.648±0.202a

表 3-21　实验组与对照组土壤酶活性的配对 T 检验

指标	脲酶	磷酸酶	过氧化氢酶	蔗糖酶
T	4.352	1.531	3.053	3.852
P	0.007	0.186	0.028	0.012

3.4.4　EDTA 与柠檬酸调节下吊兰生物量与土壤酶活性的关系

将吊兰的生物量与四种土壤酶活性进行回归分析可知（表 3-22），EDTA 调节下四种酶的活性均与吊兰地上部分和地下部分的干重呈正相关，其中脲酶、磷酸酶活性与生物量均达到显著水平。柠檬酸调节下，四种酶的活性均与吊兰地上部分和地下部分的干重呈正相关，四种土壤酶与生物量均达到显著水平。EDTA 与柠檬酸混合液调节下，四种酶的活性均与吊兰地上部分和地下部分的干重呈正相关，除过氧化氢酶外，其他三种土壤酶与生物量均达到显著水平。

表 3-22　EDTA 和柠檬酸调节下吊兰生物量与土壤酶活性的回归分析

处理剂	因变量	标准化回归模型	F	P
EDTA	脲酶	$y=25.751x_1+29.985x_2+64.232$	19.191	0.050
	磷酸酶	$y=40419.892x_1+178404.805x_2-4878.084$	3.846	0.046
	过氧化氢酶	$y=0.025x_1+0.034x_2+0.473$	0.044	0.958
	蔗糖酶	$y=0.998x_1+23.220x_2+2.264$	0.334	0.749
柠檬酸	脲酶	$y=21.215x_1+182.975x_2+65.391$	1.738	0.036
	磷酸酶	$y=8035.811x_1+69798.813x_2+6658.475$	0.520	0.048
	过氧化氢酶	$y=0.909x_1+2.907x_2$	0.617	0.018
	蔗糖酶	$y=13.693x_1+41.277x_2+1.980$	12.203	0.046
EDTA-柠檬酸	脲酶	$y=4.002x_1+17.539x_2+65.391$	0.952	0.050
	磷酸酶	$y=4332.025x_1+39588.979x_2+9564.432$	1.260	0.024
	过氧化氢酶	$y=0.054x_1+1.166x_2+0.297$	2.634	0.219
	蔗糖酶	$y=1.415x_1+4.556x_2+3.661$	0.585	0.016

注：x_1 为吊兰地上部分干重，x_2 为吊兰地下部分干重

土壤酶的活性是衡量土壤生产力活性与土壤生物学的重要指标，易受到环境中物理、化学和生物因素的影响。从以上分析可以看出，无论单施或混施 EDTA、柠檬酸，四种土壤酶活性与吊兰地下部分干重的相关性都明显大于地上部分。这是因为植物在生命过程中，主要通过根系直接向外界环境分泌各种有机化合物（主要包括有机酸、氨基酸、糖类和少量酶类、甾类化合物等），从而影响土壤酶的活性（旷远文等，2003）。同时，根系分泌物也积极改变着微生物的活动状态和土壤的理化性质，共同促进土壤酶的活性。

3.5 EDTA 与柠檬酸调节对吊兰 Cd 富集特性的影响

3.5.1 EDTA 和柠檬酸对土壤中有效态 Cd 含量的影响

从表 3-23 可以看出，EDTA 对 Cd 均有一定的活化作用。施用 EDTA，栽培吊兰的实验组和未栽培吊兰的空白组土壤中有效态 Cd 均显著增加，并在 EDTA 浓度为 5mmol·L^{-1} 时达到最大值，分别比对照增加了 45.84% 和 18.04%。EDTA 对 Cd 的活化作用并不是随着 EDTA 浓度的增加一直增大。在空白组中，没有吊兰的影响下，10mmol·L^{-1} 的 EDTA 处理已经显著降低了土壤中的有效态 Cd 含量。这是因为高浓度的 EDTA 通常会与其他离子结合，降低重金属的活化效率（杨正亮，冯贵颖，2003），这一结果与 Wu 等（2003）的研究结果一致。

表 3-23 EDTA 和柠檬酸对土壤有效态 Cd 的影响

处理剂	浓度(mmol·L^{-1})	实验组土壤有效态 Cd 含量（mg·kg^{-1}）	空白组土壤有效态 Cd 含量（mg·kg^{-1}）
EDTA	CK	1.021±0.003d	1.275±0.007d
	2.5	1.261±0.006c	1.382±0.008b
	5	1.489±0.020a	1.505±0.006 a
	7.5	1.336±0.011b	1.317±0.008 c
	10	1.234±0.015c	1.216±0.008e
柠檬酸	CK	1.021±0.003e	1.275±0.007d
	2.5	1.409±0.021b	1.510±0.015b
	5	1.499±0.006a	1.637±0.037a
	7.5	1.360±0.011c	1.460±0.022c
	10	1.312±0.011d	1.444±0.062c
EDTA-柠檬酸	0.0-0.0	1.021±0.003c	1.275±0.007d
	0.0-10.0	1.312±0.011b	1.444±0.062b
	2.5-7.5	1.326±0.005b	1.433±0.025b
	5.0-5.0	1.425±0.032a	1.520±0.022a
	7.5-2.5	1.414±0.008a	1.336±0.014c
	10.0-0.0	1.234±0.015b	1.216±0.008e

不同浓度的柠檬酸对土壤 Cd 均有较好的活化作用，对种吊兰和未种吊兰的土壤中有效态 Cd 均显著增加（表 3-23），但柠檬酸对 Cd 的活化量并不是随着柠檬酸浓度的增加而持续增加，而是表现为低浓度柠檬酸对 Cd 的活化作用强，而高浓度的柠檬酸活化效果有所减弱，在柠檬酸浓度为 $5mmol·L^{-1}$ 时，实验组和空白组有效态 Cd 含量均达到最大值，分别比对照增加了 46.817% 和 28.392%。混施 EDTA 与柠檬酸对 Cd 也均有较好的活化作用，但与单独施用相比，其活化作用总体上并无显著差异。

3.5.2　EDTA 和柠檬酸对吊兰吸收转移 Cd 的影响

EDTA 调节下，吊兰对 Cd 的富集量均较对照显著增加。其中，在 $5mmol·L^{-1}$ EDTA 作用下，吊兰对 Cd 的富集达到最大值，为对照的 2.5 倍。可见 EDTA 调节可以促进吊兰对 Cd 的吸收。施用 EDTA 可以显著提高吊兰地上部分的 Cd 浓度，降低地下部分的 Cd 浓度。在 EDTA 浓度为 $2.5mmol·L^{-1}$ 时，吊兰地上部分 Cd 浓度达到最大值 $82.750mg·kg^{-1}$，比对照增加了 34%，地下部分相比对照则下降了 17%。EDTA 能增加地上部中 Cd 的含量，可能是 EDTA 加入土壤后活化了土壤中 Cd，增加了 Cd 在土壤溶液中的浓度，高浓度的 Cd 对吊兰根细胞产生毒害，增加了吊兰细胞膜的透性，EDTA 与 Cd 络合物得以进入根细胞并运输到地上部。这与 Blaylock（1997）和蒋先军等（2003）的研究结果相似。柠檬酸的施用对吊兰地上部分和地下部分的 Cd 浓度均起到显著增加的作用。在 $5.0mmol·L^{-1}$ 柠檬酸调节下，吊兰地上部分和地下部分 Cd 浓度均达到最大值，分别为 104.438 和 $126.000mg·kg^{-1}$，比对照组分别增加了 67.602% 和 100.797%。比较 EDTA 与柠檬酸可以发现，在促进吊兰吸收 Cd 方面，柠檬酸比 EDTA 更显著，但柠檬酸在促进 Cd 从吊兰地下部分向地上部分转移方面的作用不明显。

混合施用 EDTA 与柠檬酸可以显著提高吊兰地上部分和地下部分的 Cd 浓度，其中，在 EDTA 与柠檬酸混施浓度为 $7.5-2.5mmol·L^{-1}$ 时，吊兰地上部分 Cd 浓度达到最大值 $68.750mg·kg^{-1}$，比对照增加了 10.330%，但混合施用 EDTA 与柠檬酸对吊兰吸收和转运 Cd 的作用与单一施用并无显著差异。综合来看，EDTA 在诱导吊兰修复 Cd 污染土壤方面具有更大的潜力。

4 外源磷调节下吊兰对镉的耐性与积累特性

4.1 施磷对重金属污染土壤植物修复的意义

4.1.1 施肥对于植物吸收重金属的影响

施肥作为农业生产中最普遍的增产措施，可以有效地提高植物的生物量，从而提高植物可以吸收的重金属含量，N、P、K 肥均具有这样的效果。另一方面，施肥还能改变土壤中的离子分布，改变土壤对重金属的吸附和解吸附（林青，徐绍辉，2008）以及土壤微环境 pH，改变重金属在土壤中的形态分布。研究表明，氮肥主要通过硝态氮、铵态氮的根际碱化或酸化效应来影响重金属的活性；磷肥不仅通过三种酸根（$H_2PO_4^-$、HPO_4^{2-}、PO_4^{3-}）形式来影响土壤表面电荷，进而影响土壤对重金属的吸附，而且其陪伴阳离子（Ca^{2+}、Mg^{2+}）也有一定贡献（徐明岗等，2006）；钾肥的效果主要表现为伴随阴离子的作用，氯离子可降低土壤对金属阳离子的吸附（宋正国等，2009），硫酸根、磷酸根作为专性吸附离子对其作用相反，硝酸根的影响较小。肥料对重金属的作用，实质上是在不同条件下离子间的相互作用，最终影响重金属的生物有效性。除此之外，施肥还可以改变植物一些酶的分泌，也会对土壤重金属的分布起到一定的影响，如磷肥会明显抑制磷酸酶的产生。

4.1.2 施磷对 Cd 污染土壤植物修复的影响

近年来，一些研究者对施入磷肥调控植物吸收和积累重金属元素产生了浓厚的兴趣（Gao et al., 2011）。在植物修复重金属污染土壤过程中，施入磷肥可能有助于解决重金属超富集植物生长缓慢、生物量低的问题，从而提高植物修复的效率（廖晓勇等, 2007）。磷肥的施用会影响土壤胶体的表面电荷，因而对重金属的吸附和解吸附有着深远的影响。但是，由于磷肥自身存在形态的复杂性，使得研究者对其吸附重金属的作用机制存在较多争议。

一部分人认为施磷可使重金属的次吸附量增加，重金属的解吸量减少。其原因在于重金属进入土壤后，会与土壤黏粒矿物的边缘、氧化铝、氧化锰等以及氢氧化铁、氢氧化铝发生专性吸附，它们可分别占据相应的吸附位点。当土壤吸附磷酸根后，增加了表面净负电荷，使重金属离子不断地以静电吸附的方式吸附在土壤颗粒的周围（Kärblane, 1996；He and Singh, 1994）。另一部分人认为磷肥的施用可活化土壤重金属，因为磷肥带入 Ca^{2+}、Mg^{2+} 等二价金属阳离子，可与常见的 Cu^{2+}、Zn^{2+}、Cd^{2+} 等重金属离子竞争吸附位点，抑制土壤对重金属的吸附（Singh，1990；Steerett et al., 1996）。

早在 20 世纪 70 年代，Takijima 和 Kasfumi（1973）就用磷肥来治理 Cd 污染土壤。Maclean（1976）报道，在酸性土壤上施用磷肥使莴苣对 Cd 的吸收降低，而在偏中性土壤上则不影响 Cd 的积累；Miller 等发现大豆吸 Cd 量随土壤有效磷水平升高而增加；Easterwood 等（1989）报道，施 $400mg·kg^{-1}$ 磷肥（$CaHPO_4·2H_2O$），最多可使玉米幼苗对 Cd 的吸收量下降达 50%，由此认为磷酸盐可以抑制植物对 Cd 的吸收，但在同一试验中，植株 Cd 吸收则有增加或降低不显著的现象发生。为此，Williams 和 David（1973）提出了一种折中的看法，他们认为磷肥对植物 Cd 吸收的影响因土壤和植物种类不同而有变化，在缺磷的土壤上增施磷肥将降低植物 Cd 含量，但当土壤供磷适中时，增施磷肥将明显增加植物对 Cd 的积累。熊礼明（1994）的实验证明，在旱地上，无论土壤缺磷与否，施用磷（$Ca(H_2PO_4)_2$ 试剂）（不改变土壤 pH）对小麦和黑麦草吸收 Cd 的含量均无明显影响，个别处理下，吸收的 Cd 含量可能有显著增加或降低，但大多与植株生长变化有关，而且土壤中有效态 Cd 含量也不受施磷的影响。但在淹水条件下，磷酸盐却抑制了土壤 Cd 从交换态向络合态的转化，Cd 的有效性因而提高，并且磷还促进了 Cd 从植物根系向地上部分的运转，地上部分含 Cd 量在添加 P 后明显增加。窦春英（2009）的研究表明，适当增加磷肥，可以显著促进东南景天的生长，提高其干物质产量，在一定的 P 范围内（$0.1\sim0.4mmol·L^{-1}$），增施磷肥显著促进了 Zn、Cd 从东南景天根系向地上部分运输的能力和地上部分对 Zn、Cd 的积累能力，但随着 P 水平的升高，这种作用有降低的趋势。

在实际的植物修复过程中，施磷可诱导植物对重金属产生更强的吸收、积累效果（周世伟，徐明岗，2007），从而更有效地修复土壤重金属污染。吊兰对 Cd 耐受度很高，将吊兰种植在其他作物不能生长的高浓度 Cd 污染的土壤中，吊兰生长并不会受到抑制。吊兰本身是观赏植物，吸收重金属并不太影响吊兰的观赏价值。另外，将吊兰的地上部分收割后，可以直接高温提取 Cd 氧化物，实现回收利用。本章旨在研究最合适的磷肥使用浓度，为 Cd 污染土壤的植物修复实践提供参考和依据。

4.2　研 究 设 计

植物材料。吊兰（*C. comosum*）幼苗取自安徽师范大学生态学实验室培养的吊兰母枝，剪下带有气生根的幼苗后于土中培养，幼苗生根稳定后取生长情况相近的幼苗进行试验。

栽培用土壤。采集安徽师范大学后山山坡园田土（土壤为黄棕壤，pH=5.33，电导率为 $101\mu S\cdot cm^{-1}$，氮磷钾和有机质的总量分别为 1.55、2.06、9.69 和 $25.55g\cdot kg^{-1}$，土壤 Cd 含量为 $0.68mg\cdot kg^{-1}$），风干，过 3mm 筛后充分混匀备用。

栽培试验。采用直径为 12.5cm 的塑料花盆，每盆装土 300g。参照刘世亮等（2005）的实验，设置 6 个不同磷肥添加浓度（50、100、200、400、600、800mg·kg^{-1}，添加磷酸氢二铵，以 P_2O_5 计，所有处理用 NH_4Cl 补足 N 含量，避免 N 对于实验的影响），以不添加磷的处理为无磷对照（CK1）。鉴于吊兰对 Cd 污染具有很强的耐性，可以在高浓度 Cd 污染土壤中生长，可以满足对高浓度 Cd 污染土壤植物修复的需要，本章土壤 Cd 浓度设为 $100mg\cdot kg^{-1}$（添加乙酸镉，以 Cd^{2+} 计），以不添加 Cd 的处理为无 Cd 对照（CK2）。添加乙酸镉稳定 15d 后，每盆栽培吊兰 2株。另设不栽培吊兰的空白组。以上所有处理均设 3 个重复。处理期间观察植物的长势和症状表现（采用目测估计，将吊兰植株生长情况分成 4 级，即优秀：目测不到伤害症状，和对照基本一致；一般：叶片有轻微失绿，略差于对照；差：叶片出现黄斑，且叶片边缘有褶皱现象，根部呈半透明状，和对照有一定差距；很差：叶片大面积呈现黄褐色，褶皱严重，有干枯现象，大部分根脱落，和对照有明显区别）（张晓玮，2013）。

取样分析。栽培 60 天后，分别将植物小心连根取出，用抖落法收集根区土壤。去掉土样中的残余根系，自然风干后研磨过筛，同时采集空白对照组土壤，风干、研磨、过筛。所有土壤样品用于测定土壤酶活性、土壤基本化学性质、土壤 Cd 总量和有效态含量，并做土壤 Cd 形态分布分析。

除去根部土壤后，用自来水、蒸馏水多次冲洗植株后用滤纸吸干。用剪刀将根和地上部分分开，分别测量植株的根长、地上部分长、根与地上部分鲜重和干重，取成熟的鲜叶片进行生理生化指标的测定。将根和地上部分分开，105℃杀青0.5h，75℃过夜，磨碎过筛后，用混酸（浓 HNO_3：$HClO_4$：浓 H_2SO_4=8：1：1）隔夜消化，采用日本岛津 AA6800 型原子吸收分光光度计测定植物体内的 Cd 含量。

数据处理。参照 2.1.1 进行数据处理和计算耐性指数、富集系数、转运系数、土壤酶活性相对变化率和 Cd 形态分布变化率。

4.3 施磷对 Cd 污染条件下吊兰生理生化指标的影响

4.3.1 施磷对 Cd 污染条件下吊兰叶绿素含量的影响

叶绿素是植物进行光合作用的色素，叶绿素含量高低在一定程度上反映了光合作用水平，叶绿素含量低，光合作用弱，会导致植物生物量降低。实验组吊兰生长状况全部为优秀，没有任何伤害症状，长势与对照组无明显差别，吊兰叶绿素 a、b 含量均高于对照组（表 4-1），说明 100mg·kg^{-1} 的 Cd 浓度对于吊兰不仅没有造成生理伤害，反而对吊兰生长具有一定的促进作用。

随着 P 浓度提高，吊兰叶绿素 a 和 b 的含量均表现为先增加后降低，但叶绿素 a 的变化不显著（$P=0.062$），而叶绿素 b 含量的变化极显著（$P<0.01$）。实验组和对照组叶绿素（a+b）的含量均在 200mg·kg^{-1} 的 P 处理组中达到最大。

表 4-1　施加 P 和 Cd 对吊兰叶绿素含量的影响

Cd 浓度 （mg·kg^{-1}）	P 浓度 （mg·kg^{-1}）	叶绿素 a （mg·g^{-1}FW）	叶绿素 b （mg·g^{-1}FW）	叶绿素（a+b） （mg·g^{-1}FW）
CK2	CK1	2.79±0.56abc	1.21±0.22c	4.00±0.78c
	50	2.86±0.12abc	1.46±0.02bc	4.32±0.14bc
	100	3.20±0.31ab	1.60±0.25b	4.80±0.13ab
	200	3.55±0.06a	1.99±0.16a	5.54±0.15a
	400	3.27±0.50ab	2.05±0.24a	5.31±0.26a
	600	2.56±0.44bc	1.59±0.14b	4.15±0.47bc
	800	2.29±0.48c	1.48±0.22bc	3.77±0.55c
100	CK1	3.16±0.32a	1.90±0.21b	5.05±0.14bc
	50	3.42±0.53a	2.33±0.44ab	5.75±0.47ab
	100	3.64±0.49a	2.38±0.16a	6.03±0.60c
	200	3.68±0.22a	2.51±0.08a	6.19±0.23a
	400	3.68±0.31a	2.37±0.23a	6.05±0.18a
	600	2.73±0.23a	2.28±0.23ab	6.01±0.46a
	800	3.23±0.13a	1.32±0.23c	4.55±0.11c

4.3.2　施磷对吊兰叶片细胞膜透性和膜脂过氧化的影响

细胞膜透性的大小可间接用组织的相对电导率衡量。组织相对电导率越高，说明细胞膜完整性遭到破坏的程度就越大。通过测定外渗电导率大小，可以侧面反映质膜受伤害的程度（李明，王根轩，2002）。

吊兰叶片组织相对电导率的结果如图 4-1。结果表明，在未添加 Cd 的对照组中，添加 P 对叶片组织相对电导率的影响不显著，说明磷肥的添加，对吊兰细胞膜透性影响不大，而实验组相对电导率随着 P 浓度的升高，先降低后增加（在低磷下变化不明显，而达到 200mg·kg^{-1} 时开始增加），推测为当 P 浓度超过 200mg·kg^{-1} 时，吊兰吸收并转运到叶片的重金属达到一定的阈值，对细胞膜产生一定的损害作用。

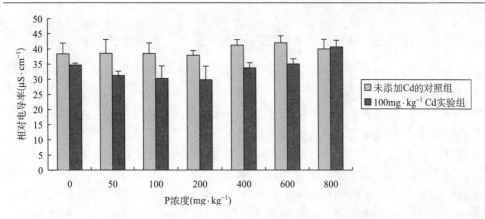

图 4-1　不同浓度 P 对吊兰叶片组织相对电导率的影响

在衰老或逆境等条件下，植物器官会产生过多的自由基，这些自由基会促进植物体内膜脂的过氧化作用，对植物产生毒害作用，作为膜脂过氧化作用的重要产物之一，丙二醛（MDA）可以与蛋白质、核酸、氨基酸等活性物质交联，形成脂褐素——一种不溶于水的化合物——沉积，从而干扰细胞的正常生命活动（郑爱珍等，2005）。MDA 含量常作为植物受伤害严重程度的重要标志之一（刘建新，2005；张慧等，2011）。吊兰叶片组织 MDA 含量如图 4-2，由图可知，在未添加 Cd 的对照组中，MDA 的含量变化不显著，通过 SPSS 的单因素方差分析显示，添加 P 对于 MDA 的含量影响不显著（$P > 0.05$）；而在添加了 100mg·kg^{-1} Cd 的实验组中，可以明显地看到，P 浓度达到 100mg·kg^{-1} 时，MDA 含量明显高出很多，这是由于从根部吸收来的 Cd 在此浓度下，引起叶片组织膜脂过氧化作用的程度最高。

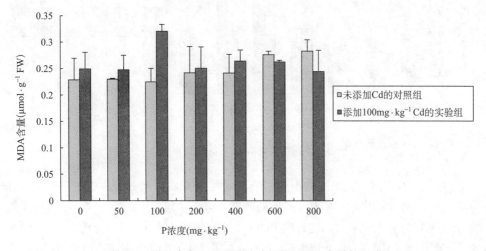

图 4-2　不同浓度 P 对吊兰叶片组织 MDA 含量的影响

4.3.3　施磷对吊兰叶片抗氧化酶活性的影响

植物在逆境条件的胁迫均会使植物直接或间接地形成过量的活性氧自由基（ROS），而 ROS 对细胞内的膜系统、脂类、蛋白质和核酸等大分子具有强烈的破坏作用（郑荣梁，黄中洋，2007）。Ferrer-Sueta 等（2003）认为，逆境条件下，植物体细胞膜同时存在抗氧化的保护系统，能够清除体内多余的自由基，其活性氧自由基代谢是一个动态的变化过程，这一保护酶系统实际上是一个抗氧化系统，它是由许多酶和还原型物质组成，其中 SOD、POD、CAT 是主要的抗氧化酶，它们协同起来可清除植物体内有害的活性氧，保护植物细胞免受活性氧的损伤，从而保护植物的膜系统。在植物受到重金属胁迫时，POD 和 CAT 的活性会改变，从而间接反映植物受伤害的程度。

由图 4-3 可知，随着 P 浓度增加，对照组 POD 活性先升后降，当 P 浓度为 200mg·kg⁻¹ 时达到最大，符合低浓度促进、高浓度抑制的趋势，而实验组 POD 活性在低浓度下变化较小，而在 200mg·kg⁻¹ 的磷浓度时开始增加，说明 200mg·kg⁻¹ 的磷开始，吊兰抗氧化作用变得明显，推测此时吊兰对重金属的吸收增加明显，并随着磷浓度增加，磷继续促进吊兰对 Cd 的吸收。

随着磷浓度增加，实验组与对照组 CAT 活性均先升后降（图 4-4），但是 200mg·kg⁻¹ 以下浓度的磷处理，实验组变化更显著，说明在此浓度下，P 对 Cd 吸收的促进作用比较明显。

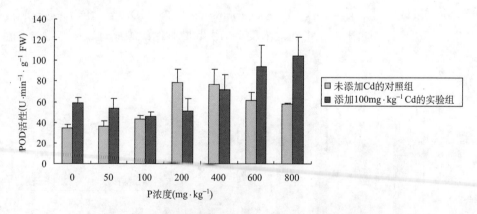

图 4-3　不同浓度 P 作用下吊兰的 POD 活性

对照 POD 和 CAT 活性的不同趋势，还可以发现，吊兰叶片中 POD 和 CAT 两种抗氧化酶与 Cd 起作用的方式不同。在图 4-3 中可以看到，实验组的 POD 活性随 P 浓度增加先降后升，这说明 POD 在叶片组织中对 Cd 导致的氧化作用起了效果。而图 4-4 中，随着 P 浓度升高，CAT 活性先升后降，应该是 Cd^{2+} 作为一种辅基起到了一定的作用（张政，林汝法，1999；秦天才等，1994）。

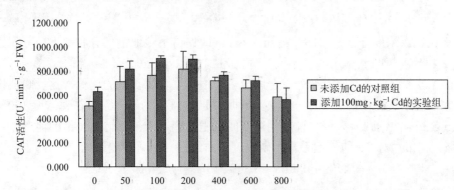

图 4-4 不同浓度 P 作用下吊兰的 CAT 活性

4.4 施磷对吊兰吸收与富集 Cd 的影响

富集系数可以反映植物对重金属的富集能力（郑九华等，2008）。随着 P 添加浓度的上升，吊兰地上部分和根的 Cd 积累量均先上升后下降，并且均在 $200mg \cdot kg^{-1}$ 磷浓度组达到最大值（表 4-2）。

表 4-2 施加不同浓度 P 对吊兰积累 Cd 以及富集系数的影响

P 浓度	根中 Cd 浓度	地上部分 Cd 浓度	转运系数	富集系数 BCF	
（$mg \cdot kg^{-1}$）	（$mg \cdot kg^{-1}$）	（$mg \cdot kg^{-1}$）	TF	根	地上部分
CK	343.75±20.41d	247.50±13.90b	0.72	4.18	3.01
50	380.50±33.83cd	261.00±18.56b	0.69	4.79	3.28
100	440.00±22.57ab	352.50±28.50a	0.80	5.56	4.45
200	472.00±15.06a	376.50±24.23a	0.80	6.17	4.92
400	462.75±16.67a	274.50±20.58b	0.59	5.73	3.40
600	437.50±23.01ab	249.00±21.52b	0.57	5.33	3.03
800	415.75±21.44bc	195.00±20.67c	0.47	5.02	2.36

由于重金属不易被植物代谢所利用，重金属被植物吸收后，通常会储存在植物体的不同部位（郑文教，1996）。通过分别测定植物地下部分与地上部分的重金属含量，可以了解该植物对于某种重金属的吸收、转运以及积累能力。为了更精确地了解最有利于吊兰吸收和转运 Cd 的 P 浓度，对表 4-2 中数据进行了曲线估计。对吊兰的地下部分和地上部分分别作曲线估计，方程分别为

$$y = 343.482 + 1.070x - 0.003x^2 + 1.609 \times 10^{-6}x^3, \quad R^2 = 0.964, \quad P = 0.011$$

$$y = 243.109 + 1.148x - 0.003x^2 + 2.338 \times 10^{-6}x^3, \quad R^2 = 0.826, \quad P = 0.017$$

顶点 P 浓度分别为 216、278mg·kg^{-1}，即使得吊兰地下部分和地上部分积累 Cd 达到最大值的 P 施用浓度不同，分别为 216、278mg·kg^{-1}。

转运系数是植物地上部分重金属含量与根部重金属含量的比值，是反映植物修复重金属污染土壤能力的一个重要指标。吊兰对 Cd 的转运系数在磷浓度 100～200mg·kg^{-1} 间达到最大值，说明此浓度的磷肥处理对于吊兰转运 Cd 的促进作用最强。将吊兰对 Cd 的转运系数与磷浓度做曲线估计，所得曲线为

$$y = 0.709 + 0.001x - 3.360 \times 10^{-6}x^2 + 2.465 \times 10^{-9}x^3$$

通过计算可以发现，在 P 浓度为 188mg·kg^{-1} 时，吊兰对 Cd 的转运能力最强，转运系数最大。但各处理中，Cd 在吊兰体内的转运系数均小于 1，这可能与吊兰吸收积累 Cd 的方式有关。据此推测吊兰主要依靠地下部分吸收和积累 Cd，而 Cd 向地上部分的转移则主要依赖蒸腾作用等被动转运而不是吊兰自身的主动转运。

4.5　施磷对土壤 Cd 形态分布的影响

4.5.1　施磷对未种植吊兰的空白组土壤 Cd 形态分布的影响

在未种植吊兰的空白组土壤中，在添加各浓度的 P 肥时，残渣态（RES）的 Cd 含量均在 50%以上，为优势形态（表 4-3）。随着外源 P 浓度的增加，发现交换态（EXC）、碳酸盐结合态（CA）、铁锰氧化物结合态（Fe-Mn）、有机物结合态（OM）的 Cd 浓度均先增加再减小，均在 200mg·kg^{-1} 的 P 浓度时达到最大值；而残渣态（RES）的 Cd 浓度先减后增，在外源 P 浓度为 200mg·kg^{-1} 时达到最小值。相比未添加 P 肥的对照组，200mg·kg^{-1} P 肥处理组的交换态（EXC）、碳酸盐结合态（CA）、铁锰氧化物结合态（Fe-Mn）、有机物结合态（OM）的 Cd 含量分别上涨 19.58%、5.68%、24.69%、38.21%，而残渣态（RES）的 Cd 含量下降 14.28%。

表 4-3　施磷后未种植吊兰的空白组土壤 Cd 形态分布

P 浓度 (mg·kg^{-1})	EXC (mg·kg^{-1})	%	CA (mg·kg^{-1})	%	Fe-Mn (mg·kg^{-1})	%	OM (mg·kg^{-1})	%	RES (mg·kg^{-1})	%
CK	15.91±0.05c	17.52	7.51±0.10a	8.27	7.39±0.02e	8.14	6.08±0.07d	6.70	53.91±0.46c	59.38
50	15.86±0.12c	16.99	7.72±0.24a	8.27	8.11±0.12c	8.69	6.90±0.11c	7.39	54.76±0.11ab	58.65
100	15.64±0.20c	16.75	7.70±0.22a	8.24	7.83±0.06d	8.38	7.38±0.16b	7.91	54.84±0.06a	58.72
200	18.77±0.21a	20.95	7.83±0.17a	8.74	9.10±0.31a	10.15	8.29±0.15a	9.26	45.61±0.06f	50.90
400	16.40±0.21b	18.21	7.80±0.21a	8.66	8.85±0.06b	9.82	7.50±0.27b	8.32	49.54±0.08e	54.99
600	15.16±0.17d	17.45	7.53±0.34a	8.67	7.44±0.11e	8.57	5.83±0.11d	6.71	50.91±0.28d	58.60
800	14.14±0.18e	15.66	7.76±0.11a	8.59	6.88±0.13f	7.62	7.10±0.12c	7.86	54.41±0.13b	60.27

4.5.2 施磷对种植吊兰的实验组土壤 Cd 形态分布的影响

在栽培吊兰的实验组中，各形态的 Cd 含量同样在不同的 P 肥添加浓度处理组中存在显著差别（表 4-4）。残渣态（RES）虽然仍然是优势形态，但是在所有 P 浓度处理组中均低于 50%，远远低于未种植吊兰的空白组。交换态（EXC）则在各处理组中均达到 20%以上，远远高于未种植吊兰的空白组。交换态（EXC）、碳酸盐结合态（CA）、铁锰氧化物结合态（Fe-Mn）的 Cd 浓度随土壤 P 浓度增加，先增加再减小，均在 200mg·kg^{-1} 的 P 浓度时达到最大值。而有机物结合态（OM）、残渣态（RES）的 Cd 浓度先减后增，在 200mg·kg^{-1} 的 P 浓度时达到最小值。相比未添加 P 肥的对照组（CK），200mg·kg^{-1} P 肥组的交换态（EXC）、碳酸盐结合态（CA）、铁锰氧化物结合态（Fe-Mn）的 Cd 含量分别上涨 23.02%、16.28%、26.88%，有机物结合态（OM）、残渣态（RES）的 Cd 含量分别下降 23.61%、14.76%。

表 4-4 施磷后种植吊兰的实验组土壤 Cd 形态分布

P 浓度	EXC		CA		Fe-Mn		OM		RES	
(mg·kg^{-1})	(mg·kg^{-1})	%	(mg·kg^{-1})	%	(mg·kg^{-1})	%	(mg·kg^{-1})	%	(mg·kg^{-1})	%
CK	21.12±0.81bc	25.67	6.31±0.20a	7.68	6.88±0.47a	8.37	7.42±0.21a	9.02	40.52±2.05a	49.26
50	21.36±0.41bc	26.87	6.45±0.20a	8.11	7.17±0.42a	9.01	6.31±0.90ab	7.94	38.22±2.36ab	48.07
100	22.83±1.07ab	28.83	6.73±0.44a	8.50	7.92±1.42a	10.00	6.47±0.20ab	8.17	35.25±2.00bc	44.51
200	24.18±0.52a	31.58	6.83±0.33a	8.93	8.13±0.74a	10.62	5.27±1.50b	6.89	32.14±2.02c	41.99
400	21.87±2.01bc	27.09	6.81±0.43a	8.44	7.65±0.28a	9.48	6.38±1.17ab	7.91	38.01±0.69ab	47.08
600	20.97±0.91bc	25.53	6.65±0.39a	8.10	7.12±0.93a	8.67	7.16±1.04a	8.72	40.23±1.47a	48.99
800	20.66±0.44c	24.96	6.50±0.37a	7.86	7.13±0.88a	8.61	7.46±0.79a	9.01	41.03±2.01a	49.57

对比未种植吊兰的空白组和种植吊兰的实验组可以发现，外源 P 的添加可以促使土壤中的 Cd 从残渣态（RES）向交换态（EXC）和弱结合态转化。而在栽培吊兰的实验组中，这一转化过程更加显著（表 4-5）。这表明 P 肥的添加，增加了吊兰促进残渣态（RES）、有机物结合态（OM）向弱结合态和交换态（EXC）转化的功能，提高了土壤中 Cd 的迁移能力。

表 4-5 不同磷浓度处理组下实验组相对空白组 Cd 形态百分比变化（%）

P 浓度（mg·kg^{-1}）	EXC	CA	Fe-Mn	OM	RES
CK	8.15	−0.59	0.23	2.32	−10.12
50	9.88	−0.16	0.32	0.55	−10.58
100	12.08	0.26	1.62	0.26	−14.21
200	10.63	0.19	0.47	−2.37	−8.91
400	8.88	−0.22	−0.34	−0.41	−7.91
600	8.08	−0.57	0.10	2.01	−9.61
800	9.30	−0.73	0.99	1.15	−10.7

重金属在土壤中存在形态的不同，决定了其迁移转化特点和性质的差异，直接影响到重金属的毒性、迁移及其在自然界的循环。其中，交换态（EXC）是植物吸收利用的主要形态，具有最高的活性和生物毒性；碳酸盐结合态（CA）、铁锰氧化物结合态（Fe-Mn）和有机结合态（OM）具有较强的潜在生物有效性，可补充因植物吸收而减少的 EXC，在一定条件下也可以被植物吸收利用；残留态（RES）生物活性和毒性相对最小（Clemente et al., 2008）。

在植物生长的过程中，受到植物生长、吸收及根系分泌以及土壤中微生物等活动的影响，土壤重金属的形态分布会发生显著的变化（黄艺等，2000），这种变化将进一步影响到重金属的生物毒性。因此在研究土壤中重金属的危害时，应该将植物-土壤作为一个整体，分析土壤重金属的形态变化及其影响，这对研究土壤重金属对植物的毒理效应以及植物对重金属耐性机制具有重要意义。

土壤中重金属的存在形态比较复杂，而磷肥的施用会影响土壤胶体的表面电荷，因而对重金属的吸附与解吸有着深刻影响（王明娣等，2010），从而导致重金属形态的变化，最终影响其植物有效性（陈苏等，2010）。施磷肥后，土壤吸附磷酸根，增加了表面净负电荷，使重金属离子不断以静电吸附方式吸附在土壤颗粒周围。另一方面，磷酸根会影响根际微生物的种类和数目，改变根际土壤的化学作用。这可能是本研究中，施磷后交换态、碳酸盐结合态、铁锰氧化物结合态 Cd比例增加，而残渣态比例减小的原因。这样，磷的添加，增加了吊兰促进残渣态向弱结合态和交换态转化的功能，提高了土壤中 Cd 的迁移能力，使土壤 Cd 更易被吊兰吸收，从而提高土壤修复的效果。其中吊兰根、地上部分的富集系数以及转运系数分别在 217、276 和 188mg·kg^{-1} 的 P 浓度时达到最大，这说明吊兰的不同器官不仅对 Cd 的积累能力不同，最适的 P 浓度也不同。这在生产实践中要引起注意。

4.6　施磷对土壤 Cd 含量的影响

通过将不同 P 浓度处理组及对照的土壤 Cd 含量进行差异显著性检验发现，添加一定浓度的 P，能显著降低土壤中的 Cd 含量（表 4-6）。说明施 P 对 Cd 污染

表 4-6　不同浓度磷处理下实验组与空白组的土壤总 Cd 含量

处理浓度（mg·kg^{-1}）	空白组土壤 Cd 含量（mg·kg^{-1}）	实验组土壤 Cd 含量（mg·kg^{-1}）	处理浓度（mg·kg^{-1}）	空白组土壤 Cd 含量（mg·kg^{-1}）	实验组土壤 Cd 含量（mg·kg^{-1}）
CK	90.80±0.46b	82.26±1.90ab	400	90.09±0.79bc	80.72±2.73abc
50	93.36±0.32a	79.50±1.24bc	600	86.88±0.92d	82.12±1.23ab
100	93.39±0.42a	79.20±1.17cd	800	90.29±0.18bc	82.77±0.68a
200	89.60±0.28c	76.55±1.18d			

土壤的修复具有显著效果。而种植吊兰后，实验组土壤中 Cd 总含量的平均值比空白组少 10.15mg·kg^{-1}。对二者进行配对 T 检验，$T=7.353$，$P=0.000$，差异极显著，说明种植吊兰对降低土壤中 Cd 总含量的能力极为显著。

4.7　施磷对吊兰修复 Cd 污染土壤酶的影响

4.7.1　种植吊兰对 Cd 污染土壤酶活性的影响

在未种植吊兰的空白组里，在 100mg·kg^{-1} Cd 污染的土壤中，各处理组过氧化氢酶活性、蔗糖酶活性的均值要低于未添加 Cd 的土壤（P 分别为 0.038、0.051），而脲酶活性、磷酸酶活性的均值要高于未添加的 Cd 的土壤（P 分别为 0.055、0.041）（表 4-7）。

表 4-7　未种植吊兰的空白组土壤酶活性

添加 Cd (mg·kg^{-1})	P 含量 (mg·kg^{-1})	过氧化氢酶 (0.02mol·L^{-1} KMnO$_4$, mL·g^{-1})	蔗糖酶 (0.02mol·L^{-1} NaS$_2$O$_3$, mL·g^{-1}·24h^{-1})	脲酶 (NH$_3$-N, mg·g^{-1}·24h^{-1})	磷酸酶 (P$_2$O$_5$, mg·100g^{-1}·2h^{-1})
CK2	CK1	0.47±0.032a	2.002±0.248a	14.3±0.3d	7293.1±165.0a
	50	0.38±0.023bc	2.145±0.286ab	15.2±0.6cd	7166.5±219.3ab
	100	0.36±0.078bc	1.478±0.330abc	17.0±0.5bc	7076.1±118.2ab
	200	0.34±0.021c	1.239±0.165c	22.2±0.6a	6859.1±165.0bc
	400	0.38±0.055bc	1.430±0.248bc	21.8±3.0a	6804.8±124.3bc
	600	0.43±0.040ab	1.811±0.541abc	18.2±0.3b	6533.5±376.9c
	800	0.48±0.025a	2.097±0.541abc	16.1±0.9bcd	6488.3±122.3c
100	CK1	0.36±0.044ab	1.430±0.143bc	11.4±0.6e	11959.2±674.9a
	50	0.37±0.060ab	1.430±0.000bc	21.1±0.9d	9517.6±684.7b
	100	0.38±0.074ab	1.287±0.000cd	20.2±0.9d	8703.8±1448.5b
	200	0.40±0.035a	1.192±0.083d	25.7±0.8c	8441.5±595.8bc
	400	0.31±0.020abc	1.287±0.000cd	31.6±1.4b	8161.2±586.9bc
	600	0.29±0.050bc	1.478±0.083b	35.6±1.8b	7076.1±346.3cd
	800	0.24±0.052c	1.764±0.083a	46.7±5.4a	5991.0±591.2d

而在种植了吊兰的实验组里（表 4-8），在 100mg·kg^{-1} Cd 污染的土壤中，各处理组过氧化氢酶活性、蔗糖酶活性、磷酸酶活性的均值要高于未添加 Cd 的土壤（差异均不显著），而脲酶活性的均值要显著低于未添加的 Cd 的土壤（$P=0.014$）。这说明种植吊兰可以有效地改变土壤酶活性，对 100mg·kg^{-1} 的 Cd 污染起到修复作用。

表 4-8　种植吊兰的实验组土壤酶活性

添加 Cd （mg·kg^{-1}）	P 含量 （mg·kg^{-1}）	过氧化氢酶 （0.02mol·L^{-1} KMnO$_4$,mL·g^{-1}）	蔗糖酶 （0.02mol·L^{-1}NaS$_2$O$_3$, mL·g^{-1}·24h^{-1}）	脲酶 （NH$_3$-N,mg·g^{-1}·24h^{-1}）	磷酸酶 （P$_2$O$_5$,mg·100g^{-1}·2h^{-1}）
CK2	CK1	0.31±0.026bc	1.478±0.165bc	27.9±1.1d	10087.3±382.7a
	50	0.31±0.050bc	1.716±0.143ab	31.2±3.0cd	9906.5±523.5ab
	100	0.31±0.010bc	1.144±0.248bc	35.7±3.6ab	9553.8±192.5abc
	200	0.29±0.040c	1.049±0.437c	36.9±1.1a	9110.7±379.8bcd
	400	0.30±0.040bc	1.144±0.286bc	32.8±1.2bc	8884.6±783.1cd
	600	0.36±0.021ab	1.382±0.437bc	30.2±0.6cd	8550.1±285.0d
	800	0.38±0.029a	2.097±0.298a	24.1±1.2e	8477.7±290.1d
100	CK	0.32±0.025ab	1.573±0.000a	19.2±1.4c	14337.4±604.4a
	50	0.33±0.017ab	1.573±0.378a	21.8±2.0c	11642.7±2492.6b
	100	0.35±0.044ab	1.430±0.286a	25.9±0.7b	10123.5±2364.1bc
	200	0.38±0.017a	1.335±0.218a	29.5±3.8a	8966.0±381.1cd
	400	0.36±0.051a	1.430±0.143a	29.1±0.4ab	8269.7±1197.3cd
	600	0.33±0.044ab	1.573±0.248a	26.3±0.8ab	6922.4⊥503.4d
	800	0.29±0.046b	1.764±0.083a	22.2±1.1c	6804.8±333.4d

4.7.2　施磷对吊兰修复土壤酶活性的影响

　　对比种植吊兰的栽培组中各个磷浓度处理之间土壤酶活性的差异，可以发现，随着 P 浓度的升高，过氧化氢酶的活性先升高再降低，200mg·kg^{-1} 的磷处理时，过氧化氢酶的活性达到最高（表 4-8）；随着 P 浓度的升高，蔗糖酶的活性先降低后增加，200mg·kg^{-1} 的磷处理时，过氧化氢酶的活性达到最低；随着 P 浓度的升高，脲酶的活性先上升后下降，200mg·kg^{-1} 的磷处理时，脲酶的活性达到最高；随着 P 浓度的提高，磷酸酶的活性一直下降。

　　对四种土壤酶的活性和 P 浓度作曲线估计，结果如表 4-9 所示。

表 4-9　四种土壤酶活性与 P 浓度的曲线估计

处理	曲线估计方程	R^2	P	峰值 P 浓度（mg·kg^{-1}）
过氧化氢酶	$y=0.315+4.877\times10^{-4}x-1.167\times10^{-6}x^2+6.480\times10^{-10}x^3$	0.964	0.011	269
蔗糖酶	$y=1.604-0.002x+5.145\times10^{-6}x^2-2.847\times10^{-9}x^3$	0.944	0.002	243
脲酶	$y=18.945+0.082x-1.774\times10^{-4}x^2+1.003\times10^{-7}x^3$	0.981	0.004	315
磷酸酶	$y=11976.3-7.799x$	0.763	0.010	——

4.7.3 土壤 Cd 形态分布对土壤酶活性的影响

重金属在土壤中以不同的化学形态存在，而不同形态的重金属化学稳定性不同，对土壤酶活性产生的影响也是不一样的（杜志敏等，2011）。国内外的一些研究表明，土壤 EXC 态重金属可较好反映其生物有效性和移动性，显著影响土壤中各种酶活的大小，通过测定土壤重金属化学形态特别是 EXC 态含量及土壤酶活性可以评价施入改良剂的修复效果（章明奎，2006；Wallace and Berry，1989；Ranhawa and Singh，1995）。李影和陈明林（2010）研究了节节草生长对铜尾矿砂重金属形态转化和土壤酶活性的影响，发现土壤酶活性与土壤有机物结合态重金属的含量呈显著正相关，与交换态和残渣态重金属含量呈显著负相关。朱雅兰和李新颖（2010）的研究发现，啤酒污泥、草木灰这 2 种改良剂使土壤中交换态的 Cd 减少，有机结合态和无机结合态的 Cd 含量升高，土壤酶活性升高。通过相关性分析，可以更好地看出土壤酶与 Cd 总量以及形态之间的关联程度，从而通过测定土壤酶活性，对施 P 修复土壤 Cd 污染的效果进行监测。

从四种土壤酶与重金属形态的相关性分析（表 4-10）可以看出，土壤过氧化氢酶与土壤 Cd 的各个形态都具有显著或极显著的相关性，相比其他土壤酶，过氧化氢酶活性能更好地反映施磷后土壤中各形态 Cd 的含量。可以将过氧化氢酶活性与土壤中 Cd 总量以及形态结合，作为衡量施加 P 后土壤中 Cd 污染修复的指标。在不方便及时做重金属含量测定的地方，可以使用测定土壤过氧化氢酶的方式来监测重金属污染地区土壤重金属的修复情况。蔗糖酶的活性与土壤 Cd 总量以及交换态的相关性显著，也可以用来反映土壤重金属的修复情况。

表 4-10 四种土壤酶与重金属形态的相关性

处理	Cd 总量	EXC	CA	Fe-Mn	OM
过氧化氢酶	−0.833[*]	0.872[*]	0.774[*]	0.832[*]	−0.880[**]
蔗糖酶	0.813[*]	−0.878[**]	−0.716	−0.821[*]	0.830
脲酶	−0.569	0.666	0.985[**]	0.821[*]	−0.685
磷酸酶	−0.080	0.011	−0.591	−0.254	0.037

4.7.4 四种土壤酶活性对施磷强化吊兰修复 Cd 污染土壤效果的评价

过氧化氢酶是在有机物的各种生物化学氧化反应过程中形成的。土壤中的过氧化氢酶，其主要作用在于清除土壤中具有氧化生物膜作用的过氧化氢，因而可以用它表示土壤氧化过程的强度（鲁萍等，2002）。当土壤中施 P 时，不会直接影响重金属在根际土壤中的氧化还原反应，因此，可以用过氧化氢酶活性的高低来作为反映施 P 强化吊兰修复 Cd 污染土壤效果的指标。

土壤蔗糖酶又叫转化酶，是土壤酶中的一种重要的酶类。土壤蔗糖酶与土壤中有机质、氮、磷含量，微生物数量及土壤呼吸强度有关（陈红军等，2008）。在本研究中，未污染的土壤中，栽培组比空白组的蔗糖酶活性低，而在 100mg·kg^{-1} Cd 污染的土壤中，栽培组比空白组的蔗糖酶活性高，因而蔗糖酶更适合反映土壤中 Cd 的含量，而不适合反映 P 强化吊兰吸收 Cd 的效果。

脲酶存在于大多数细菌、真菌和高等植物里，是尿素氨基水解酶类的通称。它是一类将酰胺态有机氮化物水解为植物可以直接利用的无机态氮化物的酶，水解的最终产物是氨和二氧化碳、水。土壤脲酶一般认为是由土壤中的微生物产生的简单蛋白质，是存在于土壤中能催化尿素分解、具有氨化作用的高度专一性的一类好气性水解酶。土壤脲酶在性质上有别于从生物体内分解出的纯脲酶，土壤脲酶只对尿素起催化作用，对尿素的其他衍生物不起作用（王天元等，2004）。本研究中，在未种吊兰的污染处理中，脲酶活性随着 P 浓度升高一直升高，与前人研究的结果一致。而在栽培组中，脲酶活性随着 P 浓度升高先升高后下降，说明吊兰吸收了一部分 P 肥和 Cd，可以从一定程度上反映 P 强化吊兰吸收 Cd 的效果。

根际土壤中的磷酸酶对有机磷的生物有效性具有较大的影响。磷酸酶是由土壤中植物根系分泌和微生物合成的一类可以专一性水解有机 P 的蛋白质，是代表一组可催化磷酸或磷酸酐水解的酶，根系分泌的酸性磷酸酶对植物的磷素营养起着主要作用，在 pH=4～9 的土壤中均有磷酸酶的存在，其活性随着供磷状况的变化而变化。在缺磷胁迫下，植物体通常形成一些有利于根系对土壤磷素吸收的适应性机制，包括根系形态特征和根体构型的改变，如根毛的形成、诱导酸性磷酸化酶及根系特异分泌物的形成和分泌等。

Fox 和 Comerford（1992）研究林地灰化土中根际磷酸酶的活性发现，根际磷酸酶的活性比非根际大。苏德纯等（2000）研究发现，某些磷高效植物在缺磷时根系能大量分泌低分子有机酸及磷酸酶，使土壤中的难溶性磷得以活化。植物根磷酸酶活性因土壤缺磷而增大，增大幅度因植物种类不同而不同。Hedley 和 Stewart（1982）发现，油菜在栽培 35 天后，根际土壤中磷酸酶活性是非根际土壤中的 10 倍。这些与本书的研究结果一致，土壤中的磷酸酶主要是由植物分泌的，当土壤中施加 P 肥时，植物对于无机 P 的需求减少，向土壤中释放的磷酸酶也随之减少。故而，磷酸酶不能作为反映施 P 强化吊兰修复 Cd 污染土壤效果的指标。

5 吊兰对土壤镉伴生金属铜、锌、铅污染的耐性与修复

土壤重金属污染的发生很少由单一重金属引起，常常出现几种或多种重金属的复合污染。由于金属元素的伴生特性，在铅锌矿区，常常出现高浓度的铅、锌和镉等重金属元素的伴生污染。南京市栖霞山铅锌矿土壤中各重金属的含量分别为 Cd 7.32～98.43mg·kg^{-1}、Cr 64.96～167.50mg·kg^{-1}、Cu 148.10～377.50mg·kg^{-1}、Pb 825.41～3496.00mg·kg^{-1}、Zn 1277.07～9490.73mg·kg^{-1}。其中 Cd、Zn 和 Pb 的单因子污染指数分别为 45.71、10.40 和 4.46，均大于 3，达到了重度污染级别（李俊凯等，2018）。余璇等（2016）对湖南省某铅锌矿周边农田土壤中重金属的含量的研究发现，整个矿区土壤重金属污染程度较重，Cd、As、Pb、Cr、Cu、Zn 和 Ni 等 7 种重金属都存在不同程度的富集或污染，Cd、Pb、As、Zn 等重金属潜在生态风险指数属于中等及以上的风险状态。张云霞等（2018）研究发现广西一处铅锌矿影响区耕作层土壤中 As、Pb、Cd、Cu、Zn 和 Cr 含量均值分别为 16.87、271.9、1.116、64.96、541.4 和 114.1mg·kg^{-1}，除了 As 和 Cr，影响区农田土壤 4 种重金属含量显著高于研究区自然土壤背景值（$P<0.05$），与《土壤环境质量标准》（GB 15618—1995）二级标准相比，6 种重金属均有不同程度的超标，As、Pb、Cd、Cu、Zn 和 Cr 的超标率分别为 4%、56%、83%、56%、68% 和 12%，与土壤基线值相比，Cd 超标情况最为明显，超标倍数为 4.85，Pb、Cu 和 Zn 的几何均值是其相应基线值的 1.85、1.16 和 1.42 倍。加强对 Cd 常见伴生金属 Cu、Pb、Zn 等污染条件下植物的重金属耐性和积累特性研究，可以为这类土壤的植物修复提供参考依据。

5.1 吊兰对土壤 Cu 污染的耐性与修复特性

铜是多种酶的组成成分，同时也是酶活性的催化剂之一。因此，铜对植物的正常生长和发育十分重要（Clijsters and van Assche，1985）。然而，铜的生物毒性很强，当摄取量过多时铜，也可能产生严重的伤害。现阶段我国土壤铜污染的一个重要构成因素为铜矿工业开采中产生的尾沙、矿石等。这些尾矿不仅占用大量土地，而且对其堆积地及其周边环境产生严重的破坏。此外，随着工农业生产的快速发展，铜的用途越来越广泛，用量不断增加，含铜污染物的排放也越来越多。农田土壤含铜量达到了原始土壤的几倍乃至几十倍，远远超出了土壤环境的承载

力，对植物和土壤微生物产生了毒害（刘军等，2008）。王军等（2005）在分析测定铜陵林冲尾矿库复垦土壤中重金属含量的基础上，对该复垦土壤进行了重金属环境质量现状值的检验和计算，表明铜陵林冲尾矿库复垦土壤不同程度地受到了铜、锌、砷等的污染，其中铜的污染尤为严重，对附近居民的身体健康构成了潜在的威胁。刘燚（2009）通过对山西省神木县西沟乡六道沟流域的调查发现，该地土壤中的铜含量均超过当地的自然背景值，且一半以上土样的铜含量超出了国家土壤污染二级标准，证明该区域的土壤已经受到了铜的污染，其污染程度与矿区的距离呈非线性负相关。目前全世界平均每年排放铜 340 万 t（崔德杰，张玉龙，2004），铜已成为土壤重金属污染的主要元素之一。开展铜污染土壤的植物修复研究，十分必要。

5.1.1　研究设计

植物材料。吊兰（*C. comosum*）幼苗取自安徽师范大学生态学实验室培养的吊兰母枝，剪下带有气生根的幼苗后于土中培养，幼苗生根稳定后取生长情况相近的幼苗进行试验。

栽培用土壤。采集安徽师范大学后山山坡园田土（土壤为黄棕壤，有机质含量 13.35g·kg^{-1}，全氮、全磷和全钾含量分别为 1.25、0.15 和 10.89g·kg^{-1}，土壤铜、锌和铅含量分别为 26.35、79.50 和 45.70mg·kg^{-1}），风干，过 3mm 筛后充分混匀备用。

栽培试验。采用直径为 12.5cm 的塑料花盆，每盆装土 250g，在前期半致死浓度研究的基础上，向土壤中一次性加入 $CuSO_4·5H_2O$ 溶液，使土壤含 Cu 量为 50、100、200、400mg·kg^{-1}（以 Cu^{2+}计）（以不添加铜的处理为对照），充分混匀，稳定 2周后，每盆栽种 2 株吊兰作为栽种植物的实验组，另设不栽种植物的空白对照组。以上所有处理，均设置 3 个重复。保持土壤湿润，栽培 60 天后取样分析（汪楠楠，2012）。

取样分析。栽培结束后，分别将吊兰小心连根取出，用抖落法收集根区土壤。去掉土样中的残余根系，自然风干后研磨过筛，同时采集空白对照组土壤，风干、研磨、过筛。所有土壤样品用于测定土壤酶活性、土壤基本化学性质、土壤 Cu总量和有效态含量。

除去根部土壤后，用自来水、蒸馏水多次冲洗植株后用滤纸吸干。用剪刀将根和地上部分分开，分别测量植株的根长、地上部分长、根与地上部分鲜重和干重，取成熟的鲜叶片进行生理生化指标的测定。将根和地上部分分开，105℃杀青0.5h，75℃过夜，磨碎过筛后，用混酸（浓 HNO_3：$HClO_4$：浓 H_2SO_4=8：1：1）隔夜消化，采用日本岛津 AA6800 型原子吸收分光光度计测定植物体内的 Cu 含量。

数据处理。参照 2.1.1 进行数据处理和计算耐性指数、富集系数、转运系数、土壤酶活性相对变化率等。

5.1.2　吊兰对 Cu 污染土壤的修复特性

5.1.2.1　吊兰对土壤全铜和有效态铜含量的影响

全铜即指土壤中铜的总量。有效态一般主要是指提取的水溶态和交换态等重金属，这部分重金属在土壤中具有较大的活性，容易被植物吸收利用（侯明，王香桂 2010）。

结合表 5-1 和图 5-1 可知，实验组的土壤全铜含量显著低于对照组。另如图 5-2 所示，实验组的土壤有效态铜含量，除土壤的铜处理浓度为 400mg·kg⁻¹ 时，也都略低于对照组。可以看出，吊兰对土壤中的铜有一定的富集作用，能够通过吸收有效态铜来修复铜污染土壤。

表 5-1　实验组和对照组关于土壤全铜和有效态铜含量的配对 T 检验

指标	土壤全铜含量	土壤有效态铜含量
T	−3.815	−1.807
P	0.009**	0.121

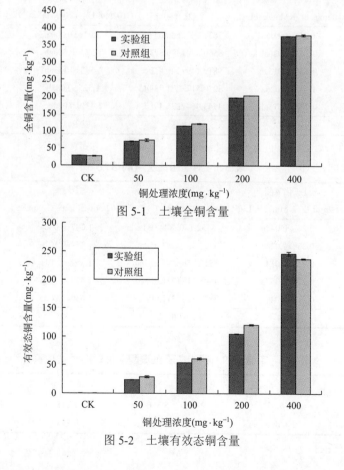

图 5-1　土壤全铜含量

图 5-2　土壤有效态铜含量

5.1.2.2　吊兰生长对土壤酶活性的影响

如表 5-2、表 5-3 所示，除对照组的蔗糖酶外，土壤酶活性与土壤全铜含量基本呈显著性负相关。其中，磷酸酶和脲酶的活性均随着土壤铜浓度的升高明显下降。土壤铜的处理浓度为 $400mg \cdot kg^{-1}$ 时，实验组的磷酸酶和脲酶活性分别比 CK 组下降了 39.47% 和 33.51%，对照组分别下降了 40.15% 和 34.85%。另外，脲酶与铜胁迫的相关性最强，比较适合作为土壤铜污染程度和修复效果的指示性酶。

对比表 5-2 和表 5-3 可知，在相同的处理条件下，实验组的土壤酶活性要高于对照组。此外，如表 5-4 所示，过氧化氢酶、磷酸酶和脲酶的数据在实验组和对照组之间存在统计学差异。这说明栽培吊兰对铜污染土壤的土壤酶活性有一定的促进作用。

表 5-2　实验组的土壤酶活性

铜处理浓度 （$mg \cdot kg^{-1}$）	过氧化氢酶 （$0.02mol \cdot L^{-1} KMnO_4$, $mL \cdot g^{-1}$）	磷酸酶 （P_2O_5, mg）	蔗糖酶 （$0.02mol \cdot L^{-1} NaS_2O_3$, $mL \cdot g^{-1}$）	脲酶 （NH_3-N, mg）
CK	0.296±0.006a	7835.677±660.057a	1.716±0.000a	75.484±0.717a
50	0.273±0.036ab	6560.652±376.877b	1.573±0.000ab	71.192±2.729b
100	0.286±0.015ab	5819.149±149.410c	1.573±0.143ab	67.362±1.282c
200	0.293±0.026ab	5050.517±271.734d	1.525±0.083ab	58.828±1.991d
400	0.260±0.015ab	4743.064±236.498d	1.430±0.000bc	50.191±0.894e
相关性系数	−0.866*	−0.873*	−0.948**	−0.956**

表 5-3　对照组的土壤酶活性

铜处理浓度 （$mg \cdot kg^{-1}$）	过氧化氢酶 （$0.02mol \cdot L^{-1} KMnO_4$, $mL \cdot g^{-1}$）	磷酸酶 （P_2O_5, mg）	蔗糖酶 （$0.02mol \cdot L^{-1} NaS_2O_3$, $mL \cdot g^{-1}$）	脲酶 （NH_3-N, mg）
CK	0.273±0.042a	6452.140±844.031a	1.287±0.000a	58.082±3.381a
50	0.268±0.021a	5855.320±383.650ab	1.359±0.101a	50.795±2.672b
100	0.273±0.014a	5312.756±345.285bc	1.359±0.101a	49.908±1.854b
200	0.273±0.057a	4648.115±211.008cd	1.430±0.000a	44.433±1.963c
400	0.218±0.049a	3861.398±211.008de	1.430±0.000a	37.840±2.999d
相关性系数	−0.944**	−0.906**	0.625	−0.990**

表 5-4　实验组和对照组关于土壤酶活性的配对 T 检验

指标	过氧化氢酶	磷酸酶	蔗糖酶	脲酶
T	3.874	5.386	1.255	14.373
P	0.008**	0.002**	0.256	0.000**

5.1.2.3 吊兰生长对土壤基本理化性质的影响

如表 5-5、表 5-6 所示，土壤的氧化还原电位、电导率和酸碱度均与土壤全铜含量呈极显著相关。氧化还原电位可以反映水溶液中所有物质表现出来的宏观氧化-还原性。随着铜浓度的增加，土壤微生物产生的活性氧（ROS）会相应增多，过量的 ROS 打破了动态平衡，使土壤溶液的氧化性增强，溶液氧化还原电位显著上升。而 ROS 的增多又使土壤微生物的细胞膜受到氧化损伤，膜透性增大，释放出大量电解质，导致土壤溶液导电性增强，溶液的电导率显著增大。同时，螯合剂本身是酸性，加上铜离子是弱碱性，水解释放出 H^+，故土壤溶液的 pH 明显下降。

对比表 5-5、表 5-6 不难发现，在相同的处理下，氧化还原电位表现为实验组比对照组略低，而 pH 则表现为实验组略高于对照组。可见，栽种吊兰可以稳定土壤溶液的氧化性和土壤的 pH，对铜污染土壤的基本理化性质有一定的改良作用（表 5-7）。

表 5-5　实验组的土壤基本理化性质

铜处理浓度（mg·kg^{-1}）	氧化还原电位（mV）	电导率（mS·cm^{-1}）	pH
CK	150.000±4.359a	0.074±0.002a	4.900±0.069a
50	154.000±3.464ab	0.087±0.007ab	4.837±0.059ab
100	154.667±6.658ab	0.101±0.001b	4.823±0.112ab
200	159.000±1.000bc	0.130±0.006c	4.737±0.021bc
400	165.000±1.000cd	0.175±0.012d	4.637±0.021cd
相关性系数	0.993**	0.997**	−0.994**

表 5-6　对照组的土壤基本理化性质

铜处理浓度（mg·kg^{-1}）	氧化还原电位（mV）	电导率（mS·cm^{-1}）	pH
CK	146.500±2.121a	0.074±0.001a	4.970±0.042a
50	154.500±7.778ab	0.085±0.000b	4.830±0.127ab
100	157.000±0.000bc	0.097±0.001c	4.785±0.007bc
200	163.500±0.707cd	0.113±0.002d	4.660±0.014cd
400	167.500±2.121de	0.147±0.003e	4.580±0.042de
相关性系数	0.960**	1.000**	−0.959**

表 5-7　实验组和对照组关于几种土壤理化指标的配对 T 检验

指标	氧化还原电位	电导率	pH
T	−1.979	2.906	1.849
P	0.095	0.027*	0.114

5.1.3 吊兰对土壤 Cu 的耐性与富集特性

5.1.3.1 吊兰对土壤铜的富集作用

如表 5-8 所示,吊兰的地下部分和地上部分富集量都与土壤的有效态铜含量显著性正相关。如图 5-3 所示,随着土壤铜处理浓度的升高,吊兰地下部分和地上部分的铜富集量基本呈现出相应的上升趋势,并且地下部分的富集量显著高于地上部分,分别是 CK 组地下部分富集量的 16.58、12.21、28.92 和 99.73 倍。这说明吊兰对土壤中的铜有一定的富集作用,且地下部分的富集浓度较高。

表 5-8 土壤有效态铜含量与吊兰对铜富集量的相关性分析

指标	地下部分富集量	地上部分富集量
相关性系数	0.961**	0.958*

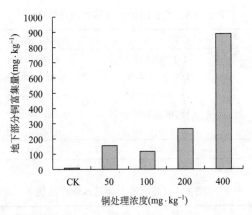

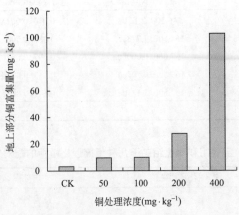

图 5-3 吊兰的铜富集量

由图 5-4 可知，从土壤铜处理浓度为 50mg·kg^{-1} 开始，吊兰对铜的转移系数也逐步升高。说明高浓度的铜胁迫会促进土壤铜从吊兰的地下部分向地上部分转移，也就是由非收割部分到收割部分的转移。吊兰的这种富集特点有利于其对铜污染地区的土壤，特别是铜浓度较高的尾矿地区的土壤进行修复。

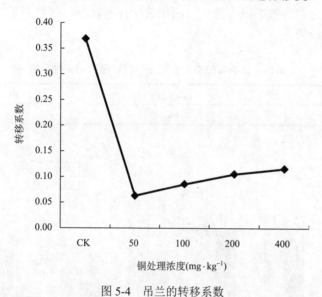

图 5-4　吊兰的转移系数

5.1.3.2　土壤铜对吊兰形态学指标的影响

如表 5-9 所示，尽管吊兰的根长和根体积均随着土壤铜浓度的升高而受到一定的抑制，并在铜处理浓度大于 100mg·kg^{-1} 时数据表现出与 CK 组的统计学差异，但根长与土壤的有效态铜含量却没有表现出显著性相关。结合前文所述吊兰地上部分的富集浓度相对较低，因此在铜的胁迫下，株高也只是呈现出轻微的波动性变化，并没有受到明显的抑制。可见在形态学指标上，吊兰对铜具有一定的耐受性。

表 5-9　土壤铜对吊兰形态学指标的影响

铜处理浓度（mg·kg^{-1}）	根长（cm）	根体积（mL）	株高（cm）
CK	13.83±2.22a	4.47±0.45a	19.95±3.73a
50	14.23±4.20a	3.82±2.14ab	20.50±4.74a
100	10.23±2.91b	2.77±1.10b	20.65±3.77a
200	7.98±1.92b	1.25±0.34c	16.87±1.96a
400	8.70±2.32b	0.77±0.45c	19.57±6.52a
相关性系数	− 0.666	− 0.873*	− 0.869*

5.1.3.3 　土壤铜对吊兰生物量的影响

由表 5-10 和图 5-5 可知，吊兰的地下部分鲜重随着土壤铜浓度的上升显著下降。吊兰的地上部分鲜重和株高相似，也以一种波动性变化来应答铜胁迫，且地上部分鲜重与土壤有效态铜含量之间的相关性并不显著。这可能是铜在吊兰体内的分布特点导致的。

表 5-10　土壤有效态铜含量与吊兰鲜重的相关性分析

指标	地下部分鲜重	地上部分鲜重
相关性系数	−0.946*	−0.833

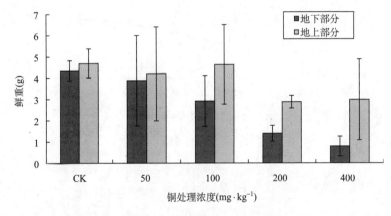

图 5-5　土壤铜对吊兰鲜重的影响

5.1.3.4 　土壤铜对吊兰几种生理指标的影响

如表 5-11 所示，除在 400mg·kg⁻¹ 的铜胁迫下 MDA 含量表现出了与 CK 组数据的显著性差异以外，电导率和 MDA 含量在不同的铜处理浓度下，并没有表现出统计学差异。同时，叶绿素 a 在小于 200mg·kg⁻¹ 的铜处理浓度下以及叶绿素 b 在小于 400mg·kg⁻¹ 的铜处理浓度下，虽然含量略有下降，却也并没有表现出统计学差异。此外，以上四种指标与土壤有效态铜含量的相关性均不显著。

综上讨论可知，400mg·kg⁻¹ 以下的土壤铜污染水平，并不会对吊兰叶片造成显著的损伤，这也从生理指标的角度说明了吊兰对铜的耐受性。

表 5-11 土壤铜对吊兰几种生理指标的影响

铜处理浓度 （mg·kg^{-1}）	电导率 （μS·cm^{-1}）	MDA 含量 （μmol·g^{-1}）	叶绿素 a （mg·g^{-1}）	叶绿素 b （mg·g^{-1}）
CK	66.90±0.99a	0.849±0.029ab	4.765±0.696a	1.776±0.302a
50	65.55±5.02a	0.802±0.096a	4.286±0.417a	1.601±0.188ab
100	74.65±4.03a	0.815±0.117a	3.616±0.023ab	1.245±0.100ab
200	73.05±4.60a	1.009±0.003bc	3.029±0.051b	1.318±0.229ab
400	73.25±6.29a	1.035±0.037c	3.028±0.715b	1.067±0.218b
相关性系数	0.636	0.868	−0.858	−0.871

5.1.3.5 土壤铜对吊兰叶片抗氧化酶活性的影响

如表 5-12 所示，除 CAT 活性在不同的土壤铜处理浓度之间出现了统计学差异以外，POD 和 SOD 活性在所有处理浓度下均无显著性差异。由此可知，土壤中的铜并没有对吊兰的抗氧化酶活性产生太大的影响。尽管如此，CAT 活性随着土壤铜浓度的升高而有所上升；POD 活性以土壤铜处理浓度为 100mg·kg^{-1} 为界，先增大后减小；而 SOD 的活性则表现为随铜处理浓度的升高而下降。可以看出，这三种抗氧化酶对铜的敏感度依次为 SOD>POD>CAT。低浓度的铜可以在一定程度上促进 CAT 和 POD 的活性，以帮助吊兰抵御活性氧带来的氧化损伤；高浓度的铜胁迫则会打破活性氧的动态平衡，使抗氧化酶的结构和功能遭到破坏，酶活性受到抑制。

表 5-12 土壤铜对吊兰抗氧化酶活性的影响

铜处理浓度（mg·kg^{-1}）	CAT（0.02mol·L^{-1} KMnO$_4$，mL·g^{-1}）	POD（U·min^{-1}·g^{-1}）	SOD（U·g^{-1}）
CK	10.45±0.07a	108.333±5.657a	73.739±2.738a
50	10.50±0.14ab	109.667±24.984a	61.799±54.766a
100	10.68±0.04bc	142.500±19.092a	66.478±23.047a
200	10.65±0.07abc	123.833±3.536a	48.084±37.195a
400	10.80±0.00c	119.500±1.179a	27.753±0.228a
相关性系数	0.914*	0.206	−0.976**

5.2 EDTA 与柠檬酸调节下吊兰对土壤 Cu 污染的耐性与修复

与一些铜耐性植物相比，吊兰对土壤铜污染的耐性相对较弱，对于较高浓度的铜污染土壤，难以发挥出良好的植物修复作用。结合前文中利用螯合剂强化吊兰修复镉污染土壤的研究，尝试使用 EDTA 和柠檬酸进行调节，探讨螯合剂强化作用下，吊兰对土壤铜污染的耐性和修复特性，为将吊兰应用于此类污染土壤的修复提供参考。

5.2.1　研究设计

植物材料来源、栽培用土壤、样品分析以及数据处理，与 5.1.1 相同。

栽培试验采用直径为 12.5cm 的塑料花盆，每盆装土 250g。在前期预实验的基础上，一次性加入 $CuSO_4·5H_2O$。根据《土壤环境质量标准值》中三级评价标准的土壤铜含量，将土壤的初始铜含量设置为 400mg·kg^{-1}。以不添加铜的土壤作为空白组（CK），将土壤静置 2 周。静置结束后，将吊兰幼苗栽入实验组盆中，每盆 2 株（每种处理各设置 4 盆：3 盆为栽种吊兰的实验组，1 盆为不种吊兰的对照组）。吊兰栽培 20 天后，采用滴灌的方法施加柠檬酸、EDTA 或柠檬酸和 EDTA 的混合溶液。单独施用的柠檬酸和 EDTA 分别设置了 5 个处理浓度，即 0（蒸馏水对照）、2.5、5、7.5 和 10mmol·L^{-1}；柠檬酸和 EDTA 的混合溶液设置 6 种处理，即混施溶液中柠檬酸与 EDTA 的混施浓度分别为：0-0、0-10、2.5-7.5、5-5、7.5-2.5 和 10-0mmol·L^{-1}。上述所有处理均设置 3 个重复，各处理施加量均为 5mL·d^{-1}，共施加 40 天。待栽培结束，立即取样分析。

5.2.2　单施柠檬酸或 EDTA 对 Cu 污染土壤性质的影响

5.2.2.1　单施柠檬酸或 EDTA 对土壤全铜和有效态铜含量的影响

如图 5-6 所示，随着柠檬酸施加浓度的上升，土壤全铜含量先增大后减小，且在柠檬酸浓度为 7.5mmol·L^{-1} 时达到峰值 394.9mg·kg^{-1}，显著高于不施加柠檬酸时的 371.2mg·kg^{-1}；在 EDTA 浓度为 2.5mmol·L^{-1} 时，土壤全铜的含量达到最大值 384.8mg·kg^{-1}，高于在相同浓度柠檬酸调节下的土壤全铜含量，而在其他浓度的 EDTA 处理下，土壤全铜含量均低于柠檬酸的处理结果。

土壤中重金属的环境行为和生态效应除了受到土壤中重金属的总含量的影响，主要取决于其存在的形态，即生物有效态。有效态一般主要是指提取的水溶态和交换态等重金属，这部分重金属在土壤中具有较大的活性，容易被植物所吸收利用（侯明，王香桂，2010）。因此，土壤有效态铜含量的变化可以直接反映柠檬酸和 EDTA 对铜的活化效果的优劣。

如图 5-7 所示，随着柠檬酸处理浓度的上升，土壤中有效态铜的含量同样是先增大后减小，且在柠檬酸浓度为 5mmol·L^{-1} 时达到峰值 255.4mg·kg^{-1}，显著高于不施加柠檬酸时的 235.45mg·kg^{-1}；EDTA 对土壤铜的活化效果要低于相同浓度的柠檬酸，且土壤有效态铜含量在 EDTA 的影响下出现波动，也在浓度为 5mmol·L^{-1}

时达到峰值 245.25mg·kg^{-1}。

由此可知，柠檬酸和 EDTA 对土壤铜的活化作用均在浓度为 5mmol·L^{-1} 时达到最大，且柠檬酸的活化效果更强。

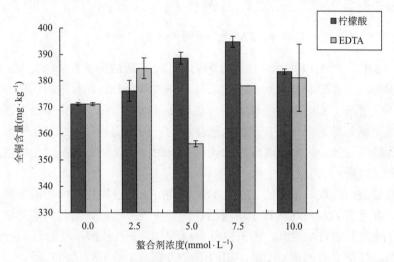

图 5-6　单施柠檬酸或 EDTA 对土壤全铜含量的影响

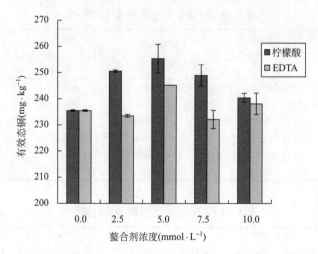

图 5-7　单施柠檬酸或 EDTA 对土壤有效态铜含量的影响

为什么柠檬酸和 EDTA 在高浓度时会明显抑制土壤铜的活性呢？这是因为，螯合剂对重金属活性和植物有效性的影响，因不同种类差异很大。一方面，螯合剂与重金属形成螯合物可提高其在土壤中的可溶性，可溶复合物可使重金属到达根际的机会增加而促进植物对其吸收；另一方面，高浓度的螯合剂施入土壤后与阳离子形成稳定的络合物，由于复杂结构形态的重金属对植物吸收的活性较差，所以会抑制植物对其吸收（余贵芬等，2002）。因此，低浓度的柠檬酸和 EDTA 通过活化土壤中的铜，能够促进吊兰对铜的吸收；而高浓度的柠檬酸和 EDTA 使土壤溶液中的高稳定螯合剂-重金属复合物增多，反而不利于吊兰的吸收。

5.2.2.2　单施柠檬酸或 EDTA 对土壤酶活性的影响

　　如表 5-13、表 5-14 所示，在螯合剂的调节下，磷酸酶活性显著提高；过氧化氢酶和脲酶的活性随着螯合剂浓度的上升，在波动中升高，且脲酶活性在柠檬酸的调节下显著高于 CK 组；蔗糖酶活性也出现波动性变化，但整体上呈现下降趋势。可见土壤酶对这两种螯合剂的敏感程度为：磷酸酶最高，过氧化氢酶和脲酶次之，蔗糖酶最低。因此，磷酸酶比较适合作为柠檬酸和 EDTA 对土壤性质调节效果的指示性酶。

　　与柠檬酸的处理效果相比，在 EDTA 的调节下的过氧化氢酶和磷酸酶活性明显较高，可见 EDTA 对这两种土壤酶活性的促进效果较好。而对脲酶活性的影响却是柠檬酸大于 EDTA，由表 5-13 和表 5-14 可知，在柠檬酸浓度大于 2.5mmol·L^{-1} 时，脲酶活性均显著高于 CK 组，相同浓度的 EDTA 调节效果则较弱。

表 5-13　柠檬酸对土壤酶活性的影响

柠檬酸 （mmol·L^{-1}）	过氧化氢酶 （0.02mol·L^{-1} KMnO$_4$, mL·g^{-1}）	磷酸酶 （P$_2$O$_5$,mg）	蔗糖酶 （0.02mol·L^{-1} NaS$_2$O$_3$, mL·g^{-1}）	脲酶 （NH$_3$-N,mg）
CK	0.288±0.007b	7767.856±517.928c	1.430±0.000abc	82.990±1.091b
0.0	0.203±0.014a	2979.732±230.190a	1.573±0.000c	40.038±0.545a
2.5	0.228±0.049a	3657.937±153.460ab	1.359±0.101ab	115.533±0.872d
5.0	0.238±0.007ab	3956.347±652.206ab	1.359±0.101ab	119.735±0.055d
7.5	0.213±0.014a	4363.270±76.730b	1.502±0.101bc	100.341±1.418c
10.0	0.258±0.021ab	4580.295±575.476b	1.287±0.000a	127.100±7.089e

表 5-14　EDTA 对土壤酶活性的影响

EDTA（mmol·L^{-1}）	过氧化氢酶 （0.02mol·L^{-1} KMnO$_4$, mL·g^{-1}）	磷酸酶（P$_2$O$_5$,mg）	蔗糖酶 （0.02mol·L^{-1} NaS$_2$O$_3$, mL·g^{-1}）	脲酶（NH$_3$-N,mg）
CK	0.288±0.007b	7767.856±517.928e	1.430±0.000b	82.990±1.091d
0.0	0.203±0.014a	2979.732±230.190a	1.573±0.000b	40.038±0.545a
2.5	0.288±0.007b	3997.039±134.278b	1.287±0.000a	67.567±1.527bc
5.0	0.288±0.007b	4037.731±115.095b	1.287±0.000a	65.639±0.109b
7.5	0.278±0.035b	4814.954±216.762c	1.287±0.000a	69.418±0.545c
10.0	0.303±0.057b	5909.576±230.190d	1.287±0.000a	67.991±0.927c

5.2.2.3 单施柠檬酸或 EDTA 对土壤基本理化性质的影响

当受到土壤环境的某种胁迫时，土壤微生物的活动和状态会发生改变，从而导致土壤的基本理化性质也发生相应的变化。比如，随着环境胁迫的加重，土壤微生物会产生大量的活性氧（ROS），造成土壤溶液的氧化性增强，氧化还原电位上升；ROS 还会使土壤微生物的细胞膜受到氧化损伤，膜透性增大，释放出大量电解质，导致土壤溶液导电性增强、电导率增大，等等。

由表 5-15 和表 5-16 可知，在两种螯合剂的调节下，土壤溶液的氧化还原电位和电导率都有所升高，这可能是螯合剂对土壤铜的活化作用造成的。结合前文所述，柠檬酸和 EDTA，特别是柠檬酸对土壤中的铜有一定的活化作用，因此随着铜浓度的升高，土壤的氧化还原电位和电导率会发生上面的变化。

同时，EDTA 调节下的电导率要明显高于相同浓度柠檬酸的处理结果，且在两种螯合剂的调节下，土壤溶液的 pH 略有下降。从螯合剂的自身性质来看，添加的 EDTA 为乙二胺四乙酸二钠，分子内含有两个 Na^+，因此 EDTA 浓度的升高会使土壤溶液的导电性增强，电导率显著增大。另外，除了弱碱性 Cu^+ 的水解作用，螯合剂本身的酸性性质也会使土壤溶液的 pH 降低。

综上所述，由于对土壤铜的活化作用以及其自身的理化性质，柠檬酸和 EDTA 会在一定程度上影响铜污染土壤的基本理化性质。

表 5-15 柠檬酸对土壤基本理化性质的影响

柠檬酸（mmol·L^{-1}）	氧化还原电位（mV）	电导率（μS·cm^{-1}）	pH
CK	152.000±1.414a	77.850±0.071a	4.835±0.007b
0.0	153.500±2.121a	126.600±0.566bc	4.810±0.028b
2.5	167.000±2.828b	127.000±2.828c	4.565±0.064a
5.0	166.500±2.121b	123.600±0.990b	4.580±0.014a
7.5	165.500±0.707b	133.050±0.354d	4.600±0.000a
10.0	167.500±0.707b	133.400±0.283d	4.560±0.014a

表 5-16 EDTA 对土壤基本理化性质的影响

EDTA（mmol·L^{-1}）	氧化还原电位（mV）	电导率（μS·cm^{-1}）	pH
CK	152.000±1.414a	77.850±0.071a	4.835±0.007b
0.0	153.500±2.121a	126.600±0.566b	4.810±0.028b
2.5	164.000±0.000b	156.050±0.495c	4.620±0.014a
5.0	165.500±4.950b	165.750±2.899d	4.590±0.085a
7.5	164.500±0.707b	214.500±0.707f	4.570±0.014a
10.0	167.000±4.243b	211.000±0.000e	4.530±0.071a

5.2.3　单施柠檬酸或 EDTA 对 Cu 污染土壤中吊兰生长的影响

5.2.3.1　单施柠檬酸或 EDTA 对吊兰富集作用的影响

由图 5-8 可知，随着柠檬酸浓度的增大，吊兰对铜的富集量先上升后下降，地下部分富集量在柠檬酸浓度为 $2.5 mmol \cdot L^{-1}$ 时达到峰值 $1078.25 mg \cdot kg^{-1}$；地上部分的富集量在柠檬酸浓度为 $5 mmol \cdot L^{-1}$ 时达到峰值 $190.188 mg \cdot kg^{-1}$。由此可见，吊兰的地下部分比地上部分对柠檬酸更为敏感。在 EDTA 的调节下，吊兰对铜的富集量出现了大幅度的波动，且地下部分富集量明显低于相同浓度条件下柠檬酸调节的吊兰，其最大富集量出现在 EDTA 浓度为 $5 mmol \cdot L^{-1}$ 时，为 $808.375 mg \cdot kg^{-1}$，仅为柠檬酸调节下吊兰地下部分最大富集量的74.97%。可以看出，柠檬酸比 EDTA 对吊兰富集量的影响更大。

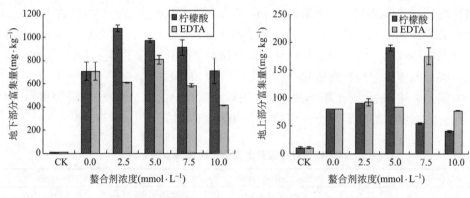

图 5-8　单施柠檬酸或 EDTA 对吊兰富集作用的影响

由图 5-9 可知，在柠檬酸和 EDTA 的作用下，吊兰对铜富集量的变化趋势与土壤中有效态铜含量的变化趋势基本吻合。经 SPSS 分析，在柠檬酸和 EDTA 的影响下，土壤的有效态铜含量与吊兰地下部分的铜富集量为显著性正相关（表5-17）。结合前文的讨论，可以得出以下结论：由于柠檬酸对土壤中铜的活化能力较强，所以其对吊兰富集作用的影响比 EDTA 大。

表 5-17　土壤有效态铜含量与吊兰对铜富集量的相关性分析

螯合剂处理	相关性系数	
	地下部分	地上部分
柠檬酸	0.946**	0.566
EDTA	0.895*	0.687

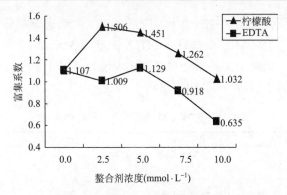

图 5-9 单施柠檬酸或 EDTA 对吊兰富集系数的影响

此外，生物富集系数是指植物中重金属的浓度除以土壤的全铜浓度所得到的值。通常用来描述植物对重金属的富集能力（Monni et al., 2000）。如图 5-9 所示，柠檬酸影响下吊兰的富集系数曲线高于 EDTA 影响下的曲线，且柠檬酸对应的富集系数值均大于 1，这进一步肯定了以上结论。

5.2.3.2 单施柠檬酸或 EDTA 对吊兰形态学指标的影响

由表 5-18 可知，吊兰的根长在柠檬酸浓度低于 2.5mmol·L^{-1} 时下降，在柠檬酸浓度高于 2.5mmol·L^{-1} 时明显上升；吊兰株高以 5mmol·L^{-1} 柠檬酸为界，先减小后变大。这与柠檬酸对吊兰地下部分和地上部分铜富集量的影响恰好相反，说明柠檬酸对土壤铜的活化作用将间接抑制吊兰的生长。

本实验采用的土壤铜浓度为 400mg·kg^{-1}，接近吊兰存活条件的临界值，在这种水平的铜胁迫下，吊兰生长会受到一定程度的抑制。然而，吊兰的根长和株高均在柠檬酸浓度为 10mmol·L^{-1} 时达到最大值，分别是 15.03、19.58cm，都超过了空白组（CK）的数值 13.8、15.1cm，耐性指数 TI 也达到了最大值 108.94。也就是说，在高浓度柠檬酸的作用下，铜污染土壤中吊兰的形态学指标恢复到了正常生长水平以上。可以看出，柠檬酸本身对吊兰的生长可能还具有一定的促进作用。

表 5-18 柠檬酸对吊兰形态学指标的影响

柠檬酸（mmol·L^{-1}）	根长（cm）	耐性指数（%）	株高（cm）
CK	13.80±2.72bc	100.00	15.10±2.08a
0.0	12.77±2.71abc	92.51	14.03±2.12a
2.5	10.13±3.16a	73.43	14.32±3.95a
5.0	11.13±2.74ab	80.68	13.55±1.67a
7.5	14.72±1.73c	106.64	18.22±1.87b
10.0	15.03±2.44c	108.94	19.58±2.97b

如表 5-19 所示，随着 EDTA 浓度的上升，吊兰的形态学指标数据也呈现出不规律波动的变化趋势。其中，根长只在 EDTA 浓度为 5mmol·L^{-1} 时与不添加 EDTA 时的值差异显著，株高则在各个处理之间均表现为差异不显著。说明 EDTA 对铜污染土壤中吊兰的生长没有明显的影响。

表 5-19　EDTA 对吊兰形态学指标的影响

EDTA（mmol·L^{-1}）	根长（cm）	耐性指数（%）	株高（cm）
CK	13.80±2.72b	100.00	15.10±2.08a
0.0	12.77±2.71ab	92.51	14.03±2.12a
2.5	11.90±2.24ab	86.23	16.65±3.26a
5.0	14.03±2.58b	101.69	15.60±1.41a
7.5	9.58±2.64a	69.44	14.48±1.69a
10.0	11.35±5.08ab	82.25	14.67±2.54a

5.2.3.3　单施柠檬酸或 EDTA 对铜污染条件下吊兰生物量的影响

如图 5-10，与形态学指标相似，在柠檬酸的影响下，吊兰的鲜重水平以

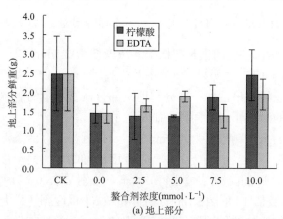

(a) 地上部分

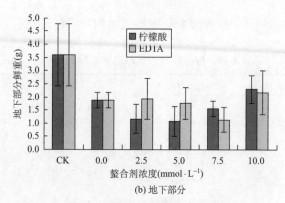

(b) 地下部分

图 5-10　单施柠檬酸或 EDTA 对吊兰生物量的影响

5mmol·L^{-1}柠檬酸为转折点先减小后变大；在 EDTA 的影响下，吊兰的生物量大致呈现出了无显著差异性的波动。由于吊兰生物量的变化与吊兰对土壤铜的富集量密切相关，即吊兰的生物量间接地与柠檬酸和 EDTA 对土壤铜的活化作用相关。

5.2.3.4 柠檬酸和 EDTA 对铜污染条件下吊兰叶片几种生理指标的影响

由表 5-20、表 5-21 可知，在土壤中加入柠檬酸和 EDTA 后，吊兰叶片的电导率以较大幅度的波动对铜胁迫产生应答，MDA 含量则表现为各个处理之间无统计学差异，且电导率和 MDA 含量的实验组数据均比空白组（CK）大。叶绿素含量呈现出幅度较小的变化。可以看出，柠檬酸和 EDTA 对因土壤铜污染而受到损伤的吊兰叶片没有明显的修复作用。

表 5-20　柠檬酸对吊兰几种生理指标的影响

柠檬酸（mmol·L^{-1}）	电导率（μS·cm^{-1}）	MDA（μmol·g^{-1}）	叶绿素 a（mg·g^{-1}）	叶绿素 b（mg·g^{-1}）
CK	60.15±2.19a	0.542±0.136a	4.765±0.696ab	1.776±0.302abc
0.0	93.00±5.80d	1.008±0.426ab	4.169±0.449a	1.250±0.207a
2.5	75.20±1.56bc	0.830±0.024ab	3.718±0.023a	1.459±0.022ab
5.0	97.05±1.06d	0.692±0.030ab	4.639±0.238ab	1.964±0.176bc
7.5	72.15±2.05b	1.043±0.104b	4.302±0.772a	1.825±0.321abc
10.0	81.05±2.05c	0.946±0.146ab	5.766±0.639b	2.317±0.276c

表 5-21　EDTA 对吊兰几种生理指标的影响

EDTA（mmol·L^{-1}）	电导率（μS·cm^{-1}）	MDA（μmol·L^{-1}）	叶绿素 a（mg·g^{-1}）	叶绿素 b（mg·g^{-1}）
CK	60.15±2.19a	0.542±0.136a	4.765±0.696ab	1.776±0.302ab
0.0	93.00±5.80c	1.008±0.426ab	4.169±0.449a	1.250±0.207a
2.5	77.60±9.48b	0.743±0.063ab	5.532±0.293ab	2.031±0.434b
5.0	75.20±1.98b	1.018±0.083a	7.024±0.914c	2.337±0.206b
7.5	91.30±2.12c	1.079±0.144a	5.868±0.618bc	1.973±0.160b
10.0	73.70±4.38b	0.659±0.252a	5.928±0.149bc	1.973±0.054b

5.2.3.5 柠檬酸和 EDTA 对铜污染条件下吊兰叶片抗氧化酶活性的影响

当生物体受到轻度逆境胁迫时，抗氧化酶活性会应激性升高，增强对活性氧的清除能力；当受到重度环境胁迫时，细胞抗氧化系统的平衡遭到破坏，抗氧化酶活性会受到抑制，体内活性氧积累，带来机体损伤，所以抗氧化酶活性也是反映生物体对环境胁迫适应程度的重要指标（欧晓明等，2004）。在土壤铜浓度为 400mg·kg^{-1} 的环境下，吊兰的抗氧化酶活性应该是处于受到抑制的状态。

如表 5-22、表 5-23 所示，在柠檬酸和 EDTA 的作用下，吊兰叶片 CAT 的活性出现小幅度波动，可见柠檬酸和 EDTA 对铜污染环境下吊兰 CAT 活性所受到的抑制没有明显的缓解作用。

表 5-22　柠檬酸对吊兰抗氧化酶活性的影响

柠檬酸（mmol·L^{-1}）	CAT（0.02mol·L^{-1} KMnO$_4$,mL·g^{-1}）	POD（U·min^{-1}·g^{-1}）	SOD（U·g^{-1}）
CK	28.80±0.42ab	108.333±5.657cd	130.938±2.258c
0.0	28.95±2.33ab	73.167±2.593a	113.107±4.893bc
2.5	31.95±0.21b	85.000±7.542ab	104.591±1.882ab
5.0	26.85±3.18a	80.333±10.842ab	122.422±14.678bc
7.5	31.95±0.21b	110.500±0.707d	100.599±8.657ab
10.0	31.05±1.06b	92.167±9.192bc	83.699±14.114a

表 5-23　EDTA 对吊兰抗氧化酶活性的影响

EDTA（mmol·L^{-1}）	CAT（0.02mol·L^{-1} KMnO$_4$,mL·g^{-1}）	POD（U·min^{-1}·g^{-1}）	SOD（U·g^{-1}）
CK	28.80±0.42ab	108.333±5.657bc	130.938±2.258a
0.0	28.95±2.33ab	73.167±2.593a	113.107±4.893a
2.5	27.60±0.42a	80.833±10.135ab	86.094±34.438a
5.0	32.25±0.21c	100.833±25.220abc	84.764±22.018a
7.5	29.70±1.27abc	111.833±10.135c	107.784±20.700a
10.0	31.35±1.06bc	111.333±1.886c	90.885±17.501a

在柠檬酸和 EDTA 的影响下，实验组吊兰的 POD 活性表现为先显著低于空白组（CK），后随着柠檬酸和 EDTA 浓度的升高而有所上升，特别是 EDTA 调控下的吊兰 POD 活性呈现出明显的上升趋势，在 EDTA 浓度为 7.5mmol·L^{-1} 时达到最大值 111.833U·min^{-1}·g^{-1}，显著高于不添加 EDTA 时的 73.167U·min^{-1}·g^{-1}，活性提高了 52.846%。

实验组吊兰的 SOD 活性虽然随着柠檬酸和 EDTA 浓度的增加有一定的波动，但仍表现为低于空白组（CK），甚至高浓度处理组还低于未施加调节剂的组别。这是由于在受到胁迫时，SOD 的灵敏度较高，通常会首先发生变化（姜蕾等，2010）。因此在高浓度铜的胁迫下，吊兰的 SOD 活性整体上是受到抑制的，而且柠檬酸和 EDTA 对土壤中铜的活化可能还加重了这种抑制。

从以上分析可以得出，柠檬酸和 EDTA 对铜污染环境下吊兰抗氧化酶活性的影响主要体现在有利于 POD 活性的提高，且 EDTA 效果较好。

5.2.4　混施柠檬酸和 EDTA 对 Cu 污染土壤中吊兰生长的影响

5.2.4.1　混施柠檬酸和 EDTA 对土壤全铜和有效态铜含量的影响

螯合剂通过结合土壤中的金属离子，降低土壤液相中金属离子的浓度，使吸附在土壤颗粒表面上的金属离子为了维持固相与液相之间的动态平衡而解吸，由不溶态转化为可溶态，从而达到活化重金属的目的（李玉红等，2002）。单独施用柠檬酸和 EDTA 作为重金属的螯合剂时，其对土壤铜的活化效果均在浓度为 5mmol·L^{-1} 时达到最大，且柠檬酸的活化效果较强。混合施用时，土壤有效态铜在柠檬酸-EDTA 混施浓度为 5.0-5.0mmol·L^{-1} 时最小（图 5-11），为 206.7mmol·L^{-1}，显著低于柠檬酸或 EDTA 单施浓度为 5.0mmol·L^{-1} 时的铜含量。

这可能是由于在混施柠檬酸和 EDTA 时，二者同时与 Cu^{2+} 上的不同的配位键结合，形成了植物不易吸收的大分子螯合物，导致土壤中的有效态铜含量下降。可见，混施可能会抑制这两种螯合剂原有的活化效果。

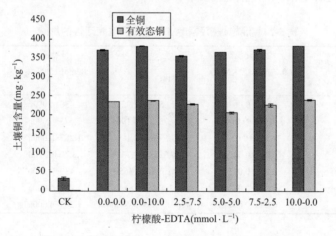

图 5-11　混施柠檬酸和 EDTA 对土壤铜含量的影响

5.2.4.2　混施柠檬酸和 EDTA 对土壤酶活性的影响

土壤酶活性的大小可以直接反映土壤中各种生物化学过程的强度和方向，并在一定程度上指示土壤环境状况的优劣。结合第 3 章 3.1 的讨论，除了蔗糖酶，另外三种土壤酶在单施柠檬酸或 EDTA 的条件下，活性均有所上升，且磷酸酶的敏感度较高。

由表 5-24 可知，除蔗糖酶以外，其他三种土壤酶的活性都在施加了螯合剂混合溶液后相对不添加螯合剂的组有所提高。因此可以初步推断，混施柠檬酸和

EDTA 对铜污染土壤的酶活性有一定的促进作用。

在混施柠檬酸和 EDTA 的条件下，过氧化氢酶和磷酸酶均在混施浓度为 0.0-10.0mmol·L^{-1} 时活性最大，可见 EDTA 对这两种土壤酶活性的促进效果较好。磷酸酶在 5.0-5.0mmol·L^{-1} 时的活性要高于柠檬酸或 EDTA 单施浓度为 5.0mmol·L^{-1} 时的磷酸酶活性，说明柠檬酸和 EDTA 之间的相互影响对磷酸酶活性可能有进一步的促进作用。

蔗糖酶活性在混施浓度为 5.0-5.0mmol·L^{-1} 时达到峰值 1.43mL·g^{-1}，在混施浓度为 0.0-10.0 和 10.0-0.0mmol·L^{-1} 时，酶活性最低，为 1.28mL·g^{-1}，与单施条件下蔗糖酶活性的差异并不显著，可见混施并没有促进柠檬酸和 EDTA 对蔗糖酶活性的调节效果。

脲酶活性的峰值是在混施浓度为 10.0-0.0mmol·L^{-1} 时出现的，在混施浓度为 2.5-7.5 和 5.0-5.0mmol·L^{-1} 时，脲酶活性明显低于柠檬酸单施浓度为 2.5 和 5.0mmol·L^{-1} 时的值。可见柠檬酸对脲酶活性的促进作用较强，且在 EDTA 的影响下，柠檬酸对脲酶活性的调节会受到一定的抑制。

表 5-24　混施柠檬酸和 EDTA 对土壤酶活性的影响

柠檬酸-EDTA 浓度 （mmol·L^{-1}）	过氧化氢酶 （0.02mol·L^{-1} KMnO$_4$, mL·g^{-1}）	磷酸酶 （P$_2$O$_5$,mg）	蔗糖酶 （0.02mol·L^{-1} NaS$_2$O$_3$, mL·g^{-1}）	脲酶 （NH$_3$-N,mg）
CK	0.288±0.007ab	7767.856±517.928d	1.430±0.000b	82.990±1.091c
0.0-0.0	0.203±0.014a	2979.732±230.190a	1.573±0.000c	40.038±0.545a
0.0-10.0	0.303±0.057b	5909.576±230.190c	1.287±0.000a	67.991±0.927b
2.5-7.5	0.248±0.049ab	4946.525±287.738b	1.359±0.101ab	66.873±1.745b
5.0-5.0	0.228±0.035ab	4390.398±38.365b	1.430±0.000b	82.335±1.472c
7.5-2.5	0.243±0.057ab	4512.475±95.913b	1.287±0.000a	117.576±1.036d
10.0-0.0	0.258±0.021ab	4580.295±575.476b	1.287±0.000a	127.100±7.089e

如表 5-25 所示，经 SPSS 软件的线性回归分析，在混施条件下，四种土壤酶的活性与 EDTA 的处理浓度存在一定的线性关系，与柠檬酸的处理浓度则不存在线性关系。说明在混施时，EDTA 的浓度变化对土壤酶活性的影响更为直接。

表 5-25　EDTA 处理浓度与土壤酶活性的线性回归分析

指标	回归方程	显著性水平
过氧化氢酶	$y=0.004x+0.237$	0.360
磷酸酶	$y=123.704x+4249.331$	0.111
蔗糖酶	$y=0.003x+1.316$	0.775
脲酶	$y=-6.757x+126.159$	0.015

5.2.4.3 混施柠檬酸和 EDTA 对土壤基本理化性质的影响

如表 5-26 所示，在混施条件下，电导率随着混施溶液中 EDTA 浓度的下降而显著减小，且明显高于不添加螯合剂组（0.0-0.0mmol·L^{-1}）的电导率。由表 5-27 可知，电导率变化与 EDTA 的处理浓度呈极显著线性关系。这主要是由于添加的 EDTA 为乙二胺四乙酸二钠，分子本身含有两个 Na$^+$，因此 EDTA 浓度的升高会使土壤溶液的电导率显著增大。

土壤的氧化还原电位和pH在混施条件下并没有发生具有统计学差异的变化，可见混施浓度的变化对土壤的氧化性和酸碱度影响不大。

表 5-26　混施柠檬酸和 EDTA 对土壤基本理化性质的影响

柠檬酸-EDTA 浓度（mmol·L^{-1}）	电导率（μS·cm^{-1}）	氧化还原电位（mV）	pH
CK	77.850±0.071a	152.000±1.414a	4.835±0.007b
0.0-0.0	126.600±0.566b	153.500±2.121a	4.810±0.028b
0.0-10.0	211.000±0.000g	167.000±4.243b	4.530±0.071a
2.5-7.5	183.000±2.828f	167.500±3.536b	4.590±0.042a
5.0-5.0	180.000±0.000e	166.500±0.707b	4.585±0.007a
7.5-2.5	150.000±1.414d	170.000±2.828b	4.550±0.042a
10.0-0.0	133.400±0.283c	167.500±0.707b	4.560±0.014a

表 5-27　EDTA 处理浓度与土壤基本理化性质的线性回归分析

指标	回归方程	显著性水平
电导率	$y=7.528x+133.84$	0.003[**]
氧化还原电位	$y=-0.14x+168.4$	0.493
pH	$y=4.567$	0.839

5.2.5　混施柠檬酸和 EDTA 条件下吊兰对土壤 Cu 污染的耐性与富集特性

5.2.5.1 混施柠檬酸和 EDTA 对吊兰铜富集量的影响

螯合剂能够通过螯合作用而使土壤固态重金属释放出来，增加其移动性（Fischer and Bipp，2002），影响土壤对重金属的吸附，因而，其对重金属的环境行为影响深刻（张维碟等，2003）。柠檬酸和 EDTA 在对土壤铜的活化上存在一定的拮抗作用，在混施浓度为 5.0-5.0mmol·L^{-1} 时土壤有效态铜的含量最低。然而，如图 5-12 所示，吊兰地下部分和地上部分的铜富集量在柠檬酸和 EDTA 的混施浓度为 5.0-5.0mmol·L^{-1} 时达到最大值，分别为 1389.313 和 165.063mg·kg^{-1}。可见，柠檬酸和 EDTA 的混合溶液虽然因为二者间的相互影响而降低了对铜的活化效果，却能够在一定程度上促进吊兰对土壤铜的吸收。

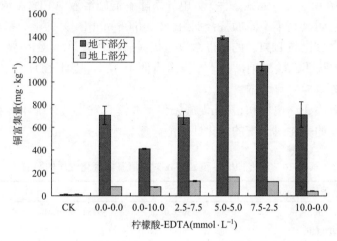

图 5-12　混施柠檬酸和 EDTA 对吊兰铜富集量的影响

如表 5-28 所示，经 SPSS 分析，吊兰的铜富集量与混施溶液中 EDTA 的处理浓度存在线性关系，与柠檬酸的处理浓度则不存在线性关系，且从回归方程的系数上看，地下部分的富集量与 EDTA 的关系更为紧密，为负相关。

表 5-28　EDTA 处理浓度与吊兰铜富集量的线性回归分析

指标	回归方程
地下部分	$y=-42.087x+1078.2$
地上部分	$y=3.115x+90.6$

5.2.5.2　混施柠檬酸和 EDTA 对吊兰形态学指标的影响

如表 5-29 所示，吊兰的根长和株高都在柠檬酸和 EDTA 的混施浓度为 10.0-0.0 mmol·L^{-1} 时达到最大值，且分别超过 CK 组的水平 8.937% 和 29.689%。可见，柠檬酸对吊兰形态学指标有一定的促进作用。

植物的根系相对其他部位对重金属较为敏感。在柠檬酸和 EDTA 的混施条件下，吊兰地下部分的铜富集量在混施浓度为 5.0-5.0mmol·L^{-1} 时最大。由表 5-29 可知，吊兰的根长在混施浓度为 5.0-5.0mmol·L^{-1} 时最小，但与其他组的根长水平并不存在统计学差异。这说明在柠檬酸和 EDTA 的影响下，吊兰的地下部分富集量虽然发生了变化，但根系的长度却基本保持了稳定，在一定程度上反映了吊兰对铜的耐性。

表 5-29 混施柠檬酸和 EDTA 对吊兰形态学指标的影响

柠檬酸-EDTA 浓度（mmol·L^{-1}）	根长（cm）	耐性指数（%）	株高（cm）
CK	13.800±2.719a	100.000	15.100±2.080a
0.0-0.0	12.767±2.709a	92.512	14.033±2.119a
0.0-10.0	11.350±5.076a	82.246	14.667±2.541a
2.5-7.5	12.550±2.923a	90.942	16.383±4.108ab
5.0-5.0	11.350±4.357a	82.246	13.650±3.949a
7.5-2.5	12.850±4.425a	93.116	12.833±3.182a
10.0-0.0	15.033±2.438a	108.937	19.583±2.969b

如表 5-30 所示，在混施条件下，吊兰的形态学指标与 EDTA 的处理浓度存在线性关系。从系数上看，二者为负相关，且根长与 EDTA 的关系较大。

表 5-30 EDTA 处理浓度与吊兰形态学指标的线性回归分析

指标	回归方程
根长	$y=-0.307x+14.16$
株高	$y=-0.251x+16.68$

5.2.5.3 混施柠檬酸和 EDTA 对吊兰生物量的影响

生物量是反映植物生长状况的一个重要指标，同时也是选择环境修复植物的一个重要标准。如图 5-13 所示，柠檬酸和 EDTA 的混施浓度为 5.0-5.0mmol·L^{-1} 时，吊兰地下部分和地上部分的鲜重最小，分别比不添加螯合剂的组（0.0-0.0mmol·L^{-1}）下降了 41.552% 和 7.525%。这与 2.1 部分中吊兰富集量的变化趋势基本相反，可见柠檬酸和 EDTA 的混合溶液在促进吊兰吸收土壤铜的同时，对吊兰的生物量产生了一定的抑制。

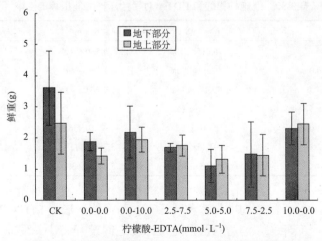

图 5-13 混施柠檬酸和 EDTA 对吊兰生物量的影响

如表 5-31 所示,吊兰的地下部分和地上部分鲜重与混施溶液中 EDTA 的处理浓度存在不显著的线性关系,与柠檬酸的处理浓度不存在线性关系。可见两种螯合剂的浓度变化对吊兰的生物量没有产生直接的影响。

表 5-31　EDTA 处理浓度与吊兰生物量的线性回归分析

指标	回归方程
地下部分鲜重	$y = -0.001x + 1.755$
地上部分鲜重	$y = -0.028x + 1.919$

5.2.5.4　混施柠檬酸和 EDTA 对吊兰几种生理指标的影响

植物在逆境中受到胁迫时,会产生大量的自由基,从而使细胞膜因发生氧化损伤而通透性增大,电导率升高。因此,电导率是检测植物叶片受损程度以及植物耐受性的一个重要指标。叶绿素是植物进行光合作用的主要色素,叶绿素含量的大小能够直接反映植物光合作用的强度,叶绿素含量低,光合作用弱,会导致生物量降低。

如表 5-32 所示,在柠檬酸和 EDTA 的混施浓度为 5.0-5.0mmol·L^{-1} 时电导率达到最大值,高于不添加螯合剂的组(0.0-0.0mmol·L^{-1})。电导率的变化与前文中混施螯合剂对吊兰富集量的影响趋势基本相反。此外,叶绿素 a 和叶绿素 b 含量在混施浓度为 2.5-7.5mmol·L^{-1} 时最小,且二者在混施浓度为 0.0-10.0 和 10.0-0.0mmol·L^{-1} 时含量均超过 CK 组的水平。因此,可以初步判断,混施螯合剂对吊兰富集作用的促进,间接影响了吊兰叶片的生理状态。

表 5-32　混施柠檬酸和 EDTA 对吊兰几种生理指标的影响

柠檬酸-EDTA 浓度(mmol·L^{-1})	电导率(μS·cm^{-1})	叶绿素 a(mg·L^{-1})	叶绿素 b(mg·L^{-1})
CK	60.15±2.19a	4.765±0.696ab	1.776±0.302bc
0.0-0.0	93.00±5.80ab	4.169±0.449a	1.250±0.207ab
0.0-10.0	73.70±4.38ab	5.928±0.149b	1.973±0.054bc
2.5-7.5	92.75±6.15ab	3.447±0.224a	0.968±0.073a
5.0-5.0	108.80±21.21b	4.991±0.936ab	1.715±0.462abc
7.5-2.5	107.45±32.46b	3.764±1.023a	1.224±0.522ab
10.0-0.0	81.05±2.05ab	5.766±0.639b	2.317±0.276c

由表 5-33 可知,吊兰的电导率和叶绿素 b 与混施溶液中 EDTA 的处理浓度存在线性关系,呈负相关,与柠檬酸的处理浓度之间没有线性关系。

表 5-33　EDTA 处理浓度与吊兰几种生理指标的线性回归分析

指标	回归方程
电导率	$y=-1.176x+98.63$
叶绿素 a	—
叶绿素 b	$y=-0.038x+1.828$

5.2.5.5　混施柠檬酸和 EDTA 对吊兰叶片抗氧化酶活性的影响

如表 5-34 所示，吊兰的 CAT 活性在柠檬酸和 EDTA 的混施浓度为 0.0-10.0 和 10.0-0.0mmol·L^{-1} 时高于 CK 组，在其他混施浓度下的活性则低于不添加螯合剂的组（0.0-0.0mmol·L^{-1}），但差异均不显著。可见，混施螯合剂对过氧化氢酶的活性的影响不大。

在混施柠檬酸和 EDTA 时，吊兰的 POD 活性均高于不添加螯合剂的组（0.0-0.0 mmol·L^{-1}）。且在混施浓度为 0.0-10.0 和 7.5-2.5mmol·L^{-1} 时，POD 活性还超过了 CK 组的水平。可以判断，混施螯合剂可以在一定程度上促进铜污染土壤中吊兰 POD 的活性。

吊兰的 SOD 活性在混施柠檬酸和 EDTA 的影响下，均低于不添加螯合剂的组（0.0-0.0mmol·L^{-1}），在混施浓度为 7.5-2.5mmol·L^{-1} 时仅为 0.0-0.0mmol·L^{-1} 组的 36.118%。因此，可以推断施加柠檬酸和 EDTA 混合溶液对铜污染土壤中吊兰的 SOD 活性会产生进一步的抑制。

总之，在铜污染条件下，吊兰的抗氧化酶对混合螯合剂的灵敏度为 SOD>POD>CAT。

表 5-34　混施柠檬酸和 EDTA 对吊兰抗氧化酶活性的影响

柠檬酸-EDTA (mmol·L^{-1})	CAT (0.02mol·L^{-1}KMnO$_4$,mL·g^{-1})	POD (U·min^{-1}·g^{-1})	SOD (U·g^{-1})
CK	28.80±0.42ab	108.333±5.657b	130.938±2.258d
0.0-0.0	28.95±2.33ab	73.167±2.593a	113.107±4.893cd
0.0-10.0	31.35±1.06b	111.333±1.886b	90.885±17.501bc
2.5-7.5	27.15±2.76ab	86.167±28.520ab	72.522±25.405ab
5.0-5.0	22.65±6.15a	94.500±2.593ab	86.094±9.597bc
7.5-2.5	22.95±0.21a	111.500±7.778b	40.852±25.781a
10.0-0.0	31.05±1.06b	92.167±9.192ab	83.699±14.114bc

如表 5-35 所示，经过线性回归分析，吊兰的抗氧化酶活性与螯合剂混施溶液中 EDTA 的浓度存在线性关系，且为正相关。从回归方程的系数上看，三种酶的

活性与 EDTA 处理浓度的关系大小也为 SOD>POD>CAT。

表 5-35　EDTA 处理浓度与吊兰抗氧化酶活性的线性回归分析

指标	回归方程
CAT	$y=0.192x+26.07$
POD	$y=0.52x+96.534$
SOD	$y=1.842x+65.602$

5.3　吊兰对土壤 Zn 污染的耐性与修复特性

锌是动物、植物生长发育所必需的微量营养元素之一，其在调节人体免疫功能、维持机体正常生理机能、促进儿童的生长发育、治疗厌食及营养不良等方面具有重要的作用（Chang et al., 2009；Ho，2004）。同时，它还能参与植物碳水化合物转化、促进各类酶的合成、改善作物品质等（Marschner，1995；房蓓等，2004）。但是，当土壤被锌污染后，过高浓度的锌会对动植物造成一定的危害，过量的锌会损坏植物根系，阻碍植物对水分和养分的吸收，抑制植物生长（宋玉芳等，2002）。高浓度的锌被植物吸收会导致作物减产，严重时造成绝收，失去自然生产力。粮食及蔬菜是人们日常生活中必不可少的食物，污染土壤中的锌离子通过土壤－粮食－人和土壤－蔬菜－人食物链的积累、迁移和传递，最终给人体健康带来严重的威胁。所以我们要保证土壤的质量和农产品的食用安全，以确保人类的健康（王云，魏复盛，1995）。

我国土壤中的锌含量一般为 $3\sim790\,\text{mg·kg}^{-1}$（均值为 $100\,\text{mg·kg}^{-1}$），比世界土壤的平均含锌量高出 1 倍（刘铮，1994）。城市化过程中大量重金属元素的工业"三废"、机动车废气和生活垃圾的排放，造成城市土壤锌含量大都超过了环境质量标准。受污水、污泥以及含锌肥料等的影响，部分农业土壤出现了不同程度的锌超标现象；受汽车尾气、轮胎和机械部件磨损污染物、含锌燃料的泄漏、粉尘以及工程施工等方面影响，公路沿线土壤大部分也受到锌污染；受交通运输、旅游开发以及人类带来的废弃物等影响，甚至一些自然保护区也受到了锌的污染（陈玉真等，2012）。由于土壤锌污染具有累积性和不可逆转性，一旦污染发生，仅仅靠切断污染源的方法很难恢复，治理污染土壤的成本高、周期长。因此，近年来土壤-植物系统的锌污染治理一直是土壤和环境科学家的研究重点。吊兰对重金属具有较好的耐性与积累特性，本书选取吊兰进行锌胁迫下的盆栽试验，研究吊兰根际土壤、非根际土壤以及空白组土壤中的微生物数量、土壤酶活性及土壤化学性质，为利用吊兰进行锌污染土壤的植物修复提供参考。

5.3.1　研究设计

植物材料、栽培土壤、样品分析和数据处理同 5.1.1。

栽培试验。采用直径为 12.5cm 的塑料花盆，每盆装土 250g，在前期半致死浓度研究的基础上，向土壤中一次性加入 $Zn(Ac)_2 \cdot 2H_2O$ 溶液，使土壤含 Zn 量为 200、400、600、800、1000、1500 和 2000mg·kg^{-1}（以 Zn^{2+}计），以不添加锌的土壤为空白组（CK），充分混匀，稳定 2 周后，每盆栽种 2 株吊兰作为栽种植物的实验组，另设不栽种植物的空白对照组。以上所有处理，均设置 3 个重复。保持土壤湿润，栽培 90 天后取样分析（陶洁敏，2012）。

5.3.2　吊兰对重金属 Zn 的耐性和积累特性的研究

5.3.2.1　Zn 对吊兰生长指标的影响

在 2000mg·kg^{-1} 的 Zn 胁迫下，吊兰均能存活，其中，低浓度的 Zn 处理，对吊兰生长有一定的促进作用（表 5-36），吊兰株高和根体积分别在 400 和 200mg·kg^{-1} Zn 胁迫下达到最大值，分别为对照组的 1.16 和 1.53 倍。在 Zn 浓度达到 600mg·kg^{-1} 时，吊兰对 Zn 的耐性指数仍然高于 50，说明吊兰对土壤 Zn 胁迫具有良好的耐性。在试验所测的所有生长指标中，Zn 胁迫对吊兰根生长的毒害作用最明显，尤其是在最高 2000mg·kg^{-1} Zn 浓度下，吊兰的根受害严重，表明吊兰的根比吊兰地上部分对 Zn 胁迫更敏感。这和根时植物直接接触土壤污染物，是最直接的受害部位有关。

表 5-36　Zn 对吊兰生长的影响

Zn 浓度(mg·kg^{-1})	根长（cm）	株高（cm）	根体积（m^3）	鲜重（g·株$^{-1}$）	干重（g·株$^{-1}$）	耐性指数（%）
CK	13.21±0.68	17.54±1.10	2.72±0.48	5.37±3.52	0.46±0.03	100
200	10.65±0.82	17.81±2.91	4.15±0.40	4.37±0.72	0.36±0.02	80.62
400	8.68±1.65	20.31±1.89	2.90±0.41	3.32±0.32	0.27±0.02	65.71
600	6.98±0.43	15.57±4.54	1.90±0.44	2.64±0.47	0.24±0.01	52.82
800	5.67±1.78	15.04±1.36	1.32±0.26	2.50±0.22	0.23±0.01	42.92
1000	5.49±1.84	15.08±1.30	1.30±0.65	2.28±0.50	0.21±0.02	41.56
1500	5.24±0.72	14.78±2.00	1.50±0.26	2.39±0.53	0.22±0.02	39.67
2000	1.94±0.28	14.16±1.38	1.00±0.23	1.91±0.44	0.17±0.01	14.69

5.3.2.2　Zn 对吊兰生理生化指标的影响

在重金属胁迫的环境下，随着植物对重金属的吸收和积累，植物将表现出显著的生理变化，Zn 胁迫对吊兰叶绿素产生了重要的影响（表 5-37），叶绿素 a、b 的含量均在相对较低的 Zn 浓度时上升，在土壤 Zn 浓度达到 600mg·kg^{-1} 时达到最大值，分别为对照组的 1.31 和 1.39 倍。随着土壤 Zn 浓度的继续增加，吊兰叶绿素 a、b 的含量均开始下降，在 Zn 处理浓度达到 2000mg·kg^{-1} 时，叶绿素 a、b 的含量仅为对照组的 51.28% 和 30.09%。同时，随着 Zn 浓度的上升，叶绿素 a/b 的值有一定的上升。以上的这些研究结果表明，吊兰叶片叶绿素 b 比叶绿素 a 对高浓度的 Zn 胁迫更敏感。

生物有机体在生长过程中，特别是在衰老或受到环境胁迫条件下，会产生各种自由基，这些自由基能攻击生物膜中的多不饱和脂肪酸，引发脂质过氧化作用，并因此形成脂质过氧化物，形成醛基（如 MDA）、酮基、羟基、羧基、氢过氧基或内过氧基，以及新的氧自由基。$O_2^{·-}$ 为生物体内重要的生物自由基，$O_2^{·-}$ 的产生，能够使细胞受到不同程度的损伤，导致细胞出现膜脂过氧化现象，出现 MDA 等物质的积累，进而加剧细胞膜损伤程度。表 5-37 表明，$O_2^{·-}$ 产生速率和 MDA 含量随着土壤中 Zn 浓度的增高呈现不断上升趋势。在 Zn 处理浓度达到 2000mg·kg^{-1} 时，$O_2^{·-}$ 产生速率和 MDA 含量达到最大值，分别为对照组的 3.92 和 6.20 倍。这一现象表明高浓度的 Zn 使吊兰的细胞膜受到了较为严重的伤害。

SOD、POD 和 CAT 是植物适应多种逆境胁迫的重要酶类，属于植物保护酶系统。SOD 是保护细胞抵抗过氧化的关键酶。SOD 的作用是把 $O_2^{·-}$ 分解成 H_2O_2 和 O_2，POD 和 CAT 能够将 H_2O_2 等分解成 H_2O 和 O_2，从而解除自由基对生物的伤害。在抵制自由基产生及其在植物体内积累的过程中，只有这三种酶彼此协调相互作用，才能使植物保持正常的生活。在植物体内有三种类型的 SOD：Mn-SOD、Fe-SOD 和 Cu/Zn-SOD，其中 Fe-SOD 和 Cu/Zn-SOD 都对 H_2O_2 非常敏感，而且过量的 Zn 能够抑制植物对 Cu、Mn、Fe 等离子的吸收，从而影响了含有这些离子的同工酶的活性，过量的 Zn 也能够造成 SOD 同工酶失去活性。本研究中，各处理组吊兰叶片中 CAT 活性均高于空白对照组（表 5-37），且在 Zn 浓度达到 200mg·kg^{-1} 时达到最大值，为对照组的 1.18 倍。低浓度的 Zn 促进 POD 活性，高浓度的 Zn 抑制 POD 活性。在 Zn 浓度为 600mg·kg^{-1} 胁迫下，POD 的活性达到最大值，为对照组的 9.01 倍。SOD 活性则随着 Zn 处理浓度的增加，呈不断下降趋势。在 Zn 处理浓度达到 2000mg·kg^{-1} 时，SOD、POD 达到最小值，分别为对照组的 19.62%、46.15%。这表明吊兰叶片 POD 和 SOD 是对 Zn 胁迫相对敏感的保护酶，在较高浓度的 Zn 胁迫情况下，CAT 在保护吊兰不受重金属 Zn 毒害中起着非常重要的作用。SOD 活性在达到 2000mg·kg^{-1} 的 Zn 胁迫时变得非常低，这也就解释了为什么吊兰体内的 $O_2^{·-}$ 产生速率和 MDA 含量在土壤 Zn 浓度达到 2000mg·kg^{-1} 时显著上升。

表 5-37　Zn 对吊兰体内生理生化指标的影响

Zn 浓度 (mg·kg⁻¹)	叶绿素a 含量 (mg·g⁻¹FW)	叶绿素b 含量（mg·g⁻¹ FW）	叶绿素 a/b	O₂⁻产生速率（μmol·g⁻¹ FW·min⁻¹）	MDA 含量（μmol·g⁻¹ FW）	SOD 活性 (U·g⁻¹FW)	POD 活性（U·g⁻¹ FW）	CAT 活性（U·g⁻¹ FW）
CK	15.97±2.47	11.83±1.95	1.35±0.10	1.01±0.16	0.20±0.53	4.79±0.40	11.00±0.19	4.95±0.72
200	17.82±1.99	13.20±0.74	1.35±0.10	1.21±0.12	0.42±0.02	3.87±0.98	11.33±0.11	5.85±0.69
400	18.60±1.94	13.44±0.61	1.38±0.09	1.57±0.12	0.78±0.11	1.74±0.10	32.56±2.71	5.16±0.01
600	20.89±1.27	16.45±0.63	1.27±0.09	1.93±0.13	0.84±0.05	1.48±0.49	99.20±5.95	5.19±0.45
800	19.12±1.97	10.28±0.47	1.86±0.08	2.19±0.08	0.68±0.10	1.39±0.58	43.00±1.90	5.07±0.20
1000	18.12±2.15	8.47±0.24	2.14.±0.12	3.28±0.11	0.81±0.31	1.23±0.51	41.50±1.44	5.65±0.48
1500	8.87±2.09	4.07±0.02	2.18±0.08	3.46±0.07	0.99±0.01	1.21±0.11	30.35±1.15	5.83±0.018
2000	8.19±2.30	3.56±0.36	2.30±0.08	3.96±0.08	1.24±0.01	0.94±0.07	6.00 ±0.42	5.78±0.018

5.3.2.3　Zn 在吊兰体内的积累和分布

植物对重金属的吸收和分布情况是耐性物种选择的一个重要指标。从表 5-38 可以看出，随着土壤 Zn 浓度的上升，吊兰的根和地上部分中的 Zn 积累不断升高，转运系数也不断增大，并且所有处理组中，吊兰对 Zn 的转运系数均大于 1。在浓度 2000mg·kg⁻¹ 的 Zn 胁迫下，转运系数达到最大值 4.30，这一数值是空白对照组的 4.73 倍，说明吊兰吸收的 Zn 主要被运送到了地上部分。大量的 Zn 被转运到地上部分，必然对吊兰的生长产生更多的伤害，这和前文关于 SOD 等的研究结果一致。

表 5-38　Zn 在吊兰体内的吸收和转运

Zn 浓度 (mg·kg⁻¹)	根中 Zn 含量（mg·kg⁻¹）	地上部分 Zn 含量（mg·kg⁻¹）	富集系数 根	富集系数 地上部分	转运系数
CK	153.44±10.20	139.56±11.15	1.93	1.76	0.91
200	691.88±21.05	1175.52±75.87	3.46	5.88	1.70
400	688.13±41.60	1183.75±16.39	1.72	2.96	1.72
600	1000.00±77.76	2845.00±252.54	1.67	4.74	2.85
800	1184.38±56.44	3553.75±390.22	1.48	4.44	3.00
1000	1285.00±61.10	3640.62±192.74	1.29	3.64	2.83
1500	1348.75±78.73	3448.75±285.94	0.90	2.30	2.56
2000	1093.75±32.53	4700.63±340.05	0.55	2.35	4.30

5.3.3 吊兰生长对重金属 Zn 污染土壤修复的影响

5.3.3.1 吊兰生长对 Zn 污染土壤酶活性的影响

锌污染对土壤过氧化氢酶、蔗糖酶、脲酶和磷酸酶活性的影响分别如图 5-14 所示。随着锌浓度的增加，对照组土壤过氧化氢酶和磷酸酶活性均随之降低，在锌浓度为 2000mg·kg^{-1} 时过氧化氢酶和磷酸酶活性仅为空白组的 81.333% 和 43.466%，实验组的这 2 种土壤酶活性也随着土壤锌浓度的增大而降低，变化趋势与对照组相同，在锌浓度为 2000mg·kg^{-1} 时过氧化氢酶和磷酸酶活性分别为空白组的 73.077% 和 43.864%，说明锌污染对土壤过氧化氢酶和磷酸酶活性具有一定的抑制作用。在本实验中所设置的 8 个锌浓度中，实验组和对照组的土壤脲酶活性均在土壤锌浓度为 200mg·kg^{-1} 时到达最高值，分别为空白组的 1.009 和 1.060 倍，当锌浓度高于 200mg·kg^{-1} 时，土壤脲酶活性随着锌浓度的增大而降低，这说明较低浓度的锌污染能一定程度的促进土壤脲酶的活性，而较高浓度的锌则会降低土壤脲酶的活性。当土壤锌浓度达到 400mg·kg^{-1} 时，实验组的土壤蔗糖酶活性达到最高值 2.753mL·g^{-1}，为空白组酶活性的 1.071 倍，锌浓度低于 400mg·kg^{-1} 时实

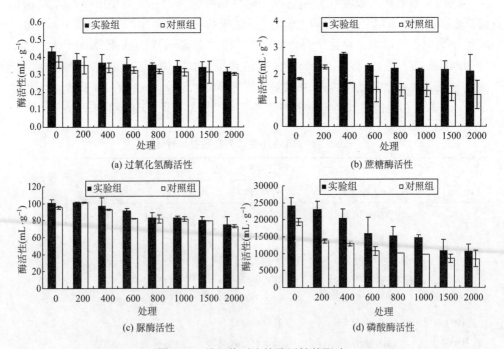

图 5-14　锌污染对土壤酶活性的影响

验组的蔗糖酶活性随着锌浓度的增大而提高，高于 $400mg \cdot kg^{-1}$ 时酶活性随着锌浓度的增大而降低，而对照组的土壤蔗糖酶活性在土壤锌浓度为 $200mg \cdot kg^{-1}$ 时达到最高值，当浓度低于 $200mg \cdot kg^{-1}$ 时随着浓度的升高而升高，高于 $200mg \cdot kg^{-1}$ 时则随着浓度的升高而酶活性降低，这说明较低浓度的锌污染胁迫对土壤蔗糖酶活性具有一定的促进作用，而高浓度的锌胁迫则对土壤蔗糖酶活性具有一定的抑制作用。

将 4 种土壤酶活性与土壤锌浓度之间做曲线回归分析（见表 5-39），土壤酶活性和土壤锌浓度之间呈抛物线关系，曲线回归方程 x^2 前系数为负数，即曲线的开口向下，由于过氧化氢酶和磷酸酶活性随着锌浓度的增加而降低，在做曲线回归分析时过氧化氢酶活性与磷酸酶活性和土壤锌浓度之间没有得到合适的回归曲线。在对照组中，由曲线回归方程分析可知，土壤蔗糖酶活性达到最高值时锌添加浓度为 $206.250mg \cdot kg^{-1}$，达到最大脲酶活性的土壤锌浓度为 $183.035mg \cdot kg^{-1}$，在实验组中，由曲线回归方程分析可知，土壤蔗糖酶活性达到最高值时土壤锌浓度为 $270.167mg \cdot kg^{-1}$，达到最大脲酶活性的土壤锌浓度为 $145.125mg \cdot kg^{-1}$。将实验组和对照组的 4 种土壤酶活性分别与土壤锌浓度进行相关性分析，发现对照组的过氧化氢酶、脲酶以及实验组的过氧化氢酶、脲酶和磷酸酶均与土壤锌浓度呈极显著相关性，而对照组的蔗糖酶活性、磷酸酶活性和实验组的蔗糖酶活性与土壤锌浓度均呈显著相关性。

表 5-39　土壤酶活性与土壤锌添加浓度之间的关系

处理组	因变量	回归方程	R^2	相关性
对照组	过氧化氢酶	—	—	−0.883**
	蔗糖酶	$y=-0.000004x^2+0.001650x+1.88590$	0.742	−0.787*
	脲酶	$y=-0.000173x^2+0.063330x+95.2510$	0.790**	−0.888**
	磷酸酶	—	—	−0.831*
实验组	过氧化氢酶	—	—	−0.888**
	蔗糖酶	$y=-0.000003x^2+0.001621x+2.54225$	0.854	−0.818*
	脲酶	$y=-0.00006x^2+0.017415x+100.341$	0.995**	−0.945**
	磷酸酶	—	—	−0.940**

从图 5-14 中可看出实验组的 4 种土壤酶活性明显比对照组中的 4 种土壤酶活性高，在锌浓度为 $2000mg \cdot kg^{-1}$ 时，实验组的土壤过氧化氢酶、蔗糖酶、脲酶和磷酸酶活性分别比对照组提高了 3.825%、73.622%、2.637% 和 25.927%，这说明种植吊兰能一定程度地有效降低锌污染胁迫对土壤酶活性的抑制作用，其原因可能是植物会吸收和活化土壤中的重金属类物质，使本实验土壤中的锌含量降低，

生态毒性减弱，而且植物在生长过程中会向土壤中不停地分泌各种无机物、有机物和生长激素等，促进土壤中微生物的生长发育，提高土壤微生物的种类和数目，导致土壤中的土壤酶含量增加，因此增加了土壤的酶活性。因此，可以说，吊兰对锌污染胁迫的土壤具有一定的修复作用。

5.3.3.2　吊兰生长对锌污染土壤化学性质的影响

图 5-15 显示了锌污染对土壤 pH、电导率、氧化还原电位和有机质含量的影响。从图中可看出，随着土壤锌浓度的递增，实验组和对照组的土壤 pH、电导率和氧化还原电位也随之增加，且土壤 pH、电导率和氧化还原电位均与土壤锌浓度之间呈极显著的相关性（表 5-40），在土壤锌浓度为 2000mg·kg^{-1} 时，对照组的土壤 pH、电导率、氧化还原电位分别从 4.775、107.500μS·cm^{-1}、−150mV 增大到 5.385、151.000μS·cm^{-1}、−123mV，而实验组的土壤 pH、电导率、氧化还原电位分别从 4.660、76.000μS·cm^{-1}、−154mV 增大到 5.140、143.333μS·cm^{-1}、−128mV，这可能是因为实验中添加的锌是以醋酸盐的形式加入土壤，而醋酸盐水解使土壤的 pH 随着土壤中锌添加量的增加而增加，同时增大了土壤的电导率和氧化还原

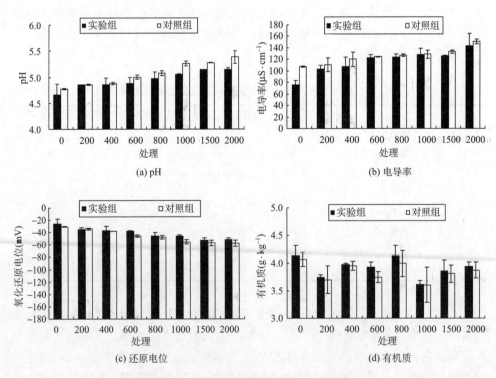

图 5-15　锌污染对土壤化学性质的影响

电位。土壤中的有机质是微生物的营养源和能源，矿物质、微生物和土壤酶等可以固定在有机质上，它能直接为植物营养提供养分，在本实验中，土壤中添加锌时土壤中的有机质含量比不添加外源锌的空白组的有机质含量低，有机质含量与土壤锌添加量之间相关性不显著（表 5-41）。

表 5-40 土壤化学性质与土壤锌浓度之间的相关性分析

指标	pH	电导率	氧化还原电位	有机质
实验组	0.932**	0.873**	0.940*	−0.206
对照组	0.962**	0.972**	0.922**	−0.202

表 5-41 实验组与对照组土壤化学性质的配对 T 检验

指标	pH	电导率	氧化还原电位	有机质
T	−3.945**	−2.603*	−4.277**	3.669**

土壤的物理化学性质是衡量土壤生物学活性、生产力大小和土壤肥力的指标之一，土壤的温度、湿度，重金属的种类、形态、大小，土壤的机械组成和土壤的 pH、电导率、有机质含量均可以影响土壤中的土壤酶活性，进而对土壤质量和肥力产生影响。将实验组的土壤化学性质与对照组的化学性质进行比较（表 5-41），实验组的土壤 pH、电导率和氧化还原电位均显著低于对照组的 pH、电导率和氧化还原电位（实验组和对照组的 pH、氧化还原电位之间差异性极显著），这是因为吊兰吸收了部分的重金属，从而减低了实验组土壤中的重金属含量，而实验组的有机质含量高于对照组的有机质含量，且它们之间差异性极显著。说明种植吊兰对重金属锌污染土壤质量具有一定的改善作用，可为修复锌污染土壤提供一定的参考意见。

5.3.3.3 吊兰生长对土壤锌总量和有效态锌含量的影响

将添加外源锌的实验组和对照组土壤中的土壤锌总含量和有效态锌的含量记录于表 5-42。在相同的外源添加锌浓度下，实验组的土壤锌总含量和有效态锌含量均小于对照组的土壤锌总含量和有效态锌含量，且实验组和对照组之间差异性显著（表 5-43）。在锌含量为 $0\sim2000\text{mg}\cdot\text{kg}^{-1}$ 时，实验组的有效态锌含量比对照组的有效态锌含量分别减少了 0.550、3.583、2.917、12.500、8.583、36.333、10.083 和 $11.167\text{mg}\cdot\text{kg}^{-1}$，而实验组的锌总量比对照组的锌总量分别减少了 2.500、0.333、18.667、12.667、4.333、28.000、38.667 和 $46.667\text{mg}\cdot\text{kg}^{-1}$。在锌浓度为 $2000\text{mg}\cdot\text{kg}^{-1}$ 时，实验组的土壤锌总量比对照组的土壤锌总量低 2.965%，而实验组的土壤有效态锌含量比对照组的有效态锌含量低 0.764%。这些说明吊兰的种植在一定程度上降低了土壤中重金属锌的含量，吊兰可有效修复被重金属锌污染的土壤。

表 5-42　锌污染对土壤锌总量和有效态锌含量的影响

处理组	处理	有效态锌含量（mg·kg⁻¹）	重金属锌总量（mg·kg⁻¹）
对照组	CK	6.080±0.127a	79.500±9.192a
	200	134.975±8.839b	193.000±4.243b
	400	281.475±3.889c	344.000±16.971c
	600	443.225±6.364d	450.000±19.799d
	800	571.975±0.354e	593.000±74.953e
	1000	769.225±8.485f	846.000±84.853f
	1500	1060.475±10.960g	1194.000±107.480g
	2000	1461.725±130.815h	1574.000±152.735h
实验组	CK	5.530±0.145a	77.000±6.083a
	200	131.392±4.072b	192.667±12.055b
	400	278.558±8.607c	325.333±4.619c
	600	430.725±10.828d	437.333±21.939d
	800	563.392±9.648e	588.667±26.407e
	1000	732.892±31.786f	818.000±38.158f
	1500	1050.392±80.855g	1155.333±16.166g
	2000	1450.558±76.514h	1527.333±44.061h

表 5-43　实验组与对照组土壤锌总量和有效态锌含量的配对 T 检验

指标	有效态锌	锌总量
T	−2.703*	−3.092*

将土壤全锌、土壤有效态锌含量与 4 种土壤酶活性作相关性分析（见表 5-44）可见，实验组和对照组的土壤有效态锌含量与 4 种土壤酶活性的相关系数均大于土壤全锌含量与 4 种土壤酶活性的相关系数。这是由于重金属总量中大部分是固定在土壤矿物晶层中，或生成难溶化合物，或与土壤有机质络合的，很难立即释放出来，对作物生长的根际环境和植物吸收无影响；而有效态重金属指的是容易被植物吸收的水溶态和交换态重金属，有效态重金属含量与土壤理化性质、植物生长情况等因素相关，直接影响植物的生长，进而影响到土壤重金属形态的转化（陈有鉴等，2003），它与土壤酶一样，对土壤环境变化反应比较敏感，可指示土壤环境变化情况（尹君等，1999），说明重金属的生物毒性和积累的能力主要取决于其形式。

表 5-44　土壤全锌含量和有效态锌含量与土壤酶活性的相关分析

处理	相关性	过氧化氢酶	蔗糖酶	脲酶	磷酸酶
实验组	全锌	-0.868^{**}	-0.811^{*}	-0.938^{**}	-0.925^{**}
	有效态锌	-0.886^{**}	-0.820^{*}	-0.946^{**}	-0.936^{**}
对照组	全锌	-0.862^{**}	-0.774^{*}	-0.872^{**}	-0.805^{*}
	有效态锌	-0.887^{**}	-0.793^{*}	-0.895^{**}	-0.829^{*}

5.4　吊兰对土壤 Pb 污染的耐性与修复特性

铅是一类典型的对生态系统产生不良效应的重金属毒素，主要作为无机污染物存在于土壤中（梁奇峰等，2003）。据报道，土壤中铅的浓度一般在 2～200mg·kg^{-1}，而公路两旁受污染的土壤铅的含量高达 700～800mg·kg^{-1}（周启星等，2004），与其他污染物相比，铅具有累积性、难降解性和隐蔽性三大特征。铅是植物的非必需元素，当它与植物接触后，会对植物产生一定的毒害作用。且铅离子可以通过质膜进入细胞，影响细胞内一系列生理生化过程，使新陈代谢紊乱。其对作物根系的影响较为显著，它能降低细胞的有丝分裂速度，阻碍根系的生成。过量的铅会导致植物的氧化过程、光合过程和脂肪代谢过程减弱，从而抑制植物生长，引起失绿病（洪仁远等，1991；Zheljazkov and Nielsen，1996）。且在高浓度铅处理下，植物种子萌发率、胚根长度及胚芽长度均显著降低，重者出现胚根组织坏死（张英慧等，2011）。

5.4.1　研究设计

植物材料、栽培土壤、样品分析和数据处理同 5.1.1。

栽培试验。采用直径为 12.5cm 的塑料花盆，每盆装土 250g，在前期半致死浓度研究的基础上，向土壤中一次性加入 Pb(CH$_3$COO)$_2$·2H$_2$O，使土壤含 Pb 量为 250、500、750、1000、1250、1500 和 2000mg·kg^{-1}（以 Pb^{2+}计），以不添加 Pb 的土壤为空白组（CK），充分混匀，稳定 2 周后，每盆栽种 2 株吊兰作为栽种植物的实验组，另设不栽种植物的空白对照组。以上所有处理，均设置 3 个重复。保持土壤湿润，栽培 90 天后取样分析（李伟，2013）。

5.4.2　吊兰对重金属 Pb 的耐性和积累特性的研究

5.4.2.1　Pb 对吊兰生长的影响

在 90 天的铅胁迫实验中，吊兰生长状况良好，叶片未出现任何受害症状。

由表 5-45 可以看出,低浓度的 Pb 能够促进吊兰的生长,在 500mg·kg^{-1} Pb 胁迫下,吊兰的根长以及总鲜重达到最大值，分别为对照组的 1.17 和 1.10 倍。吊兰的根体积和株高在 1000mg·kg^{-1} Pb 胁迫下达到最大值,且为对照组的 1.13 和 1.90 倍。

Pb 对植物的首要毒害作用体现在抑制根尖的细胞分裂,从而抑制植物根的生长。敏感植物在重金属的胁迫下,根的生长会受到抑制,从而导致植物生长缓慢,生物量小,而耐性植物的根则不受影响或影响较小,因此根系耐性指数是用来反映植物体对重金属耐性大小的一个非常重要的指标。经过 90 天的生长,除了 2000mg·kg^{-1} Pb 胁迫处理组,吊兰的耐性指数均显著大于 50,并在 500mg·kg^{-1} Pb 胁迫处理组最大,达到 109.69。即使在 Pb 处理浓度为 2000mg·kg^{-1} 时,吊兰的耐性指数也达到了 48.90。这些试验数据表明,吊兰在极高浓度的 Pb 胁迫下依然能保持良好的生长状况,吊兰对 Pb 有着非常高的耐性。

表 5-45　Pb 对吊兰生长的影响

Pb 处理(mg·kg^{-1})	根长（cm）	株高（cm）	根体积（cm^3）	鲜重（g）	耐性指数(%)
CK	13.21±0.68bc	21.53±1.10cd	2.71±0.49c	5.37±0.52ab	100
250	13.31±0.58bc	22.39±1.92cd	2.95±0.37bc	5.37±0.49ab	100.75
500	15.49±0.33a	22.51±2.10cd	3.01±0.17b	5.93±0.14a	109.69
750	11.29±4.09c	23.89±1.30ab	4.87±1.00a	5.72±1.67a	85.46
1000	10.23±1.54cd	24.43±2.24a	5.15±0.58a	4.87±1.11bc	74.18
1250	9.86±4.46de	17.20±1.64e	2.92±0.91bc	3.92±1.26cd	77.44
1500	9.64±4.08e	12.87±1.90f	2.43±0.10d	4.80±0.90c	72.98
2000	6.46±1.65f	11.33±1.68g	1.57±0.54e	3.53±0.77d	48.90

5.4.2.2　Pb 对吊兰生理生化指标的影响

Pb 胁迫对吊兰叶片叶绿素的含量产生了重要的影响,叶绿素 a、b 的含量均在相对较低的 Pb 浓度时上升,在较高浓度时下降,分别在 1250 和 1000mg·kg^{-1} 达到最大值,且分别为对照组的 1.21 和 1.76 倍。在 Pb 处理浓度达到 2000mg·kg^{-1} 时,叶绿素 a、b 的含量分别为对照组的 97.81%和 72.36%。同时,随着 Pb 处理浓度的上升,吊兰叶片叶绿素 a/b 值有一定的上升,但是没有显著性差异。低浓度的 Pb 使吊兰叶片叶绿素含量增加,可能在于吊兰体内 Pb 含量的适当增加能够促进叶绿素的合成。但是高浓度的 Pb 反而会使叶绿素含量下降,这是因为过多的 Pb^{2+} 与叶绿素中心离子 Mg^{2+}竞争结合位点,从而影响了与叶绿素合成有关的酶的合成(Gupta and Singhal, 1995；Ewais, 1997；Somashekaraiah et al., 1992)。但是在吊兰体内,即使在很高浓度的 Pb 胁迫(2000mg·kg^{-1})下,叶片中的叶绿素含量依然与空白对照组相差不大,这表明吊兰叶片中的叶绿素对 Pb 的敏感性极低。

随着 Pb 处理浓度的增加,吊兰叶片电导率和 MDA 含量变化不大,且各处理的电导率和 MDA 含量无显著性差异。这表明即使在很高浓度的 Pb 胁迫下,吊兰叶片的细胞膜也没有受到严重损害(表 5-46)。CAT 和 POD 的活性均随着 Pb 处理浓度的增加,呈现先增后减的趋势,即低浓度的 Pb 促进 POD 和 CAT 活性增加,高浓度的 Pb 对酶活性有一定的抑制作用,且在 Pb 浓度为 $250mg \cdot kg^{-1}$ 时,POD 活性达到最大值,为对照组的 1.09 倍,在 Pb 处理浓度为 $1000mg \cdot kg^{-1}$ 时,CAT 活性达到最大值,为对照组的 1.49 倍。在所有不同浓度的 Pb 胁迫下,吊兰叶片 POD 活性一直保持着较高水平,即使在 Pb 处理浓度达到 $2000mg \cdot kg^{-1}$ 时,POD 活性也维持在对照组的 60% 以上;而所有处理中,CAT 活性均高于对照组。良好的保护酶活性,能够有效控制体内自由基的水平,保证了植株在 Pb 胁迫下能够维持生长,免受伤害。

表 5-46 Pb 对吊兰生理生化指标的影响

Pb 处理($mg \cdot kg^{-1}$)	电导率($\mu S \cdot cm^{-1}$)	MDA 含量($\mu mol \cdot g^{-1}$)	POD 活性($U \cdot g^{-1} \cdot min^{-1}$)	CAT 活性($U \cdot g^{-1} \cdot min^{-1}$)
CK	0.13±0.06bc	0.20±0.13e	75.13±6.45 ab	2.01±0.53e
250	0.15±0.03a	0.29±0.14abc	82.15±3.73a	2.63±0.34cd
500	0.13±0.02c	0.26±0.02c	50.12±2.56c	2.87±0.02bc
750	0.13±0.01c	0.29±0.04ab	49.13±5.78cde	2.90±0.04 ab
1000	0.12±0.01d	0.30±0.07a	49.12±3.20cde	3.00±0.07 a
1250	0.12±0.01d	0.25±0.03cd	48.12±6.20de	2.53±0.03d
1500	0.14±0.01b	0.24±0.04d	40.14±2.40f	2.41±0.04 d
2000	0.11±0.01e	0.21±0.01e	47.11±4.35e	2.12±0.01e

5.4.2.3 Pb 在吊兰体内的积累和分布

随着 Pb 处理浓度的上升,吊兰的根和地上部分中的 Pb 富集也不断增加,但富集系数均很小,而且在土壤 Pb 浓度达到 $1000mg \cdot kg^{-1}$ 以后,吊兰对 Pb 的富集系数迅速下降,其体内的 Pb 含量也下降显著(表 5-47)。此外,随着 Pb 浓度的不断升高,吊兰对 Pb 的转运系数在 0.38~0.95 之间浮动,所有处理组中的吊兰对 Pb 的转运系数均小于 1。

植物对重金属的吸收量取决于重金属在土壤中的生物有效性。植物根系分泌物可以与根际中某些游离的重金属离子形成稳定的金属螯合物,从而降低其活性及其在土壤中的移动性;根系分泌物还可以结合重金属污染物,使其在根外沉淀,根系分泌的黏胶状物质（主要成分为多糖）可与 Pb^{2+}、Cu^{2+}、Cd^{2+} 等离子竞争结合使其滞留于根外。此外，在 Pb 胁迫下，植物可通过信号反馈分泌柠檬酸、苹果酸、乙酸、乳酸等，与 Pb 形成可溶性络合物，抑制 Pb 的跨膜运输，减少植物对 Pb 的吸收，避免受害。吊兰在很高浓度的 Pb 胁迫下，仍然能够正常生长，其体内，特别是地上部分的 Pb 含量也维持在相当低的水平，可能说明吊兰对 Pb 具有非常独特的耐性机制，加强这方面的研究，对于深入了解植物的重金属耐性机制具有重要意义。而吊兰也成为开展这方面研究的一个非常有用的材料。

表 5-47　Pb 在吊兰体内的吸收和转运

Pb 处理 (mg·kg^{-1})	地上部分含量 (mg·kg^{-1})	根中含量 (mg·kg^{-1})	富集系数		转运系数
			地上部分	根	
CK	12.21±2.20h^b	15.34±3.15f	0.27	0.34	0.80
250	68.69±9.10g	180.16±16.67e	0.27	0.72	0.38
500	91.50±4.88f	189.64±15.76e	0.18	0.38	0.48
750	154.03+11.58e	229.19±39.81d	0.21	0.31	0.67
1000	172.5±17.68c	239.84±30.20c	0.17	0.24	0.72
1250	201.53±15.50a	315.75±15.31a	0.16	0.25	0.64
1500	163.75±12.29d	265.59±6.80b	0.11	0.18	0.62
2000	181.81±10.03b	191.75±9.66e	0.09	0.10	0.95

5.4.3　吊兰生长对重金属 Pb 污染土壤修复的影响

5.4.3.1　吊兰生长对铅污染土壤酶活性的影响

在不种植吊兰的对照组中，随着铅浓度的增大，土壤过氧化氢酶和蔗糖酶活性随之提高，与之相反，土壤脲酶活性随着铅浓度的增大而降低（表 5-48）。在铅添加浓度低于 500mg·kg^{-1} 时，土壤磷酸酶活性随着土壤铅浓度的增大而提高，而在土壤铅浓度高于 500mg·kg^{-1} 时，土壤磷酸酶活性随着土壤铅浓度的增大而降低，这说明一定浓度的铅污染胁迫对土壤过氧化氢酶和蔗糖酶具有促进作用，会提高土壤过氧化氢酶活性和土壤蔗糖酶活性，而对土壤脲酶活性具有抑制作用，会降低土壤脲酶活性；低浓度的铅促进土壤磷酸酶的活性，高浓度的铅抑制土壤磷酸酶的活性。与不添加重金属的空白组相比，过氧化氢酶活性的促进率分别为 5.33%、16.67%、7.20%、9.33%、33.33%、37.33%和 89.33%，对照组脲酶活性的抑制率分别为 20.77%、25.30%、27.32%、30.32%、31.49%、32.51%和 41.37%。

表 5-48　铅污染对土壤酶活性的影响

处理组	Pb 处理 (mg·kg^{-1})	过氧化氢酶 (0.02mol·L^{-1}KMnO$_4$, mL·g^{-1})	蔗糖酶 (0.02mol·L^{-1}NaS$_2$O$_3$, mL·g^{-1}·24h^{-1})	脲酶 (NH$_3$-N,mg·g^{-1}·24h^{-1})	磷酸酶 (P$_2$O$_5$, mg·100g^{-1}·2h^{-1})
对照组	CK	0.375±0.035ac	1.816±0.103a	95.251±1.527a	19338.026±1074.221ab
	250	0.395±0.021ac	1.764±0.101a	75.472±0.055b	21426.896±4335.250ab
	500	0.400±0.071ad	1.822±0.054a	71.153±0.164c	26893.224±2436.180bc
	750	0.402±0.003ac	1.822±0.026a	69.225±2.672bcdef	22946.074±6138.407ab
	1000	0.410±0.014acd	1.837±0.257a	66.372±0.600d	21765.998±2896.561ad
	1250	0.500±0.071acd	1.854±0.566ab	65.254±0.763de	19704.256±671.388ac
	1500	0.515±0.064bc	2.302±0.176b	64.290±0.382e	17954.488±537.111bd
	2000	0.710±0.014bd	2.660±0.962ab	55.846±0.218f	18293.591±57.548ab
实验组	CK	0.433±0.029a	2.570±0.035a	100.341±4.166a	24130.671±2306.108a
	250	0.483±0.029ab	2.542±0.086a	79.160±6.339b	24420.038±4511.143abc
	500	0.487±0.023b	2.642±0.278ac	72.169±3.678b	27386.053±6470.929abc
	750	0.500±0.087abc	2.706±0.389ac	72.117±4.021b	24754.619±1195.591a
	1000	0.513±0.055bc	2.796±0.172ac	68.955±1.989b	22828.518±5710.230abc
	1250	0.533±0.058abc	3.260±0.081bc	68.596±1.020b	20025.273±990.953b
	1500	0.580±0.026c	3.496±0.051bc	68.081±0.579b	18741.206±954.126cd
	2000	0.800±0.050d	3.586±0.521ac	56.026±1.997c	18524.180±354.747bd

　　种植吊兰的实验组土壤酶的活性与对照组的土壤酶活性有着相同的趋势，随着铅添加浓度的增大，土壤过氧化氢酶和蔗糖酶活性也随之提高，与之相反，土壤脲酶活性则随着铅浓度的增大而降低。在土壤铅浓度低于 500mg·kg^{-1} 时，土壤磷酸酶活性随着土壤铅浓度的增大而提高，而在土壤铅浓度高于 500mg·kg^{-1} 时，土壤磷酸酶活性随着铅浓度的增大而降低。这说明土壤脲酶活性可能比其他土壤酶对土壤重金属污染更加敏感。据报道，脲酶是对镉、锌、铅单一和复合污染的抑制最敏感的酶，而镉、锌、铅则是中国重要的土壤污染物（杨志新，刘树庆，2000）。因此，土壤脲酶活性可作为铅污染土壤的主要生化指标。

　　铅污染对土壤酶活性影响的机理为：一般来说，铅离子可直接作用于酶活性功能位点，并改变它们的空间构象。当一个重金属离子通过与酶的氨基、羧基或巯基结合而取代其酶活性功能位点，抑制酶活性的现象将会发生，称为酶的钝化。当酶活性功能位点的结合物和它们的底物由于重金属的作用提高时，酶的激活现象也可能会发生。另一方面，一些重金属（如镉、锌、铅，等）也可以通过抑制土壤中微生物的生长和土壤酶的合成和分泌来限制土壤酶的活性（周礼恺等，1985）。

　　由表 5-48、表 5-49 可以看出，实验组的土壤过氧化氢酶、蔗糖酶、脲酶和磷酸酶活性均显著高于对照组的土壤酶活性，实验组和对照组之间的土壤过氧化氢酶、蔗糖酶和脲酶活性差异性极显著（$P<0.01$），而实验组和对照组之间的磷酸酶活性差异性显著（$P<0.05$）。与对照组相比，脲酶活性显著提高，在土壤铅浓度为 1500mg·kg^{-1} 时达到了最大（实验组脲酶活性是对照组脲酶活性的 1.058 倍），这说明，吊兰对铅污染土壤的脲酶活性具有一定的修复作用，因此，我们相信，吊兰在铅污染土壤的修复方向有很大的应用前景。

表 5-49　实验组与对照组土壤酶活性的配对 T 检验

指标	过氧化氢酶	蔗糖酶	脲酶	磷酸酶
T	9.036	−12.870	4.950	2.765
P	0.000	0.000	0.002	0.028

5.4.3.2　吊兰生长对土壤化学性质的影响

　　表 5-50 显示了不同铅浓度下对照组和实验组土壤化学性质的变化。土壤的化学性质不仅是决定土壤质量的基础，也是评估植物修复污染土壤效果的最直接指标。从表 5-50 中看出，随着土壤铅浓度的增加，对照组的 pH 从 4.775 到 5.170，呈明显增大的趋势，氧化还原电位从 −150mV 增加到 −130mV，分别比空白组高了 2.007%、2.007%、2.676%、6.355%、7.692%、11.706% 和 13.378%。而土壤的电导率在低铅浓度时增大，而在高铅浓度时下降。作为土壤中的营养成分，土壤中的有机质含量在整个铅添加浓度时没有改变多少，在一定范围内波动。

表 5-50　铅污染对土壤化学性质的影响

处理组	Pb 处理（mg·kg^{-1}）	pH	电导率（μS·cm^{-1}）	氧化还原电位（mV）	有机质含量（g·kg^{-1}）
对照组	CK	4.775±0.007ac	107.5±0.707ac	−150±0.707ac	4.063±0.127a
	250	4.785±0.092bc	101.0±2.828ac	−147±6.364ad	3.485±0.346ac
	500	4.800±0.085bc	115.5±4.950bc	−147±0.707ac	3.715±0.000bc
	750	4.845±0.078bc	127.5±2.121b	−146±0.707ac	3.760±0.079bc
	1000	4.915±0.035ac	113.0±0.000abc	−140±5.657bc	3.577±0.238ac
	1250	4.920±0.127ab	106.0±4.243a	−138±5.657bc	3.852±0.138bc
	1500	5.020±0.028b	104.0±1.414ac	−132±1.414bd	3.669±0.079bc
	2000	5.170±0.099a	102.5±3.536a	−130±3.536cd	3.715±0.000bc

续表

处理组	Pb 处理 （mg·kg^{-1}）	pH	电导率 （μS·cm^{-1}）	氧化还原电位 （mV）	有机质含量（g·kg^{-1}）
实验组	CK	4.660±0.208a	76.000±7.211a	−154±8.544a	4.127±0.195a
	250	4.660±0.208acde	76.0±7.211abc	−154±8.544ae	4.127±0.195ac
	500	4.733±0.031a	76.3±2.309a	−150±5.774ab	3.508±0.097b
	750	4.750±0.026ac	86.7±2.082b	−148±2.646adf	3.783±0.097a
	1000	4.770±0.035bc	77.7±6.429abc	−147±7.767bf	3.852±0.195ab
	1250	4.863±0.067bd	72.3±11.676abc	−141±3.464ebg	3.783±0.292ab
	1500	4.873±0.131abde	73.0±28.478abc	−139±6.557cdg	3.921±0.097bc
	2000	4.940±0.046d	74.3±0.577a	−136±2.887cfg	3.646±0.097bc

和对照组的土壤化学性质相同，实验组的土壤化学性质在不同的铅添加浓度下有着相似的趋势，实验组的 pH 和氧化还原电位随着铅浓度的提高随之增大，而土壤中的有机质含量在整个铅添加浓度时在一定范围内波动。

由表 5-51 可知，实验组和对照组的土壤 pH、电导率、氧化还原电位之间的差异性极显著（$P<0.01$），而实验组和对照组的土壤有机质含量差异性显著（$P<0.05$）。与对照组相比，实验组的土壤 pH 较低，这可能是因为重金属被实验组的植物吸收了部分，而这些重金属是以弱酸盐的形式加入土壤的，弱酸盐在土壤中水解产生碱性，因此，对照组的 pH 要比实验组的 pH 高，实验组的电导率和氧化还原电位也要比对照组低。实验组的有机质含量显著高于对照组的有机质含量，这可能是因为实验组中的微生物种类比对照组更丰富，而数量也更多，土壤中由微生物分解产生的有机质含量也更加高。

表 5-51　实验组与对照组土壤化学性质的配对 T 检验

指标	pH	电导率	氧化还原电位	有机质
T	−8.307	−10.000	−4.000	−3.068
P	0.000	0.000	0.005	0.018

5.4.3.3　吊兰生长对土壤铅总量和有效态铅含量的影响

从表 5-52、表 5-53 中可看出，相同的铅浓度下，实验组的铅总量和有效态铅含量均小于对照组的铅总量和有效态铅含量，且差异性极显著（$P<0.01$）。与对照组的土壤铅总量相比，实验组的土壤铅总量的降低幅度分别为 1.500、27.867、7.000、84.800、72.200、33.267、27.400 和 45.600mg·kg^{-1}，与对照组的土壤有效态铅含量相比，实验组的土壤有效态铅含量的降低幅度分别为 0.003、9.043、

16.075、16.542、10.267、25.408、23.883 和 42.458mg·kg^{-1}，在铅浓度为 2000mg·kg^{-1}
时，实验组的土壤铅总量比对照组的土壤铅总量低 4.969%，而实验组的土壤有效
态铅含量比对照组的有效态铅含量低 5.351%。实验组的土壤铅总含量比对照组的
土壤铅总含量低的原因可能是吊兰对重金属铅的吸收，而实验组的土壤有效态铅
含量比对照组的有效态铅含量低的原因有多方面：一方面是由于吊兰的吸收，另
一方面原因是一些有效态重金属可能与根际分泌物有密切的关联。土壤和根环境
之间的相互作用非常复杂：根系分泌物能分泌质子酸化土壤，可以提高土壤中重
金属的流动性和植物吸收，而一些金属结合蛋白或螯合剂可与根分泌物中的金属
产生复合物，这可能会阻止金属被植物吸收。重金属的有效态则可以通过改变根
际周围的土壤环境的氧化还原环境而改变（Mench and Martin，1991）。

　　由于实验组的土壤重金属含量低于对照组的土壤重金属含量，这说明吊兰生
长对土壤重金属含量有一定的降低作用，吊兰生长对铅污染土壤的修复有一定的
效果，吊兰在重金属污染土壤修复方面有很大的应用价值。

表 5-52　铅污染对土壤铅总量和有效态铅含量的影响

处理组	Pb 处理（mg·kg^{-1}）	有效态铅含量（mg·kg^{-1}）	总铅含量（mg·kg^{-1}）
对照组	CK	1.243±0.004a	45.700±0.141a
	250	65.980±0.933b	228.800±10.748b
	500	179.805±0.813c	330.600±0.283c
	750	245.355±1.803d	466.000±38.467bcde
	1000	331.030±36.275bcdef	565.400±5.374d
	1250	448.255±9.157e	613.400±14.425de
	1500	534.030±1.838f	658.200±2.546e
	2000	793.405±3.783g	917.600±0.566f
实验组	CK	1.240±0.003a	44.200±2.771a
	250	56.937±2.277b	200.933±49.317b
	500	163.730±5.826c	323.600±12.471c
	750	228.813±10.175d	381.200±40.888c
	1000	320.763±24.734e	493.200±18.706d
	1250	422.847±16.397f	580.133±18.937e
	1500	510.147±8.358g	630.800±16.497f
	2000	750.947±34.475h	872.000±69.325g

表 5-53　实验组与对照组土壤铅总量和有效态铅含量的配对 T 检验

指标	有效态铅含量	总铅含量
T	−3.950	−3.635
P	0.006	0.008

5.5　吊兰对土壤 Cd、Zn、Pb 复合污染的耐性与修复

在自然界中，单个重金属污染虽有发生，但多为数种金属元素同时污染的复合污染，在复合污染条件下，土壤中的各种重金属元素之间存在相互作用，从而对植物产生复杂的生态效应，能显著改变植物对重金属的耐性和吸收特性。Cd、Zn、Pb 是铅锌矿区土壤主要重金属污染物，其在自然环境中的共生现象，形成了典型的重金属复合污染现象。开展土壤 Cd、Zn、Pb 复合污染下植物吸收重金属的规律以及共存元素之间的交互作用，可以为控制土壤重金属复合污染，以及确定防治污染的措施等提供科学依据。

5.5.1　研究设计

植物材料、栽培土壤、样品分析和数据处理同 5.1.1。

栽培试验。本试验采用 $L_{16}(3^4)$ 正交设计，研究土壤 Cd、Zn、Pb 复合污染对吊兰吸收及转运重金属的影响，其处理水平见表 5-54。栽培种，采用直径为 12.5cm 的塑料花盆，每盆装土 250g，重金属 Cd、Zn、Pb 分别以 Cd（CH$_3$COO）$_2$·2H$_2$O、Zn（CH$_3$COO）$_2$·2H$_2$O、Pb（CH$_3$COO）$_2$·3H$_2$O 固体粉末形式，按各自的设定的四个处理浓度（土壤重金属浓度分别以 Pb^{2+}、Zn^{2+} 和 Cd^{2+} 计）加入土壤，充分混匀，稳定 2 周后，每盆栽种 2 株吊兰作为栽种植物的实验组，另设不栽种植物的空白对照组。以上所有处理，均设置 3 个重复。保持土壤湿润，栽培 90 天后取样分析（陶洁敏，2012）。

表 5-54　正交试验设计

处理组	重金属含量（mg·kg^{-1}）		
	Cd	Zn	Pb
试验组 1	1	200	250
试验组 2	1	400	500
试验组 3	1	800	750
试验组 4	1	1000	1000
试验组 5	10	200	500
试验组 6	10	400	750
试验组 7	10	800	1000
试验组 8	10	1000	250
试验组 9	25	200	750
试验组 10	25	400	1000
试验组 11	25	800	250
试验组 12	25	1000	500
试验组 13	50	200	1000

续表

处理组	重金属含量（mg·kg^{-1}）		
	Cd	Zn	Pb
试验组 14	50	400	250
试验组 15	50	800	500
试验组 16	50	1000	750
CK	不添加	不添加	不添加

注：因素 A 表示土壤 Cd 含量；因素 B 表示土壤 Zn 含量；因素 C 表示土壤 Pb 含量

5.5.2　Cd、Zn、Pb 复合污染对吊兰吸收和转运重金属的影响

5.5.2.1　Cd、Zn、Pb 复合污染掉吊兰富集重金属的影响

从表 5-55 可以看出，与对照组相比，外源污染重金属的加入，吊兰体内重金属含量明显提高，尤其是 Cd 提高得更为明显，在低铅的情况下，其含量约为对照的 50 倍。这种提高固然与外源重金属的加入导致土壤重金属总量加大，从而相应地使吊兰体内重金属含量也会增大有关，但这种影响是非常有限的。这是因为外源重金属的加入都是以可溶盐形式加入的，在一定时间内，这会非常显著地提高土壤中重金属的活性成分，而这种活性成分的提高相对于重金属总量的提高大得多。植物吸收土壤中重金属的含量与土壤中重金属活性成分的相关性要明显高于与土壤中重金属总量的相关性。外源重金属加入土壤系统后，随着时间的延长，活性成分会慢慢被土壤胶体颗粒吸收而固定。已有研究表明，无定形氧化铝和无定形氧化铁对重金属 Pb、Zn、Cd 的亲和力大小依次是 Pb>Zn>Cd。因而，外源 Pb、Zn 的吸附固定化要比 Cd 快而强烈。这从一方面可以说明与对照相比，复合污染条件下，吊兰体 Cd 含量的提高程度要高于 Pb 和 Zn。

表 5-55　Cd、Zn、Pb 复合条件处理下吊兰对重金属的吸收量

组别	重金属处理浓度（mg·kg^{-1}）			吊兰吸收重金属量（mg·kg^{-1}）		
	Cd	Zn	Pb	Cd	Zn	Pb
1	1	200	250	30.79±1.50	1626.65±9.86	62.49±3.31
2	1.	400	500	24.33±1.21	1877.08±8.80	122.27±2.87
3	1	800	750	15.69±1.78	2453.98±11.34	130.85±6.38
4	1	1000	1000	10.31±0.87	2397.39±6.53	104.12±5.68
5	10	200	500	111.83±2.56	1494.99±9.76	74.97±2.46
6	10	400	750	104.98±4.86	1607.27±9.56	135.55±1.39
7	10	800	1000	56.87±1.58	1850.75±10.31	114.82±2.85
8	10	1000	250	40.21±3.24	2497.39±11.82	55.63±2.03
9	25	200	750	236.28±4.75	1517.75±6.87	94.20±3.41
10	25	400	1000	221.54±4.33	1657.80±10.22	124.82±3.68

组别	重金属处理浓度（mg·kg⁻¹）			吊兰吸收重金属量（mg·kg⁻¹）		
	Cd	Zn	Pb	Cd	Zn	Pb
11	25	800	250	72.39±2.51	2009.48±17.30	38.98±1.40
12	25	1000	500	58.92±2.37	2217.39±10.56	78.57±3.66
13	50	200	1000	365.65±6.41	1125.6±15.32	138.67±6.83
14	50	400	250	349.51±2.01	1601.11±13.56	38.98±2.50
15	50	800	500	154.73±3.11	1845.63±11.78	100.27±4.07
16	50	1000	750	125.49±3.45	2046.39±13.67	92.79±2.22
CK	不添加	不添加	不添加	8.65±0.56	146.37±2.33	25.50±2.09

5.5.2.2　Cd、Zn、Pb 复合污染下吊兰吸收重金属的规律

为揭示土壤 Cd、Zn、Pb 复合污染对吊兰吸收重金属的影响规律，以土壤重金属含量为自变量，分别设土壤 Cd、Zn、Pb 浓度为 x_1、x_2、x_3，吊兰体内 Cd、Zn、Pb 的含量为 y_1、y_2、y_3，基于 Cd、Zn、Pb 复合处理试验样本测试的基础数据（表 5-55），进行了多元线性回归分析（表 5-56）。由表 5-56 可以看出，方程 1 中自变量 x_1、x_2 的 F 检验值分别为 20.20[**]和 4.89[*]。这表明土壤 Cd 浓度和 Zn 浓度对吊兰 Cd 吸收量产生了 Cd-Zn 复合效应。从方程自变量的系数可以看出，x_2 系数为负，说明 Zn 对吊兰 Cd 的吸收具有抑制作用。这可能是由于在 Cd、Zn 污染的土壤中 Cd 与吸附于土壤胶体上的 Zn 进行离子代换，Cd 易于吸附在土壤胶体上，从而降低了土壤 Cd 的有效性。由于 Zn 是植物的微量营养元素之一，仅当土壤 Zn 含量过高时才造成污染，因此，在土壤 Zn 含量尚未达到超标的情况下，通过施用锌肥可以对 Cd 污染能起到一定的控制作用。另外，由方程 1 可以看出，共存元素 Pb 对吊兰吸收 Cd 有促进的作用。但在置信度 $P=0.05$ 条件下，x_3 的 F 检验不显著，也就是说 Pb 对 Cd 的影响不大。依次类推，由方程 2 各变量的回归系数可以看出，吊兰吸收 Zn 量与土壤重金属 Zn 浓度正相关，F 检验值为 41.59[**]，达到了极显著水平。土壤共存元素 Cd 和 Pb 抑制吊兰吸收 Zn。但在置信度 $P=0.05$ 条件下，x_1、x_3 的 F 检验不显著。说明在土壤 Cd、Zn、Pb 复合污染的处理条件下，吊兰对 Zn 的吸收受土壤 Pb 和 Cd 的制约，但影响不大。由方程 3 各变量的回归系数可以看出土壤共存元素 Cd 抑制吊兰吸收 Pb，土壤共存元素 Zn 促进吊兰吸收 Pb。但在置信度 $P=0.05$ 条件下，自变量 x_1、x_3 的 F 检验没有达到显著水平，说明在土壤 Cd、Zn、Pb 复合污染的处理条件下，吊兰 Pb 的吸收受土壤 Cd 和 Zn 的影响并不显著。

表 5-56　吊兰重金属吸收量与土壤重金属浓度的多元线性回归分析

序号	多元线性回归方程	F 检验值及其显著性				R^2
		F	F_1	F_2	F_3	
1	$y_1=93.45+4.57x_1-0.18x_2+0.06x_3$	42.44^{**}	20.20^{**}	4.89^{*}	0.35	0.843
2	$y_2=1834.39-7.70x_1+1.03x_2-0.19x_3$	27.81^{**}	2.38	41.59^{**}	0.29	0.892
3	$y_3=49.21-0.23x_1-0.01x_2+0.09x_3$	9.35^{**}	0.24	0.29	27.57^{**}	0.625

注：样本数 $n=15$，$F_{0.05}(3,11)=3.59$，$F_{0.01}(3,11)=6.22$，$F_{0.05}(1,11)=4.84$，$F_{0.01}(1,11)=9.562$

5.5.2.3　Cd、Zn、Pb 复合污染对吊兰重金属富集系数和转运系数的影响

经过 90 天的盆栽试验后，吊兰体内的重金属以及土壤重金属含量如表 5-57 所示。吊兰对重金属的富集系数如表 5-58 所示。由表 5-58 可以看出，复合污染条件下，重金属的富集系数因不同复合污染处理而不同，其值与对应重金属在土壤中含量不存在简单的相关关系，明显受共存污染元素的影响。与对照相比，复合污染条件下，富集系数的变化，在不同重金属以及同一重金属在不同植物器官中均存在差异。另外，Pb 在吊兰地上部和根的富集系数与对照相比明显降低。复合污染处理使 Zn 在吊兰地上部的富集系数降低，而在吊兰根的富集系数则有所提高。然而，无论是地上还是地下部分，复合污染处理都使 Cd 的富集系数明显增大。

在实验涉及的含量范围内，Cd 在植物地上部的富集系数均大于空白对照组。Zn、Pb 在吊兰地上部的富集系数均随各自元素在土壤中含量增大而减小，而且表现为低含量时显著减小，高含量时缓慢减小。土壤 Cd 使共存元素 Zn 和 Pb 的富集系数明显减小，并且这种变化呈现出现出波浪状。土壤 Zn 对共存元素 Pb 富集系数的影响，在不同的含量范围呈现出不同的特点，表现为波浪式变化特点，而对共存元素 Cd 富集系数表现为明显的抑制作用，这表明土壤中的 Zn 在植物吸收重金属 Cd 的过程中起着重要的作用。同样，土壤 Pb 对共存元素 Cd 的富集系数的影响在不同的含量范围呈现波浪式变化，而使 Zn 的富集系数有所增大。

同一重金属在不同处理之间其转运系数存在较大的差别。与对照相比，复合污染处理明显减小了吊兰中 Pb 和 Zn 的转运系数。而与对照组相比，复合污染处理使 Cd 的转运系数均增加。

上述有关富集系数和转运系数的分析表明，重金属在土壤-吊兰系统的迁移分配，不仅取决于该元素的含量，而且深受共存元素的影响。

表 5-57 土壤和吊兰植株内的重金属 Cd、Zn、Pb 含量

处理水平	重金属处理浓度 (mg·kg⁻¹)			土壤重金属含量 (mg·kg⁻¹)			地上部分重金属含量 (mg·kg⁻¹)			根中重金属含量 (mg·kg⁻¹)		
	Cd	Zn	Pb	Cd	Zn	Pb	Cd	Zn	Pb	Cd	Zn	Pb
1	50	400	1000	40.47±3.38	411.00±6.77	606.40±5.80	116.94±2.4	636.56±9.46	19.16±2.13	609.72±9.56	3448.75±13.45	529.17±4.57
2	1	800	750	1.13±0.04	820.00±6.97	509.60±5.69	9.09±0.87	966.56±9.76	17.61±2.31	18.36±1.89	4763.64±15.51	520.96±5.22
3	10	200	500	6.40±0.68	217.00±4.45	432.00±4.65	77.69±1.50	411.56±5.60	16.44±1.67	207.60±8.46	2746.15±9.87	245.96±6.78
4	25	1000	250	19.40±1.56	1023.66±12.38	298.13±9.89	32.28±2.26	1211.81±9.67	13.88±1.58	85.84±4.15	5379.06±9.56	80.84±2.09
CK	0	0	0	0.93±0.01	77.00±2.45	44.20±4.10	1.5±0.04	145.10±4.68	11.96±1.08	14.53±1.38	153.44±2.50	36.34±1.04

表 5-58 吊兰对 Cd、Zn、Pb 的富集系数和转运系数

处理水平	富集系数						转运系数		
	地上部分			地下部分					
	Cd	Zn	Pb	Cd	Zn	Pb	Cd	Zn	Pb
1	2.89	1.55	0.03	15.07	8.39	0.87	0.19	0.18	0.03
2	8.04	1.18	0.03	16.25	5.81	1.02	0.50	0.20	0.04
3	12.14	1.90	0.04	32.44	12.66	0.57	0.37	0.15	0.07
4	1.67	1.18	0.05	4.42	5.25	0.27	0.38	0.23	0.17
CK	1.61	1.89	0.27	15.62	2.00	0.82	0.10	0.95	0.33

5.5.3 Cd、Zn、Pb 复合污染对吊兰生长的影响

5.5.3.1 Cd、Zn、Pb 复合污染对吊兰生长的影响

复合污染条件下，部分组别中的吊兰表现出失水萎蔫、中下部叶片异常脱落和失绿黄化等受害症状。和对照组相比，这些处理组吊兰植株的根长、株高、鲜重和耐性系数，以及叶绿素含量、保护酶活性等指标均显著降低（表 5-59、表 5-60），而且这些指标也和前文关于重金属单一作用时差距很大。

表 5-59　Cd、Zn、Pb 复合污染条件下吊兰的生长指标

处理组（mg·kg⁻¹）	根长（cm）	株高（cm）	鲜重（g·株⁻¹）	耐性指数（%）
1	12.60±1.86	12.33±1.27	3.33±0.40	95.53
2	6.19±0.56	13.50±1.35	1.45±0.03	46.82
3	2.60±0.21	5.00±0.63	0.83±0.01	19.67
4	2.51±0.23	4.06±0.72	0.88±0.01	18.99
5	14.40±2.45	15.50±2.04	4.89±0.46	109.09
6	6.25±0.75	17.24±2.48	1.55±0.01	47.28
7	2.94±0.19	6.52±0.71	1.00±0.02	22.24
8	2.75±0.35	4.46±0.30	0.90±0.01	20.80
9	12.67±1.76	9.12±0.42	2.56±0.21	95.84
10	6.50±0.86	10.53±1.04	1.79±0.08	49.17
11	2.56±0.22	5.62±0.54	0.85±0.02	19.36
12	2.35±0.20	4.25±0.48	0.78±0.01	17.78
13	9.42±1.58	10.88±1.09	3.01±0.12	71.26
14	6.73±0.64	11.67±1.13	1.86±0.03	50.91
15	2.26±0.32	4.00±0.38	0.70±0.01	17.10
16	2.00±0.10	3.48±0.31	0.65±0.01	15.19
CK	13.22±1.49	14.50±2.57	4.42±0.75	100

表 5-60　Cd、Zn、Pb 复合污染对吊兰生理生化指标的影响

处理组（mg·kg⁻¹）	叶绿素 a（mg·g⁻¹FW）	叶绿素 b（mg·g⁻¹FW）	MDA 含量（μmol·g⁻¹）	POD 活性（U·g⁻¹FW·min⁻¹）	CAT 活性（U·g⁻¹FW·min⁻¹）
1	127.20±5.45	16.50±2.38	0.28±0.01	0.36±0.04	2414.00±103.56
2	164.71±6.78	23.68±2.36	0.31±0.01	0.37±0.05	2208.41±121.47
3	83.00±3.86	14.82±1.45	0.35±0.01	0.20±0.03	2474.56±118.34
4	74.60±4.18	10.47±2.78	0.59±0.01	0.18±0.02	2546.81±169.75
5	173.11±6.75	29.03±3.43	0.29±0.02	0.08±0.01	2599.00±187.37
6	190.64±7.01	21.06±3.75	0.32±0.01	0.09±0.01	2304.94±148.76

续表

处理组 （mg·kg⁻¹）	叶绿素 a （mg·g⁻¹FW）	叶绿素 b （mg·g⁻¹FW）	MDA 含量 （μmol·g⁻¹）	POD 活性 （U·g⁻¹FW·min⁻¹）	CAT 活性 （U·g⁻¹FW·min⁻¹）
7	106.64±8.79	19.06±2.08	0.37±0.02	0.07±0.01	2589.69±137.88
8	85.25±5.48	14.80±1.89	0.56±0.03	0.08±0.01	2600.34±182.75
9	190.93±8.76	22.55±4.73	0.29±0.03	0.13±0.02	2138.81±164.32
10	195.05±9.86	20.67±3.26	0.44±0.05	0.12±0.02	1920.58±189.53
11	174.03±7.48	14.44±1.59	0.35±0.01	0.14±0.02	2410.81±127.55
12	140.58±9.22	12.81±1.27	0.61±0.01	0.12±0.02	2349.19±100.34
13	160.46±8.45	24.37±4.74	0.29±0.03	0.07±0.02	1506.33±86.54
14	170.31±10.84	25.75±3.05	0.48±0.04	0.10±0.01	1487.50±85.75
15	79.85±6.59	10.00±1.45	0.53±0.030	0.05±0.01	1340.68±92.42
16	77.34±7.43	9.21±1.76	0.72±0.02	0.04±0.01	1259.56±83.71
CK	142.29±8.05	18.05±2.17	0.21±0.03	0.09±0.01	2125.00±207.64

5.5.3.2　Cd、Zn、Pb 复合污染对吊兰生长影响的极差分析

极差分析结果可以较好地反映影响因素对某一指标测定结果作用力的大小，通常用大写字母 A、B 和 C 等表示各因素，用数字 1、2、3、4 等代表各因素的水平，如用 K_1^A 就表示 A 因素下的水平 1 重金属胁迫时所测定指标的总和效应值，其均值 $k_1^A=K_1^A/3$。均值 k_1^A 可间接反映出不同因素在不同水平下对所测定指标的作用力。极差 R 值表示在同一影响因素不同水平时所测定指标的最大差值，R 值的大小可反映该影响因素对某测定指标影响作用的大小。R 值的计算如下：

$$R=(\,|K_1-K_2|,\,|K_2-K_3|,\,|K_1-K_3|,\,|K_1-K_4|,\,|K_2-K_4|,\,|K_3-K_4|\,)\,\mathrm{max}$$

对照表 5-59 和表 5-60，对 Cd、Zn、Pb 复合污染下，吊兰的生长指标和生理生化指标进行的极差分析结果见表 5-61、表 5-62。这其中，对于指标 1（根长），Cd 对应的极差 $R_1=1.48$，Zn 对应的 $R_1=9.87$，Pb 对应 $R_1=0.95$，分别记为 $R_1^A=1.48$、$R_1^B=9.87$、$R_1^C=0.95$。按各因素 R 值大小排序为 $R_1^B>R_1^A>R_1^C$，表明 Zn 的胁迫对吊兰根长的影响最大。以此类推，R_2 值的大小反映各因素对吊兰株高影响力的大小，$R_2^A=3.55$、$R_2^B=9.17$、$R_2^C=1.32$。按各因素 R_2 值大小排序为 $R_2^B>R_2^A>R_2^C$，表明 Zn 胁迫对吊兰株高的影响最大。R_3 值的大小反映各影响因素对吊兰鲜重作用力的大小，$R_3^A=0.59$、$R_3^B=2.65$、$R_3^C=0.56$，按大小排序为 $R_3^B>R_3^A>R_3^C$，表明 Zn 胁迫对吊兰鲜重的影响最大。R_4 值的大小反映影响因素对叶片叶绿素 a 含量影响的大小，$R_4^A=62.77$、$R_4^B=85.74$、$R_4^C=5.38$，按大小排序为 $R_4^B>R_4^A>R_4^C$，表明 Zn 胁迫对叶片叶绿素 a 的影响最大。R_5 值的大小反映该影响因素对叶绿素 b 含量影响的大小，$R_5^A=4.62$、$R_5^B=11.29$、$R_5^C=1.97$，按大小排序为 $R_5^B>R_5^A>R_5^C$，表明

Zn 胁迫对叶片叶绿素 b 的影响最大。R_6 值的大小反映该影响因素对 POD 活性影响的大小，R_6^A=0.21、R_6^B=0.07、R_6^C=0.06，按大小排序为 $R_6^A > R_6^B > R_6^C$，表明 Cd 胁迫对叶片 POD 活性的影响最大。R_7 值的大小反映影响因素对叶片 MAD 含量影响作用的大小，R_7^A=0.12、R_7^B=0.33、R_7^C=0.02，按大小排序为 $R_7^B > R_7^A > R_7^C$，表明 Zn 胁迫对叶片 MAD 含量的影响最大。R_8 值的大小反映影响因素对 CAT 活性影响的大小，R_8^A=1124.98、R_8^B=223.58、R_8^C=183.70，按大小排序为 $R_8^A > R_8^B > R_8^C$，表明 Cd 胁迫对叶片 CAT 活性的影响最大。

　　由上述的极差分析结果可以看出，在本试验的浓度范围内，Zn 胁迫对吊兰幼苗生长影响最大，Pb 胁迫对吊兰幼苗生长的影响最小。而土壤 Cd 污染对吊兰抗氧化系统的两种酶活性的影响最大。

表 5-61　Cd、Zn、Pb 复合污染对吊兰生长指标影响的极差分析

指标 1 (根长)	重金属元素			指标 2 (株高)	重金属元素			指标 3 (鲜重)	土重金属元素		
	Cd	Zn	Pb		Cd	Zn	Pb		Cd	Zn	Pb
K_1	23.9	49.09	24.64	K_1	34.89	47.83	34.08	K_1	6.49	13.79	6.94
K_2	26.34	25.67	25.2	K_2	43.73	52.94	37.25	K_2	8.34	6.65	7.82
K_3	24.08	10.36	23.52	K_3	29.52	21.14	34.84	K_3	5.98	3.38	5.59
K_4	20.41	9.61	21.37	K_4	30.03	16.25	31.99	K_4	6.22	3.21	6.68
k_1	5.98	12.27	6.16	k_1	8.72	11.96	8.52	k_1	1.62	3.45	1.74
k_2	6.59	6.42	6.3	k_2	10.93	13.24	9.31	k_2	2.09	1.66	1.96
k_3	6.02	2.59	5.88	k_3	7.38	5.29	8.71	k_3	1.46	0.85	1.40
k_4	5.10	2.40	5.34	k_4	7.51	4.06	7.80	k_4	1.56	0.10	1.67
R_1	1.48	9.87	0.95	R_2	3.55	9.17	1.32	R_3	0.59	2.65	0.56

表 5-62　Cd、Zn、Pb 复合污染对吊兰生理生化指标影响的极差分析

指标 4 (叶绿素 a)	重金属元素			指标 5 (叶绿素 b)	重金属元素		
	Cd	Zn	Pb		Cd	Zn	Pb
K_1	449.51	651.7	556.79	K_1	65.47	92.45	71.49
K_2	555.64	720.71	558.25	K_2	83.95	91.16	75.52
K_3	700.59	443.52	541.91	K_3	70.47	58.32	67.64
K_4	487.96	377.77	536.75	K_4	69.33	47.29	74.57
k_1	112.38	169.93	139.20	k_1	16.37	23.11	17.87
k_2	138.91	180.18	139.56	k_2	20.99	22.79	18.88
k_3	175.15	110.88	135.48	k_3	17.62	14.58	16.91
k_4	121.99	94.44	134.19	k_4	17.33	11.82	18.64
R_4	62.77	85.74	5.38	R_5	4.62	11.29	1.97

续表

指标6	重金属元素			指标7	重金属元素			指标8	重金属元素		
(POD)	Cd	Zn	Pb	(MDA)	Cd	Zn	Pb	(CAT)	Cd	Zn	Pb
K_1	1.11	0.64	0.68	K_1	9643.78	8658.14	8912.65	K_1	1.53	1.15	1.67
K_2	0.32	0.68	0.62	K_2	10093.97	7921.43	8497.28	K_2	1.54	1.55	1.74
K_3	0.51	0.46	0.46	K_3	8819.39	8815.74	8177.87	K_3	1.69	1.60	1.68
K_4	0.26	0.42	0.44	K_4	5594.07	8755.9	8563.41	K_4	2.02	2.48	1.69
k_1	0.28	0.16	0.17	k_1	2410.95	2164.54	2228.16	k_1	0.38	0.29	0.42
k_2	0.08	0.17	0.16	k_2	2523.94	1980.36	2124.32	k_2	0.39	0.39	0.44
k_3	0.13	0.12	0.12	k_3	2204.85	2203.94	2044.47	k_3	0.42	0.40	0.42
k_4	0.07	0.11	0.11	k_4	1398.52	2188.98	2140.85	k_4	0.51	0.62	0.42
R_6	0.21	0.07	0.06	R_7	1124.98	223.58	183.70	R_8	0.12	0.33	0.02

5.5.3.3 Cd、Zn、Pb复合污染对吊兰生长影响的方差分析

极差分析 R 值的大小只能在一定程度上说明各因素对试验指标值作用的大小，而因素所起作用的大小是否在统计学上有意义，还需进一步进行方差分析。

表 5-63 是三因素四水平复合污染试验的方差分析检验表。由表可知土壤添加的 Zn 对吊兰的生长指标以及叶片中 MDA 含量的影响是显著性因素，在 $P<0.05$ 水平上具有统计学意义。土壤添加的 Cd 对吊兰株高、POD 和 CAT 活性的影响是显著性因素，在 $P<0.05$ 水平上具有统计学意义。在所有所测指标中，Pb 对吊兰生长的影响最小，全部没有达到显著水平。这也进一步显示了，吊兰对本书研究范围的土壤 Pb 污染，具有良好的耐性。

表 5-63 Cd、Zn、Pb 复合污染对吊兰生长影响的方差分析

因变量	方差来源	差方和	自由度	F 值	$\lambda 0.05$	显著性
根长	Cd 浓度	6.723	3	5.036	9.280	不显著
	Zn 浓度	563.159	3	421.842	9.280	显著
	Pb 浓度	3.125	3	2.341	9.280	不显著
	误差 S_E	1.33	3	—	—	—
株高	Cd 浓度	33.238	3	9.829	9.280	显著
	Zn 浓度	406.622	3	120.249	9.280	显著
	Pb 浓度	5.184	3	1.533	9.280	不显著
	误差 S_E	94.682	3	—	—	—
鲜重	Cd 浓度	0.172	3	0.382	9.280	不显著
	Zn 浓度	14.921	3	27.840	9.280	显著
	Pb 浓度	0.113	3	0.211	9.280	不显著
	误差 S_E	6.431	3	—	—	—

续表

因变量	方差来源	差方和	自由度	F 值	$\lambda 0.05$	显著性
叶绿素 a	Cd 浓度	103.247	3	0.086	9.280	不显著
	Zn 浓度	17017.688	3	14.173	9.280	显著
	Pb 浓度	73.077	3	0.061	9.280	不显著
	误差 S_E	14408.077	3	—	—	—
叶绿素 b	Cd 浓度	1.312	3	0.091	9.280	不显著
	Zn 浓度	379.210	3	26.392	9.280	显著
	Pb 浓度	0.230	3	0.020	9.280	不显著
	误差 S_E	172.421	3	—	—	—
POD	Cd 浓度	0.054	3	8.997	9.280	显著
	Zn 浓度	0.011	3	1.816	9.280	不显著
	Pb 浓度	0.010	3	1.614	9.280	不显著
	误差 S_E	0.072	3	—	—	—
MDA	Cd 浓度	0.038	3	6.124	9.280	不显著
	Zn 浓度	0.184	3	29.825	9.280	显著
	Pb 浓度	0.000	3	0.000	9.280	不显著
	误差 S_E	0.074	3	—	—	—
CAT	Cd 浓度	2768179.707	3	55.941	9.280	显著
	Zn 浓度	29693.236	3	0.600	9.280	不显著
	Pb 浓度	23363.005	3	0.472	9.280	不显著
	误差 S_E	594098.226	3	—	—	—

6 栽培吊兰对重金属污染土壤微生物数量和土壤酶活性的影响

面对土壤重金属污染问题，最主要的问题是控制和治理。如何有效指示和监测重金属带来的土壤污染成为这一研究的前提。由于植物吸收、根系分泌物和根际土壤微生物活动等的影响，植物根际土壤环境与非根际环境截然不同。根际环境受到土壤类型、植物种类、根际微生物作用等多个方面的影响，又反过来影响着根际土壤性质、土壤重金属的生态、化学过程和土壤微生物的组成，影响着土壤重金属的污染危害、营养元素的吸收，并进一步影响到邻近区域的土壤性质和重金属污染物的形态与行为，进而影响到植物的生长和品质。加强植物根际效应研究，对于了解土壤—植物系统中重金属的迁移转化规律，以及减轻土壤重金属污染的危害等都具有重要意义。

土壤微生物作为土壤的重要组成部分，可以很好地反映土壤中各种生物化学过程的动向和强度以及土壤环境的微小变化，并对重金属污染有较强的敏感性。土壤酶是土壤中各种生物化学过程中所必需的，具有特殊催化能力的一类蛋白质，并在土壤养分的转化、循环，以及降解土壤中有毒物质、消除土壤污染等方面发挥着重要作用。土壤酶活性对重金属的抑制或激活作用也比较敏感。因此可以将微生物含量和土壤酶活性作为土壤污染的重要生物活性指标。

6.1 研 究 设 计

植物材料。吊兰（*C. comosum*）幼苗取自安徽师范大学生态学实验室培养的吊兰母枝，剪下带有气生根的幼苗后于土中培养，幼苗生根稳定后取生长情况相近的幼苗进行试验。

栽培用土壤。采集安徽师范大学后山山坡园田土（土壤为黄棕壤，pH 为 5.99，电导率为 $105\mu S\cdot cm^{-1}$，有机质含量 $13.35g\cdot kg^{-1}$，全氮、全磷、全钾含量分别为 1.25、0.92、$8.04g\cdot kg^{-1}$；土壤全镉、铅、锌和铜含量分别为 0.56、46.350、79.50 和 $26.35mg\cdot kg^{-1}$），土壤采回后除去动植物残体、石砾等杂物，于室内通风处风干，磨细后过 3mm 筛后充分混匀备用。

重金属胁迫浓度设计。土壤铜胁迫的设计：我国《土壤环境质量标准》中规定，为保障农业生产，维护人体健康的土壤铜含量限制值为 $50mg\cdot kg^{-1}$（二级标准）；保障农林业生产和植物正常生长的土壤铜含量的临界值，即土壤中铜的最高允许浓度指标值为400mg·kg⁻¹（三级标准）。因此，本实验以二级标准（50mg·kg⁻¹）为最低铜处理浓度，三级标准（400mg·kg⁻¹）为最高铜处理浓度，依次设置 8 个浓度水平，具体为：向土壤中一次性加入不同体积的乙酸铜溶液，并将其混匀，使土壤的初始铜含量分别为 50、100、150、200、250、300、350 和 400mg·kg⁻¹（以 Cu^{2+} 计），以不添加铜的土壤为空白组（CK），共 9 个处理。

土壤镉胁迫的设计：前文研究发现吊兰对镉具有极强的耐性，其对镉的耐受值能超过 1000mg·kg⁻¹。因此，本实验以 1mg·kg⁻¹ 为最低镉处理浓度，1000mg·kg⁻¹ 为最高镉处理浓度，依次设置 8 个浓度水平，具体如下：向土壤中一次性加入不同体积的乙酸镉溶液，并将其混匀，使土壤的初始镉含量分别为 1、10、50、100、300、600、800、1000mg·kg⁻¹，以不添加镉的土壤为空白组（CK），共 9 个处理。

土壤铅胁迫的设计：相关研究也表明吊兰在铅浓度为 2000mg·kg⁻¹ 时能存活下来（Wang et al., 2011），为了进一步研究吊兰对铅的耐受性，我们将铅的最高浓度设置为 2500mg·kg⁻¹，而实验结果也表明：吊兰在 2500mg·kg⁻¹ 的铅污染下能存活下来。故我们以 200mg·kg⁻¹ 为最低铅处理浓度，以 2500mg·kg⁻¹ 为最高铅处理浓度。本实验以乙酸铅为重金属添加剂，一次性加入不同体积的乙酸铅溶液，并将其与土壤充分混匀，使土壤含铅量分别为 200、500、1000、1500、2000 和 2500mg·kg⁻¹，以不添加铅的土壤为对照（CK），共 7 个处理。

土壤锌胁迫的设计：本实验以乙酸锌为重金属添加剂，一次性加入不同体积的乙酸锌溶液，并将其与土壤充分混匀，使土壤含锌量分别为 200、500、1000、1500、2000 和 2500mg·kg⁻¹，以不添加锌的土壤为对照（CK），共 7 个处理。

栽培试验。将土壤静置 2 周。将混匀后加有不同重金属浓度的土装入对应的花盆中，每盆装土 700g，其中根际 300g，非根际 400g（两者用 400 目尼龙筛网袋分开）。实验设栽种吊兰的实验组和不栽培吊兰的对照组。保持土壤含水量60%，并预培养 4 周（林琦等，1998；陈文清等，2009）。土壤预培养结束后，选取长势一致，健壮的吊兰，用自来水，蒸馏水冲洗数次后，移入实验组花盆中，每盆栽种 2 株。

取样分析。分别在第 1 天（栽培当天）、第 18 大、第 36 天、第 54 天和第72天取实验组根际、非根际及对照组适量土样，立即去除植物残体、根系和可见的土壤动物等，0～4℃冷藏保存，用于土壤微生物、土壤酶活性、土壤呼吸强度、有机质和重金属含量测定（李伟，2013；韦晶晶，2013）。

测定方法。土壤微生物数量测定：细菌采用牛肉膏培养基平板表面涂布法；放线菌采用改良高氏一号培养基平板表面涂布法；真菌采用 PDA 培养基平板表面涂布法（刘国生，2007）。土壤酶活性测定参照关松荫（1987）介绍的方法，过氧化氢酶采用滴定法测定，活性以 1g 土壤培养 20min 后消耗的 0.1mol·L⁻¹ KMnO₄

的毫升数表示；磷酸酶采用磷酸苯二钠比色法测定，活性以 2h 后 100g 土壤中 P_2O_5 的毫克数表示；蔗糖酶采用 $0.1mol \cdot L^{-1}$ $Na_2S_2O_3$ 滴定法测定，其活性以 1g 土壤 37℃ 下培养 24h 后，对照与实验的 $0.1mol \cdot L^{-1}$ $Na_2S_2O_3$ 滴定毫升数之差表示；脲酶采用苯酚钠比色法测定，活性以 24h 内 1g 土壤中 NH_3^+-N 的毫克数表示。采用静态气室法测定土壤呼吸强度，采用水合热法测定有机质含量，土样经盐酸-硝酸-高氯酸消解后，使用日本岛津（SHIMADZU）AA-6800 型原子吸收分光光度计，以火焰原子吸收分光光度法测定铜含量。

数据处理。使用 Microsoft Excel 对平行样的平均值和标准差进行计算，同时使用 SPSS 17.0 进行不同处理之间的 LSD 多重比较，以及数据之间的相关性分析。

6.2 栽培吊兰对 Cu 污染土壤微生物数量和土壤酶活性的影响

6.2.1 栽培吊兰对 Cu 污染土壤中微生物数量的影响

6.2.1.1 吊兰对铜污染土壤中细菌数量的影响

铜处理浓度较低时对细菌生长的抑制作用不明显，甚至具有一定的促进作用，但是当铜处理浓度达到 $200mg \cdot kg^{-1}$ 时，细菌数量相较于 CK 开始显著下降，且随着铜处理浓度的增加这种抑制作用越显著（表 6-1）。土壤中细菌数量随着铜浓度的增加而逐渐降低。培养第 72 天，测得根际组土壤中细菌菌落数较 CK 下降了 34.37%。比较不同时期土壤中细菌数量可以发现，培养初期，细菌数量开始增多，至培养第 36 天，细菌的数量达到最高，随后略有降低并趋于稳定。至培养第72 天，根际土壤与非根际土壤细菌数量差异不大，可能是根际与非根际土壤微生物之间的交互作用引起的。对照组则在各时期差异不大。

表 6-1　土壤中细菌数量的动态变化

组别	浓度 $(mg \cdot kg^{-1})$	土壤中细菌数量 $(\times 10^5 CFU \cdot g^{-1})$				
		第 1 天	第 18 天	第 36 天	第 54 天	第 72 天
根际组	CK	0.667±0.577 abE	34.333±0.577aD	44.333±0.577bA	38.667±0.577bB	37.333±1.155aC
	50	1.000±0.000aE	34.667±0.577aD	47.333±0.577aA	42.000±0.000aB	38.333±0.577aC
	100	0.667±0.577 abE	24.000±1.000bD	45.000±0.000bA	42.667±0.577aB	33.000±0.000bC
	150	0.667±0.577 abE	20.000±0.000cD	43.667±3.055bA	38.333±1.528bB	26.000±1.000cC
	200	0.333±0.577 abE	15.000±1.000dD	38.333±1.155cA	35.000±2.646cB	15.667±0.577dC
	250	0.333±0.577 abE	6.000±1.000eD	32.333±0.577dA	28.667±0.577dB	15.000±0.000deC
	300	0.333±0.577 abE	4.000±1.000fD	31.667±0.577dA	26.333±0.577deB	14.333±0.577efC
	350	0.000±0.000cE	3.667±0.577fD	29.333±0.577eA	24.000±0.000eB	13.667±0.577fC
	400	0.000±0.000cD	1.333±0.577gD	23.667±0.577fA	21.000±2.646fB	10.667±0.577gC

续表

组别	浓度 (mg·kg⁻¹)	土壤中细菌数量（×10⁵CFU·g⁻¹）				
		第1天	第18天	第36天	第54天	第72天
非根际组	CK	0.667±0.577 abE	14.000±0.000bB	20.333±0.577bA	20.000±0.000bA	20.333±0.577Aa
	50	1.000±0.000aE	16.333±0.577aC	24.667±2.082a A	21.667±0.577aB	20.667±0.577aB
	100	0.667±0.577 abE	11.667±0.577cC	21.000±1.000bA	17.667±0.577cB	17.000±1.732bB
	150	0.667±0.577 abE	8.000±1.000dC	19.333±1.528bcA	15.000±0.000dB	14.333±0.577cB
	200	0.333±0.577 abE	3.333±0.577eC	18.000±1.000cA	14.333±0.577dB	12.667±0.577dC
	250	0.333±0.577 abE	1.667±0.577fC	15.667±0.577dA	12.333±0.577eB	11.667±0.577deB
	300	0.333±0.577 abE	1.333±0.577fC	15.333±0.577dA	11.333±1.155fB	11.000±0.000eB
	350	0.000±0.000cE	1.333±0.577fD	12.333±0.577eA	9.000±0.000gB	7.333±0.577fC
	400	0.000±0.000cD	1.000±0.000fD	11.333±0.577e	8.333±0.577gB	6.667±0.577fC
对照组	CK	0.667±0.577 abC	2.333±0.577bAB	2.667±0.577bcA	1.667±0.577abABC	1.333±0.577abBC
	50	1.000±0.000aD	3.333±0.577aB	4.000±0.000aA	2.000±0.000aC	2.000±0.000aC
	100	0.667±0.577 abC	2.000±0.000bB	3.000±0.000bA	1.333±0.577abcBC	1.333±0.577abBC
	150	0.667±0.577 abC	2.000±0.000bAB	2.667±0.577bcA	1.333±0.577abcBC	1.000±0.000bcC
	200	0.333±0.577 abC	1.667±0.577bAB	2.000±0.000cA	1.000±0.000bcdBC	1.000±0.000bcBC
	250	0.333±0.577 abA	0.333±0.577cA	1.000±0.000dA	0.667±0.577cdA	0.667±0.577bcA
	300	0.333±0.577 abA	0.333±0.577cA	0.667±0.577dA	0.333±0.577dA	0.333±0.577cA
	350	0.000±0.000cA	0.333±0.577cA	0.667±0.577dA	0.333±0.577dA	0.333±0.577cA
	400	0.000±0.000cA	0.000±0.000cA	0.333±0.577dA	0.333±0.577dA	0.333±0.577cA

注：表中数据为平均值±标准差，同一列中的不同小写字母表示同一时间不同浓度处理下存在显著性差异（$P<0.05$）；同一行中的不同大写字母表示处理浓度下不同时期存在显著性差异（$P<0.05$），下同

比较不同组土壤中细菌数量可以发现，种植吊兰后，有效地降低了土壤铜污染对土壤中细菌的抑制作用，实验组各时期各处理组细菌数量比对照组显著的增加了，其中根际组细菌数量显著高于其他两组。分析其原因，可能有以下几个方面：第一，吊兰具有吸收和向地上部转运 Cu^{2+} 的能力，导致其根际土壤中 Cu^{2+} 有效性降低，从而降低了土壤铜胁迫对微生物的毒害作用。第二，吊兰根系的生长减缓了铜对土壤微生物的毒害。第三，吊兰的根系分泌物促进了土壤微生物的生长。

6.2.1.2 吊兰对铜污染土壤中放线菌数量的影响

与 CK 相比，铜胁迫下土壤中放线菌的数量下降了，并且随着铜浓度的增加，土壤中放线菌数量下降显著。且随着铜处理浓度的增加这种抑制作用越显著（表 6-2）。培养第 72 天，测得根际组土壤中放线菌菌落数较 CK 下降了 71.88%。

比较不同时期土壤中放线菌数量可以发现，培养初期，放线菌数量开始增多，

至培养第 36 天，放线菌的数量达到最高，随后略有降低并趋于稳定。对照组则各个时期差异不大。

比较不同组土壤中放线菌数量可以发现，种植吊兰后，有效地降低了土壤铜污染对土壤中放线菌的抑制作用，实验组各时期各处理组放线菌数量比对照组显著的增加了，其中根际组放线菌数量显著高于其他两组。这可能是由于吊兰在其生长过程中，其根系不停地向土壤中分泌各种有机物、无机物和生长激素，为根际微生物提供了丰富的营养和能量，使得植物根际的微生物数量高于根外土壤，产生了根际效应。

表 6-2　土壤中放线菌数量的动态变化

组别	浓度 (mg·kg^{-1})	土壤中放线菌数量（×10^3 CFU·g^{-1}）				
		第 1 天	第 18 天	第 36 天	第 54 天	第 72 天
根际组	CK	0.667±0.577aD	7.667±0.577aC	14.667±0.577aA	11.667±0.577aB	11.333±0.577aB
	50	0.333±0.577abD	6.000±0.000bC	9.000±1.000bA	7.333±0.577bB	6.333±0.577bBC
	100	0.333±0.577 abD	5.000±0.000cC	8.667±1.155bA	7.000±1.000bB	5.667±0.577bBC
	150	0.000±0.000bE	3.000±0.000dD	8.667±0.577bA	6.667±0.577bB	5.333±0.577bC
	200	0.000±0.000 bE	2.000±0.000eD	5.333±0.577cA	4.000±0.000cB	3.333±0.577cC
	250	0.000±0.000bD	2.000±0.000eC	4.667±1.155cA	3.333±0.577cB	2.667±0.577cdBC
	300	0.000±0.000bC	2.333±0.577eB	4.333±0.577cA	3.333±0.577cAB	2.333±1.528cdB
	350	0.000±0.000bB	1.333±0.577fA	2.000±0.000dA	2.000±0.000dA	1.667±0.577dA
	400	0.000±0.000bB	1.000±0.000fAB	2.000±1.000dA	1.667±0.577dA	1.333±0.577dA
非根际组	CK	0.667±0.577aB	4.667±0.577aA	8.333±0.577aA	6.667±0.577aA	7.667±0.577aB
	50	0.333±0.577abAB	4.333±0.577aA	6.333±0.577bA	4.333±1.528bA	3.333±0.577bB
	100	0.333±0.577abAB	3.333±0.577bA	5.000±0.000cA	3.333±0.577bcA	3.000±0.000bcB
	150	0.000±0.000bAB	2.000±0.000cA	4.667±0.577cA	2.667±0.577cdA	2.333±0.577bcdB
	200	0.000±0.000 bAB	2.000±0.000cA	2.667±0.577dA	2.333±0.577cdA	2.000±0.000cdB
	250	0.000±0.000bAB	1.667±0.577cdA	2.667±0.577dA	2.000±0.000cdAB	1.333±0.577deB
	300	0.000±0.000bAB	1.667±0.577cdAB	2.000±0.000deA	1.667±0.577dAB	1.333±1.528deB
	350	0.000±0.000bA	1.000±0.000deA	1.667±0.577deA	1.667±1.528dA	0.667±0.577eA
	400	0.000±0.000bA	0.667±0.577eA	1.000±1.000eA	1.333±0.577dA	0.667±0.577eA
对照组	CK	0.667±0.577aD	2.000±0.000aC	6.333±0.577aA	5.000±1.000aB	4.000±1.000aB
	50	0.333±0.577abC	1.667±0.577aB	3.000±0.000bA	2.000±0.000bAB	2.000±1.000bAB
	100	0.333±0.577 abB	0.667±0.577bB	2.333±0.577bcA	1.000±0.000cB	1.333±0.577bcB
	150	0.000±0.000bC	0.333±0.577bcC	2.000±0.000cdA	1.000±0.000cB	1.333±0.577bcB
	200	0.000±0.000 bB	0.000±0.000cB	1.333±0.577cdA	0.333±0.577cdB	1.000±0.000dcdA
	250	0.000±0.000bA	0.000±0.000cA	0.333±0.577eA	0.333±0.577cdA	0.333±0.577cdA
	300	0.000±0.000bA	0.000±0.000cA	0.333±0.577eA	0.333±0.577cdA	0.000±0.000dA
	350	0.000±0.000bA	0.000±0.000ecA	0.000±0.000eA	0.000±0.000dA	0.000±0.000dA
	400	0.000±0.000bA	0.000±0.000cA	0.000±0.000eA	0.000±0.000dA	0.000±0.000dA

6.2.1.3　吊兰对铜污染土壤中真菌数量的影响

铜处理浓度较低时对真菌生长的抑制作用不明显，甚至具有一定的促进作用，但是当铜处理浓度达到 150mg·kg^{-1} 时，真菌数量相较于 CK 开始显著下降，且随着铜处理浓度的增加这种抑制作用越显著（表 6-3）。土壤中真菌数量随着铜浓度的增加而逐渐降低。培养第 72 天，测得根际组土壤中真菌菌落数较 CK 下降了 37.90%。

表 6-3　土壤中真菌数量的动态变化

组别	浓度 （mg·kg^{-1}）	土壤中真菌数量（×10^3 CFU·g^{-1}）				
		第 1 天	第 18 天	第 36 天	第 54 天	第 72 天
根际组	CK	3.333±0.577 aE	24.667±0.577 bD	35.667±0.577 bA	27.667±0.577 bB	26.333±0.577 bC
	50	4.333±1.155 aC	28.333±0.577 aB	38.667±3.215 aA	30.333±1.155 aB	27.667±0.577 aB
	100	4.000±1.000 aC	25.333±1.528 bB	36.667±2.082 abA	27.667±0.577 bB	25.667±1.155 bB
	150	3.000±1.000 aC	19.333±0.577 cB	22.667±0.577 cA	20.333±0.577 cB	19.333±0.577 cB
	200	3.000±1.000 aC	17.333±0.577 dB	19.667±0.577 dA	18.333±0.577 dB	17.667±0.577 dB
	250	1.000±0.000 bE	13.333±0.577 eD	15.667±0.577 eA	11.000±0.000 eB	9.333±1.155 eC
	300	0.667±0.577 bD	12.000±0.000 fB	13.667±0.577 efA	7.667+0.577 fC	7.000±0.000 fC
	350	0.667±0.577 bD	9.333±0.577 gB	12.333±1.528 fA	4.667±0.577 gC	3.667±1.155 gC
	400	0.667±0.577 bD	7.333±0.577 hB	9.333±0.577 gA	3.667±0.577 gC	3.000±0.000 gC
非根际组	CK	3.333±0.577 aD	15.667±0.577 cC	18.333±0.577 bB	19.667±0.577 bA	19.667±0.577 aA
	50	4.333±1.155 aC	20.333±0.577 aB	24.667±4.041 aA	22.667±0.577 aAB	21.000±1.000 aAB
	100	4.000±1.000 aC	18.000±0.000 bB	19.333±0.577 bA	20.333±0.577 bA	19.667±0.577 aA
	150	3.000±1.000 aC	14.667±0.577 dB	18.000±0.000 bA	18.000±0.000 cA	15.667±1.528 bB
	200	3.000±1.000 aC	10.667±0.577 eA	11.333±0.577 cA	10.000±1.000 dAB	9.000±1.000 cB
	250	1.000±0.000 bC	6.667±0.577 fB	8.000±1.000 dA	7.000±0.000 eAB	6.667±0.577 dB
	300	0.667±0.577 bC	6.667±0.577 fAB	7.333±2.082 dA	4.667±0.577 fB	4.667±0.577 eB
	350	0.667±0.577 bD	4.333±0.577 gB	6.667±1.155 dA	3.333±0.577 gBC	2.333±0.577 fC
	400	0.667±0.577 bC	2.333±0.577 hB	6.333±0.577 dA	1.333±0.577 hC	1.000±0.000 fC
对照组	CK	3.333±0.577 aD	12.000±1.000 bB	13.667±0.577 cA	11.667±0.577 bB	10.333±0.577
	50	4.333±1.155 aD	16.000±1.000 aAB	17.333±0.577 aA	15.000±1.000 aB	13.333±0.577
	100	4.000±1.000 aC	12.667±0.577 bB	16.000±0.000 bA	12.333±0.577 bB	12.000±1.000
	150	3.000±1.000 aC	10.000±0.000 cB	13.000±1.000 cA	8.667±1.155 cB	8.667±0.577
	200	3.000±1.000 aC	4.667±0.577 dBC	9.333±0.577 dA	6.000±1.000 dB	5.000±2.646
	250	1.000±0.000 bD	3.000±1.000 eC	8.000±1.000 eA	3.667±0.577 eC	6.000±1.000
	300	0.667±0.577 bC	3.000±0.000 eB	7.000±0.000 eA	3.667±0.577 eB	3.667±0.577
	350	0.667±0.577 bC	2.333±0.577 efB	4.333±0.577 fA	3.000±1.000 efAB	3.000±1.000
	400	0.667±0.577 bB	1.333±0.577 fAB	2.000±0.000 gA	2.000±0.000 fA	1.667±0.577

比较不同时期土壤中真菌数量可以发现，实验组随着培养时间的增加，土壤中的真菌开始增多，到第 36 天时达到最大值，随后略有降低，并趋于稳定。这可

能是因为种入吊兰后，吊兰的根茎叶受到了不同程度的损害，这些残体的分解，造成土壤中真菌生长所需要的有机物的增加，故造成真菌的暂时增多，当吊兰适应环境后，真菌的数量便逐渐稳定。对照组则各个时期差异不大。

比较不同组土壤中真菌数量可以发现，土壤中真菌数量依次为：根际组>非根际组>对照组，由此可见种植吊兰后，有效地降低了土壤铜污染对土壤中真菌的抑制作用。

总体来说，低浓度的铜污染（<100mg·kg^{-1}）促进了土壤微生物的生长，高浓度则抑制其生长；土壤微生物数量与铜处理浓度呈负相关。重金属铜污染下土壤中微生物数量依次为根际组>非根际组>对照组，根际组土壤中细菌、放线菌和真菌的数量均显著高于其他两组。重金属铜污染下土壤中三大类微生物数量为：细菌>真菌>放线菌；其敏感性大小为：放线菌>真菌>细菌。实验组土壤中微生物数量随着栽培时间的增加先增后减，到第36天时，土壤的微生物数量达到最多，随后逐渐减少，在培养后期趋于稳定，且根际组与非根际组的差异减小。对照组土壤受重金属铜影响，且没有吊兰修复，其微生物数量很少，且随培养时间的增加无显著变化。

6.2.2　吊兰对Cu污染土壤中酶活性的影响

6.2.2.1　吊兰对铜污染土壤中脲酶活性的影响

添加重金属铜后，吊兰根际土壤脲酶活性显著被抑制，且随着铜浓度的增加呈现不断下降的趋势（表6-4）。测定的5个培养时期，土壤脲酶活性与铜浓度的相关系数分别为–0.737、–0.817、–0.915、–0.969、–0.966。随着培养时间的增加，脲酶活性逐渐增大，各处理组脲酶的活性均有不同程度的恢复。

表6-4　土壤脲酶活性的动态变化

组别	浓度 (mg·kg^{-1})	脲酶活性（NH$_3$-N,mg·g^{-1}·24h^{-1}）				
		第1天	第18天	第36天	第54天	第72天
根际组	CK	27.391±0.077aD	33.277±1.178aC	51.836±0.204aB	63.249±0.077aA	64.097±0.308aA
	50	8.652 ±0.077bE	15.721±0.733bD	45.050±0.204bC	60.087±0.278bB	60.884±0.161bA
	100	7.727±0.077cE	13.690±0.223cD	34.151±0.118cC	49.831±0.602cB	52.042±0.089cA
	150	4.719±0.077dE	12.173±0.568dD	27.622±0.077dC	39.806±0.204dB	43.456±0.236dA
	200	3.717±0.077eE	11.274±0.077eD	21.941±0.089eC	37.801±0.134eB	41.040±0.267eA
	250	3.357±0.045fE	10.426±0.267fD	20.116±0.161fC	24.589±0.584fB	29.653±0.045fA
	300	3.100±0.077gE	8.909±0.045fD	18.780±0.045gC	22.918±0.469gB	27.725±0.161gA
	350	2.766±0.045hE	7.829±0.118gD	14.950±0.194hC	21.376±0.336hB	27.314±0.077gA
	400	2.508±0.045iE	5.824±0.161hD	12.482±0.118iC	20.065±0.077iB	26.388±0.540hA

续表

组别	浓度 (mg·kg⁻¹)	脲酶活性（NH₃-N,mg·g⁻¹·24h⁻¹）				
		第1天	第18天	第36天	第54天	第72天
非根际组	CK	27.391±0.077aE	30.938±0.278aD	40.372±0.292aC	51.759±0.736aB	52.479±0.236aa
	50	8.652 ±0.077bE	13.510±0.077bD	29.524±0.248bC	42.942±0.045bB	48.237±0.118bA
	100	7.727±0.077cE	11.659±0.077cD	21.479±1.116cC	34.742±1.914cB	38.290±0.045cA
	150	4.719±0.077dE	11.300±0.045dD	16.055±0.482dC	28.779±0.308dB	34.254±0.231dA
	200	3.717±0.077eE	10.503±0.134eD	15.052±0.204eC	25.000±0.336eB	32.532±0.236eA
	250	3.357±0.045fE	7.367±0.089eD	12.662±0.000fC	17.700±0.045fB	22.712±0.118fA
	300	3.100±0.077gE	6.441±0.045fD	12.096±0.161gC	15.875±0.089gB	22.070±0.134gA
	350	2.766±0.045hE	5.130±0.045gD	11.428±0.077hC	14.256±0.178hB	20.887±0.161gA
	400	2.508±0.045iE	4.256±0.000hD	11.068±0.194iC	12.456±0.045iB	20.142±0.077hA
对照组	CK	27.391±0.077aE	28.033±0.118aD	30.193±0.118aC	32.532±0.089aA	31.401±0.204aB
	50	8.652 ±0.077bE	9.577±0.077bD	14.127±0.134bC	23.381±0.469bB	26.465±0.077bA
	100	7.727±0.077cE	8.626±0.161cD	13.484±0.161cC	19.448±0.278cB	24.126±0.089cA
	150	4.719±0.077dE	8.164±0.045dD	12.816±0.231dC	15.207±0.154dB	18.086±0.161dA
	200	3.717±0.077eE	7.033±0.154eD	11.685±0.045eC	13.896±0.077eB	16.081±0.161eA
	250	3.357±0.045fE	4.436±0.118eD	9.243±0.089fC	11.839±0.161fB	13.664±0.154fA
	300	3.100±0.077gF	3.614±0.045fD	8.935+0.045gC	11.171±0.118gB	12.585±0.154gA
	350	2.766±0.045hE	3.125±0.045gD	8.678±0.118hC	9.552±0.194hB	11.505±0.154gA
	400	2.508±0.045iE	2.868±0.077hD	7.752±0.118iC	8.883±0.134iB	10.528±0.045hA

　　培养的5个时期，吊兰根际土壤脲酶活性分别比CK下降83.32%、67.75%、52.95%、45.36%、39.84%；吊兰非根际土壤脲酶活性分别比对CK下降83.32%、71.65%、59.95%、53.69%、43.04%；对照组土壤脲酶活性分别比CK下降83.32%、78.85%、64.10%、56.44%、47.04%。种植吊兰的实验组脲酶活性显著高于对照组，即根际组>非根际组>对照组，且这种差异性在吊兰生长不同时期均表现为显著（P<0.05，如表6-5、表6-6所示），由此可以推测，种植吊兰可以有效修复土壤脲酶活性。根际组与非根际组脲酶活性的变化趋势相似。

表6-5　实验组与对照组脲酶活性配对 T 检验

指标	第18天		第36天		第54大		第72天	
	根际	非根际	根际	非根际	根际	非根际	根际	非根际
T	14.500	11.348	5.113	3.979	6.533	5.091	9.038	8.342
P	0.000**	0.000**	0.001**	0.004**	0.000**	0.001**	0.000**	0.000**

表6-6　根际组与非根际组土壤脲酶活性配对 T 检验

指标	第18天	第36天	第54天	第72天
T	7.633	5.633	8.415	8.959
P	0.000**	0.000**	0.000**	0.000**

表6-7　土壤磷酸酶活性的动态变化

磷酸酶活性（P₂O₅,mg·100g⁻¹·2h⁻¹）

组别	浓度(mg·kg⁻¹)	第1天	第18天	第36天	第54天	第72天
根际组	CK	16372.011±31.325aD	20260.384±27.128bC	29393.538±15.662bB	32449.980±15.662bA	32459.023±15.662bA
	50	16281.584±41.439aE	20576.879±31.325aD	30288.768±15.662aC	36275.054±15.662aB	36338.353±15.662aA
	100	15766.148±31.325bE	18894.932±15.662cD	26572.207±15.662cC	31536.665±15.662cB	31690.391±56.472cA
	150	15286.884±210.717cD	17420.968±15.662dC	24546.637±54.256dB	26662.635±27.128dA	26707.848±109.637dA
	200	14355.483±15.662dE	17185.857±15.662eD	24103.543±31.325eC	26020.601±15.662eB	26101.986±15.662eA
	250	12881.519±93.975eD	16245.413±0.000fC	23524.808±41.439fB	25315.268±15.662fA	25649.849±407.224fA
	300	10222.957±118.249fE	15341.140±82.878gD	22756.177±27.128gC	24103.543±62.650gB	24474.295±15.662gA
	350	9617.094±15.662gE	14527.295±15.662hD	21508.280±27.128hC	23967.902±56.472hB	24212.056±15.662hA
	400	8016.531±15.662hE	13387.911±68.271iD	21155.614±0.000iC	23253.527±15.662iB	23425.338±15.662iA
非根际组	CK	16372.011±31.325aD	19410.368±15.662bC	27512.651±15.662bB	31907.416±31.325aA	31970.716±15.662bA
	50	16281.584±41.439aE	19600.265±15.662aD	27756.805±56.472aC	32459.023±15.662aB	32630.835±27.128aA
	100	15766.148±31.325bD	17041.173±31.325cC	25179.627±31.325cB	31165.913±0.000bA	31401.024±15.662cA
	150	15286.884±210.717cE	16471.481±31.325dD	23280.655±41.439dC	26237.627±31.325cB	26418.481±27.128dA
	200	14355.483±15.662dE	16236.370±15.662eD	22882.775±15.662eC	25622.721±31.325dB	25939.217±15.662eA
	250	12881.519±93.975eE	15386.354±15.662fD	21842.861±31.325fC	24926.431±27.128eB	25188.670±15.662fA
	300	10222.957±118.249fE	14165.586±15.662gD	20866.247±15.662gC	23832.261±41.439fB	24257.269±15.662gA
	350	9617.094±15.662gE	13758.663±15.662hD	19699.735±15.662hC	23506.723±31.325gB	23823.218±31.325hA
	400	8016.531±15.662hE	12565.023±15.662iD	19338.026±27.128iC	22937.031±15.662hB	23289.697±41.439iA
对照组	CK	16372.011±31.325aD	17990.659±15.662aC	19989.102±27.128bB	20866.247±15.662bA	20839.118±15.662bA
	50	16281.584±41.439aE	18081.087±31.325aD	20151.871±27.128aC	20992.845±27.128aB	21273.169±15.662aA
	100	15766.148±31.325bE	15856.576±15.662bD	17710.335±27.128cC	18623.650±31.325cB	18795.462±27.128cA
	150	15286.884±210.717cD	15503.909±15.662cdC	17249.156±27.128dB	17746.506±15.662dA	17900.232±54.256dA
	200	14355.483±15.662dE	14671.978±27.128cdD	16652.336±27.128eC	17249.156±27.128eB	17430.010±15.662eA
	250	12881.519±93.975eC	14183.671±1574.136dB	15323.055±27.128fAB	15928.918±15.662fA	16136.900±27.128fA
	300	10222.957±118.249fE	11796.391±27.128eD	14482.081±27.128gC	15567.208±27.128gB	15711.892±15.662gA
	350	9617.094±15.662gE	11317.127±15.662eD	14048.030±27.128hC	15133.158±27.128hB	15295.927±27.128hA
	400	8016.531±15.662hE	11091.059±27.128eD	13650.150±41.439iC	14861.876±27.128iB	14934.218±31.325iA

6.2.2.2　吊兰对铜污染土壤中磷酸酶活性的影响

低浓度的铜处理增加了吊兰根际土壤磷酸酶活性，随着铜的增加，磷酸酶活性逐渐降低，且随着铜浓度的增加呈现不断下降的趋势（表6-7）。测定的5个培养时期，土壤磷酸酶活性与铜浓度的相关系数分别为-0.963、-0.988、-0.953、-0.898、-0.894。随着培养时间的增长，受微生物数量变化等的影响，吊兰根际土壤磷酸酶活性逐渐变大。

培养的5个时期，吊兰根际土壤磷酸酶活性分别比CK下降21.80%、17.59%、17.30%、16.64%、15.82%；吊兰非根际土壤磷酸酶活性分别比CK下降21.80%、19.36%、17.83%、17.46%、16.74%；而对照组土壤磷酸酶活性分别比CK下降21.80%、21.83%、19.16%、18.47%、17.54%。种植吊兰的实验组磷酸酶活性显著高于对照组，即根际组>非根际组>对照组，且实验组与对照组磷酸酶活性差异性在吊兰生长不同时期均表现为显著（$P<0.05$，如表6-8所示），由此可以推测种植吊兰可以提高土壤中磷酸酶的活性。在培养的后期，根际组与非根际组磷酸酶活性之间没有显著性差异（$P>0.05$，如表6-9所示）。

表6-8　实验组与对照组磷酸酶活性配对 T 检验

指标	第18天		第36天		第54天		第72天	
	根际	非根际	根际	非根际	根际	非根际	根际	非根际
T	14.115	9.248	24.895	25.295	12.699	16.885	13.147	17.844
P	0.000**	0.000**	0.000**	0.000**	0.000**	0.000**	0.000**	0.000**

表6-9　根际组与非根际组土壤磷酸酶活性配对 T 检验

指标	第18天	第36天	第54天	第72天
T	9.210	12.831	2.039	1.793
P	0.000**	0.000**	0.076	0.111

6.2.2.3　吊兰对铜污染土壤中蔗糖酶活性的影响

随着铜处理浓度的增加，蔗糖酶的活性逐渐降低，两者呈负相关（表6-10）。测定的5个培养时期，土壤蔗糖酶活性与铜浓度的相关系数分别为-0.947、-0.986、-0.965、-0.978、-0.990。种入吊兰后，随着培养时间的增加，吊兰根际土壤蔗糖酶的活性逐渐提高。

培养的5个时期，吊兰根际土壤蔗糖酶活性分别比CK下降21.07%、19.15%、17.15%、16.41%、15.50%；吊兰非根际土壤蔗糖酶活性分别比CK下降21.07%、

20.82%、17.77%、17.34%、16.60%；对照组土壤蔗糖酶活性分别比 CK 则下降 21.07%、21.06%、18.66%、18.42%、17.24%。种植吊兰的实验组蔗糖酶活性显著高于对照组，即根际组>非根际组>对照组，且这种差异性在吊兰生长不同时期均表现为显著（$P<0.05$，如表 6-11、表 6-12 所示），由此可以推测，种植吊兰可以有效修复土壤中蔗糖酶的活性。对照组土壤蔗糖酶活性随土壤铜浓度的变化趋势与实验组的变化趋势相似。随着培养时间的增加，添加铜的土壤蔗糖酶活性逐渐恢复，由此可见重金属铜对土壤酶的抑制作用的暂时的。

表 6-10　土壤蔗糖酶活性的动态变化

组别	浓度 (mg·kg^{-1})	蔗糖酶活性（mg·g^{-1}·24h^{-1}）				
		第 1 天	第 18 天	第 36 天	第 54 天	第 72 天
根际组	CK	12.185±0.109aE	14.055±0.000aD	14.929±0.021aC	15.469±0.033aB	15.896±0.033aA
	50	10.735±0.012bE	13.301±0.025bD	13.458±0.012bC	14.389±0.012bB	14.929±0.021bA
	100	10.308±0.012cE	12.548±0.012cD	13.280±0.033cC	13.834±0.012cB	14.474±0.044cA
	150	10.003±0.021dE	12.185±0.012dD	13.102±0.012dC	13.486±0.081dB	14.247±0.021dA
	200	9.853±0.021eE	11.794±0.000eD	12.327±0.021eC	13.152±0.033eB	13.806±0.012eA
	250	9.413±0.049fE	10.628±0.049fD	12.228±0.012fC	12.569±0.101fB	13.067±0.012fA
	300	9.114±0.012gE	10.507±0.025gD	11.958±0.012gC	12.249±0.025gB	12.768±0.033gA
	350	8.830±0.021hE	10.074±0.012hD	11.567±0.033hC	12.014±0.044hB	12.135±0.021hA
	400	8.687±0.012iE	9.867±0.025iD	11.033±0.012iC	11.751±0.021iB	12.029±0.021iA
非根际组	CK	12.185±0.109aE	13.443±0.025aD	14.247±0.021aC	14.922±0.105aB	15.285±0.012aA
	50	10.735±0.012bE	12.206±0.012bD	12.761±0.012bC	13.678±0.012bB	14.154±0.012bA
	100	10.308±0.012cE	12.036±0.025cD	12.576±0.033cC	13.323±0.012cB	13.749±0.012cA
	150	10.003±0.021dE	11.723±0.012dD	12.441±0.012dC	13.059±0.099dB	13.493±0.033dA
	200	9.853±0.021eE	11.204±0.012eD	11.744±0.025eC	12.619±0.105eB	13.024±0.033eA
	250	9.413±0.049fE	9.974±0.025fD	11.396±0.012fC	12.036±0.012fB	12.242±0.056fA
	300	9.114±0.012gE	9.668±0.025gD	11.168±0.033gC	11.495±0.043gB	12.000±0.025gA
	350	8.830±0.021hE	9.327±0.012hD	10.898±0.021hC	11.304±0.021hB	11.709±0.021hA
	400	8.687±0.012iE	9.014±0.025iD	10.735±0.033iC	11.161±0.012iB	11.602±0.021iA
对照组	CK	12.185±0.109aE	12.953±0.012aD	13.315±0.025aC	14.154±0.012aB	14.552±0.033aA
	50	10.735±0.012bE	11.680±0.025bD	12.569±0.033bC	13.095±0.021bB	13.330±0.021bA
	100	10.308±0.012cE	11.517±0.000cD	12.206±0.012cC	12.654±0.012cB	12.839±0.021cA
	150	10.003±0.021dE	11.296±0.025dD	11.837±0.021dC	12.228±0.033dB	12.448±0.012dA
	200	9.853±0.021eE	10.721±0.012eD	11.040±0.012eC	11.751±0.021eB	12.157±0.021eA
	250	9.413±0.049fE	9.548±0.012fD	10.266±0.044fC	10.955±0.012fB	11.574±0.012fA
	300	9.114±0.012gE	9.420±0.025gD	9.860±0.033gC	10.706±0.021gB	11.453±0.021gA
	350	8.830±0.021hE	9.007±0.012hD	9.576±0.021hC	10.557±0.021hB	11.375±0.012hA
	400	8.687±0.012iE	8.616±0.000iD	9.292±0.049iC	10.429±0.021iB	11.168±0.033iA

表 6-11　实验组与对照组蔗糖酶活性配对 T 检验

指标	第 18 天		第 36 天		第 54 天		第 72 天	
	根际	非根际	根际	非根际	根际	非根际	根际	非根际
T	16.595	13.725	10.649	5.964	29.459	16.902	11.554	9.081
P	0.000**	0.000**	0.000**	0.000**	0.000**	0.000**	0.000**	0.000**

表 6-12　根际组与非根际组土壤蔗糖酶活性配对 T 检验

指标	第 18 天	第 36 天	第 54 天	第 72 天
T	10.699	12.913	16.091	13.227
P	0.000**	0.000**	0.000**	0.000**

6.2.2.4　吊兰对铜污染土壤中过氧化氢酶活性的影响

随着铜处理浓度的增加，过氧化氢酶的活性逐渐降低，与铜浓度呈显著负相关（表 6-13），测定的 5 个培养时期，土壤过氧化氢酶活性与铜浓度的相关系数分别为 –0.992、–0.954、–0.941、–0.996、–0.996，可以推测重金属铜对过氧化氢酶活性有抑制作用。种入吊兰后，随着培养时间的增加，吊兰根际土壤过氧化氢酶的活性逐渐变大，各处理组过氧化氢酶的活性均有不同程度的恢复。

表 6-13　土壤过氧化氢酶活性的动态变化

组别	浓度 $(mg \cdot kg^{-1})$	过氧化氢酶活性 $(0.02 mol \cdot L^{-1} \, KMnO_4, mL \cdot g^{-1})$				
		第 1 天	第 18 天	第 36 天	第 54 天	第 72 天
根际组	CK	0.137±0.000aE	0.198±0.000aD	0.410±0.000aC	0.468±0.003aB	0.477±0.003aA
	50	0.132±0.000bE	0.192±0.001bD	0.387±0.003bC	0.460±0.000bB	0.468±0.003bA
	100	0.126±0.002cE	0.179±0.001cD	0.385±0.000bC	0.448±0.003cB	0.457±0.003cA
	150	0.122±0.001dE	0.176±0.000dD	0.380±0.000cC	0.443±0.003cB	0.448±0.003dA
	200	0.115±0.003eE	0.175±0.000eD	0.378±0.003cC	0.437±0.003dB	0.443±0.003eA
	250	0.107±0.000fE	0.161±0.001fD	0.375±0.000dC	0.428±0.003eB	0.435±0.000fA
	300	0.103±0.001gE	0.160±0.001gD	0.370±0.000eC	0.422±0.006fB	0.428±0.003gA
	350	0.102±0.001gE	0.160±0.000ghD	0.365±0.000fC	0.408±0.003gB	0.423±0.003hA
	400	0.097±0.000hE	0.159±0.000hD	0.357±0.003gC	0.402±0.003hB	0.413±0.003iA
非根际组	CK	0.137±0.000aE	0.163±0.001aD	0.387±0.003aC	0.462±0.003aB	0.473±0.003aA
	50	0.132±0.000bE	0.157±0.000bD	0.368±0.003bC	0.455±0.000bB	0.467±0.003bA
	100	0.126±0.002cE	0.150±0.003cD	0.362±0.006cC	0.447±0.003cB	0.455±0.000cA
	150	0.122±0.001dE	0.146±0.006cD	0.357±0.003cdC	0.435±0.005dB	0.447±0.003dA
	200	0.115±0.003eE	0.134±0.002eD	0.353±0.006dC	0.428±0.003eB	0.437±0.003eA
	250	0.107±0.000fE	0.128±0.000fD	0.347±0.003eC	0.412±0.006fB	0.427±0.003fA
	300	0.103±0.001gE	0.127±0.000fD	0.342±0.003efC	0.402±0.003gB	0.415±0.000gA
	350	0.102±0.001gE	0.127±0.000fD	0.337±0.003fC	0.397±0.003gB	0.408±0.003hA
	400	0.097±0.000hE	0.126±0.000fD	0.327±0.003gC	0.387±0.003hB	0.403±0.003iA

续表

组别	浓度 ($mg \cdot kg^{-1}$)	过氧化氢酶活性（$0.02mol \cdot L^{-1} KMnO_4, mL \cdot g^{-1}$）				
		第 1 天	第 18 天	第 36 天	第 54 天	第 72 天
对照组	CK	0.137±0.000aE	0.152±0.000aD	0.307±0.003aC	0.433±0.003aB	0.438±0.003aA
	50	0.132±0.000bE	0.137±0.000bD	0.287±0.003bC	0.422±0.003bB	0.428±0.003bA
	100	0.126±0.002cE	0.134±0.001cD	0.283±0.002cC	0.413±0.003cB	0.423±0.003cA
	150	0.122±0.001dC	0.133±0.001cC	0.288±0.014cdB	0.408±0.003dA	0.417±0.003dA
	200	0.115±0.003eE	0.129±0.000dD	0.280±0.000dC	0.400±0.000eB	0.407±0.003eA
	250	0.107±0.000fD	0.126±0.000eC	0.272±0.003eB	0.378±0.003fA	0.382±0.003fA
	300	0.103±0.001gE	0.124±0.000eD	0.260±0.000efC	0.367±0.003gB	0.373±0.003gA
	350	0.102±0.001gE	0.119±0.000eD	0.252±0.003fC	0.358±0.003gB	0.372±0.003hA
	400	0.097±0.000hE	0.116±0.000eD	0.242±0.003gC	0.343±0.003hB	0.362±0.003iA

培养的 5 个时期，吊兰根际土壤过氧化氢酶活性分别比 CK 下降 17.59%、13.96%、8.64%、7.96%、7.78%；吊兰非根际土壤过氧化氢酶活性分别比 CK 下降 17.59%、15.72%、9.75%、8.98%、8.67%；对照组土壤过氧化氢酶活性分别比 CK 下降 17.59%、16.25%、11.85%、10.87%、9.79%。种植吊兰的实验组过氧化氢酶活性显著高于对照组，即根际组>非根际组>对照组，且这种差异性在吊兰生长不同时期均表现为显著（$P<0.05$，如表 6-14、表 6-15 所示），由此可以推测，种植吊兰可以有效修复土壤中过氧化氢酶的活性。非根际组、对照组土壤过氧化氢酶活性随土壤铜浓度的变化趋势与根际组的变化趋势相似。

表 6-14　实验组与对照组过氧化氢酶活性配对 *T* 检验

指标	第 18 天		第 36 天		第 54 天		第 72 天	
	根际	非根际	根际	非根际	根际	非根际	根际	非根际
T	22.002	4.833	41.761	42.390	13.758	18.974	14.044	20.130
P	0.000**	0.001**	0.000**	0.000**	0.000**	0.000**	0.000**	0.000**

表 6-15　根际组与非根际组土壤过氧化氢酶活性配对 *T* 检验

指标	第 18 天	第 36 天	第 54 天	第 72 天
T	27.887	20.537	5.239	3.978
P	0.000**	0.000**	0.001**	0.004**

综合上述四种土壤酶活性的变化，与 CK 相比，低浓度的铜污染（<50$mg \cdot kg^{-1}$）促进了磷酸酶的活性，而对脲酶、蔗糖酶、过氧化氢酶活性影响不大。当铜处理浓度达到 100$mg \cdot kg^{-1}$ 时，4 种土壤酶活性均下降，并随着铜处理浓度增加，下降的幅度越来越显著。种植吊兰，有效地降低了铜污染对土壤酶活性的抑制作用，

随着培养时间的延长，各处理组土壤酶活性均得到不同程度的修复，其恢复程度依次为根际组>非根际组>对照组。土壤酶对铜污染的敏感顺序为：脲酶>磷酸酶>蔗糖酶>过氧化氢酶。脲酶可以作为土壤铜污染的监测指标和植物对铜污染土壤修复效果的评价指标之一。

6.2.3　吊兰对 Cu 污染土壤中全铜含量、土壤呼吸速率及有机质的影响

6.2.3.1　吊兰对铜污染土壤全铜含量的影响

我国《土壤环境质量标准》中规定，保障农业生产，维护人体健康的土壤限制值为 50～100mg·kg^{-1}（二级标准），主要适用于一般农田、蔬菜地、茶园、果园、牧场等土壤，土壤质量基本上对植物和环境不造成危害和污染（Ⅱ类土壤）。检测土壤重金属是否超标最直接的方法就是测量土壤中重金属总量。本研究中，实验组的土壤全铜含量极显著低于对照组（表 6-16、表 6-17）。根际组土壤全铜含量显著高于非根际组，可以看出，吊兰对土壤中的铜有一定的富集作用，能够通过吸收有效态铜来修复铜污染土壤。

表 6-16　土壤全铜的含量

浓度（mg·kg^{-1}）	全铜含量（mg·kg^{-1}）		
	根际组	非根际组	对照组
CK	28.267±0.306i	28.000±0.529i	28.000±0.400i
50	66.533±2.914h	71.333±4.632h	73.867±3.002h
100	114.533±3.239g	108.400±1.637g	121.000±0.872g
150	161.267±4.120f	144.467±10.621f	174.067±5.914f
200	194.600±8.102e	180.667±6.616e	203.533±0.115e
250	236.733±21.685d	224.933±3.408d	245.533±1.848d
300	274.800±6.083c	271.333±22.905c	272.400±3.105c
350	323.000±10.433b	301.333±7.925b	339.067±1.815b
400	359.533±2.894a	347.467±6.313a	378.867±2.386a

表 6-17　实验组和对照组关于土壤全铜含量的配对 T 检验

指标	根际组-非根际组	根际组-对照组	非根际组-对照组
T	3.216	−3.658	−3.720
P	0.012*	0.006**	0.006**

6.2.3.2　吊兰对铜污染土壤呼吸速率的影响

土壤呼吸速率是土壤微生物活性的体现，代表了土壤代谢的旺盛度，可用来衡量微生物生命活动的强度，是研究土壤重金属污染的重要生物学参数之一。不同浓度的铜处理对土壤呼吸速率都有一定的促进作用，且低浓度的铜处理对土壤呼吸速率的促进作用高于高浓度的铜处理（图6-1、表6-18），土壤呼吸在重金属胁迫下增强作用可能用以满足土壤微生物对重金属产生耐性后的能量需求（Giller et al.,1998）。各处理组在铜胁迫下测得的土壤呼吸速率的大小依次为：根际组>非根际组>对照组，各组之间差异极显著。由此可见吊兰的生长在一定程度上促进了土壤呼吸速率的增加。

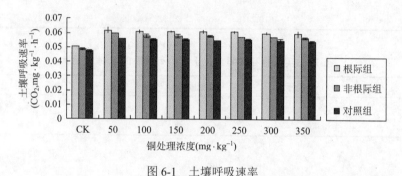

图 6-1　土壤呼吸速率

表 6-18　实验组和对照组关于土壤呼吸速率的配对 T 检验

指标	根际组-非根际组	根际组-对照组	非根际组-对照组
T	14.800	15.828	10.114
P	0.000**	0.000**	0.000**

6.2.3.3　吊兰对铜污染土壤有机质含量的影响

土壤有机质含量是指单位体积土壤中含有的各种动植物残体与微生物及其分解合成的有机物质的数量。土壤有机质含量的高低反映了土壤生物的含量以及土壤肥力的高低，可以在一定程度上反映土壤受重金属污染的程度。铜胁迫对土壤有机质含量的影响不大，有机质的含量保持相对稳定。对比不同的组别可以看出，根际组有机质含量要高于非根际组、对照组；非根际组与对照组之间无显著性差异（表6-19、表6-20）。由此可见种植吊兰可以提高其根系附近区域的有机质含量。

表 6-19　土壤有机质含量

浓度（mg·kg^{-1}）	有机质含量（g·kg^{-1}）		
	根际组	非根际组	对照组
CK	26.781±0.692a	24.764±0.000a	25.864±0.477a
50	26.048±0.159a	16.968±0.794e	21.920±0.159de
100	26.139±0.000a	17.610±0.477e	24.305±0.794b
150	24.580±0.318b	23.296±0.159b	21.829±0.318ef
200	24.672±0.159b	21.462±0.728c	21.553±0.794ef
250	24.488±0.477c	19.169±0.159d	20.820±0.318f
300	21.829±0.318c	18.985±0.477d	22.471±0.794cde
350	24.305±0.794b	23.296±0.159b	23.296±0.159c
400	23.846±0.794b	23.388±0.000b	22.929±0.794cd

表 6-20　实验组和对照组关于土壤有机质的配对 T 检验

指标	根际组-非根际组	根际组-对照组	非根际组-对照组
T	3.509	3.784	−1.967
P	0.008**	0.005**	0.085

6.3　栽培吊兰对 Cd 污染土壤微生物数量和土壤酶活性的影响

6.3.1　栽培吊兰对 Cd 污染土壤中微生物的影响

6.3.1.1　栽培吊兰对镉污染土壤中细菌数量的影响

与 CK 相比，低浓度的镉处理下，土壤中细菌的数量显著增加，由此可见低浓度的镉具有促进土壤中细菌生长的作用。但是当镉处理浓度达到300mg·kg^{-1}时，细菌数量相较于 CK 开始显著下降，且随着镉处理浓度的增加这种抑制作用越显著（表6-21）。

比较不同时期土壤中细菌数量可以发现，在培养第 18 天，实验组土壤中细菌数量明显增多，培养第 18 天后，土壤细菌数呈减少趋势，且高浓度降低速度大于低浓度，但是在培养后期细菌数基本保持不变，甚至部分略有回升，不仅显示出细菌对镉的耐性较强，而且可以推测较强抗镉细菌的存在。将吊兰根际土壤细菌数量和培养时间之间进行回归分析，得出方程：$y=42.266+11.460x-0.127x^2$，由方程可得出在第 45.12 天时细菌数量达到最高点。

表 6-21 土壤细菌数量的动态变化

组别	浓度 (mg·kg^{-1})	细菌数量（×10^{5}CFU·g^{-1}）				
		第1天	第18天	第36天	第54天	第72天
根际组	CK	0.667±0.577abE	34.333±0.577eD	44.333±0.577cdA	38.667±0.577dB	37.333±1.155cC
	1	1.000±0.000aC	80.667±1.155aA	63.000±5.292aB	61.333±2.082aB	84.000±1.732aA
	10	0.667±0.577abC	66.667±1.528bA	56.667±1.155bB	55.333±0.577bB	55.667±2.309bB
	50	0.333±0.577abE	50.667±0.577cA	47.333±0.577cB	41.667±0.577cC	39.333±0.577cD
	100	0.000±0.000bE	45.000±0.000dA	41.667±0.577dB	37.333±0.577dC	33.000±1.000dD
	300	0.667±0.577abE	31.333±2.309fA	24.333±0.577eB	17.333±0.577eC	16.000±2.000eC
	600	0.333±0.577abD	16.000±0.000gA	10.333±0.577fB	9.000±0.000fC	8.667±0.577fC
	800	0.333±0.577abC	15.333±0.577gA	6.333±0.577gB	6.000±1.000gB	6.000±1.000gB
	1000	0.000±0.000bE	10.667±0.577hA	6.333±0.577gB	4.667±0.577gC	3.000±0.000hD
非根际组	CK	0.667±0.577abC	14.000±1.732fB	20.333±0.577dA	20.000±1.000cA	20.333±0.577dA
	1	1.000±0.000aD	70.667±0.577aA	42.333±0.577aC	41.333±0.577aC	49.667±5.132aB
	10	0.667±0.577abC	44.667±1.528bA	41.000±1.000aB	39.667±0.577bB	41.333±0.577bB
	50	0.333±0.577abC	32.667±1.155cB	37.667±0.577bA	38.667±1.528bA	37.000±1.000cA
	100	0.000±0.000bD	22.667±0.577dB	34.667±0.577cA	12.333±0.577dC	11.667±1.528eC
	300	0.667±0.577abE	18.333±0.577eB	22.333±1.155dA	9.667±0.577eC	7.333±1.155fD
	600	0.333±0.577abD	8.333±1.528gB	14.000±1.732eA	6.667±0.577fBC	5.333±0.577fgC
	800	0.333±0.577abB	2.000±1.000hB	6.000±2.000fA	1.667±1.155gB	4.333±0.577fgA
	1000	0.000±0.000bB	0.333±0.577hB	2.667±2.000fA	1.000±0.000gAB	2.000±1.000gAB
对照组	CK	0.667±0.577abC	2.333±0.577bAB	2.667±0.577aA	0.667±0.577bC	1.333±0.577abcdBC
	1	1.000±0.000aD	5.333±0.577aA	3.667±0.577aB	3.667±0.577aB	2.667±0.577aC
	10	0.667±0.577abB	3.000±0.000bA	3.333±0.577aA	3.333±0.577aA	2.333±1.155abA
	50	0.333±0.577abC	2.667±0.577bAB	3.000±0.000aA	2.667±0.577aAB	1.667±1.155abcB
	100	0.000±0.000bB	1.333±0.577cA	1.667±0.577bA	1.000±0.000bAB	1.000±1.000bcdAB
	300	0.667±0.577abAB	0.667±0.577cAB	1.333±0.577bcA	0.000±0.000bB	0.667±0.577cdAB
	600	0.333±0.577abA	0.333±0.577cA	1.333±0.577bcA	1.000±1.000bA	0.667±0.577cdA
	800	0.333±0.577abA	0.333±0.577cA	0.667±0.577bcA	0.667±0.577bA	0.333±0.577cdA
	1000	0.000±0.000bA	0.667±0.577cA	0.333±0.577cA	0.333±0.577bA	0.000±0.000cdA

比较不同组土壤中细菌数量可以发现，种植吊兰后，有效地降低了土壤镉污染对土壤中细菌的抑制作用，实验组各时期各处理组细菌数量均较对照组出现显著增加。

6.3.1.2 栽培吊兰对镉污染土壤中放线菌数量的影响

与 CK 相比，低浓度的镉作用促进了放线菌生长，当镉浓度达到 100mg·kg^{-1}

时，土壤中的放线菌数量开始低于 CK，且随着浓度的增加，放线菌数量递减（表 6-22）。比较不同时期土壤中放线菌数量可以发现，在培养开始至第 36 天为止这段时间放线菌数呈现上升，将吊兰根际土壤放线菌数量和培养时间之间进行回归分析，得出方程 $y=-11.362+5.423x-0.060x^2$，由方程可得出在第 45.19 天时放线菌数

表 6-22　土壤放线菌数量的动态变化

组别	浓度 (mg·kg^{-1})	放线菌数量（×10^3 CFU·g^{-1}）				
		第 1 天	第 18 天	第 36 天	第 54 天	第 72 天
根际组	CK	0.667±0.577aD	7.667±0.577cC	14.667±0.577dA	11.667±0.577cB	11.333±0.577dB
	1	0.000±0.000aE	16.000±0.000aD	42.667±1.155aA	22.000±1.000aB	20.000±1.000aC
	10	0.333±0.577aD	12.670±0.577bC	36.667±0.577bA	18.667±0.577bB	17.333±1.528bB
	50	0.000±0.000aE	8.333±0.577cD	33.000±0.000cA	17.333±2.082bB	15.333±0.577cC
	100	0.000±0.000aE	2.000±0.000dD	9.333±0.577eA	7.667±0.577dB	5.667±0.577eC
	300	0.333±0.577aC	2.333±0.577dB	6.000±2.000fA	6.333±0.577deA	4.667±0.577efA
	600	0.000±0.000aC	0.333±0.577eC	5.667±1.528fA	6.000±0.000eA	3.667±1.155fgB
	800	0.000±0.000aC	0.000±0.000eC	3.000±1.000gA	3.000±0.000fA	2.000±0.000ghB
	1000	0.333±0.577aB	0.000±0.000eB	3.667±1.155gA	3.000±1.000fA	2.333±0.577hA
非根际组	CK	0.667±0.577aD	4.667±0.577dC	8.333±0.577dA	6.667±0.577cB	7.667±0.577cAB
	1	0.000±0.000aD	15.667±0.577aC	22.000±1.732aA	20.000±1.000aB	14.333±1.155aC
	10	0.333±0.577aD	11.333±0.577bC	18.667±0.577bA	13.667±0.577bB	11.333±1.528bC
	50	0.000±0.000aC	7.333±0.577cB	16.000±1.000cA	7.667±0.577cB	7.333±0.577cB
	100	0.000±0.000aC	1.667±0.577eB	6.333±0.577eA	1.333±0.577efB	1.667±0.577dB
	300	0.333±0.577aC	1.667±0.577eBC	5.667±1.528eA	2.667±0.577dB	1.000±0.000dC
	600	0.000±0.000aC	0.667±0.577fBC	4.667±0.577eA	2.000±1.000deB	1.000±1.732dBC
	800	0.000±0.000aA	0.000±0.000fA	0.667±1.155fA	0.333±0.577fgA	0.333±0.577dA
	1000	0.333±0.577aA	0.333±0.577fA	0.000±0.000fA	0.000±0.000gA	0.333±0.577dA
对照组	CK	0.667±0.577aE	2.000±0.000aD	6.000±0.000aA	5.000±0.000aB	4.000±1.000aC
	1	0.000±0.000aD	0.333±0.577cdCD	4.667±2.082abA	2.333±0.577bB	2.000±0.000bBC
	10	0.333±0.577aC	1.333±0.577abcBC	3.000±1.000bcA	1.667±0.577bcB	1.667±0.577bcB
	50	0.000±0.000aC	1.333±0.577abcB	3.333±0.577bcA	1.333±0.577bcB	1.000±0.000dB
	100	0.000±0.000aB	0.667±1.155bcdB	3.333±0.577bcA	1.333±1.528bcB	0.333±0.577dB
	300	0.333±0.577aB	0.000±0.000dB	2.000±0.000cdA	1.000±1.732bcAB	0.000±0.000dB
	600	0.000±0.000aB	0.000±0.000dB	1.667±0.577cdA	0.000±0.000cB	0.667±1.155cdAB
	800	0.000±0.000aA	0.000±0.000dA	1.000±1.000deA	0.667±1.155bcA	0.333±0.577dA
	1000	0.333±0.577aB	1.667±0.577abA	0.000±0.000eB	0.333±0.577cB	0.000±0.000dB

量达到最高点。罗素群等（1987）研究表明，适量的镉对微生物生长具有促进作用，因此低浓度的镉处理组，放线菌在培养前期的 36 天呈上升；而高浓度的镉处理组，由于吊兰根系吸附等作用，降低了土壤中镉浓度，使放线菌也呈上升趋势。在培养了 36 天之后，可以看到放线菌均呈现下降。罗素群等研究发现，放线菌对镉的忍耐力很差，当液体培养基中镉含量高于 20mg·kg^{-1} 时便几乎不能生存。可以推测，第 36 天之后，随着时间的推移，吊兰对土壤中镉的吸附速度逐渐降低，且放线菌对镉的屏蔽作用也逐渐达到极限，从而使镉对放线菌的毒性逐渐增大，放线菌的生长受到抑制，故数量开始减少。但是另一方面作者团队研究发现吊兰对镉具有超耐性，因此高浓度镉处理下由于吊兰根系的修复作用，土壤中还有少量放线菌存在。

比较不同组土壤中放线菌数量可以发现，种植吊兰后，有效地降低了土壤镉污染对土壤中放线菌的抑制作用，尤其是低浓度镉处理实验组各时期各处理组放线菌数量比对照组显著的增加了。当镉浓度达到 800mg·kg^{-1} 时，实验组与对照组土壤放线菌数量均极少，两组放线菌数量无显著差异。

6.3.1.3 栽培吊兰对镉污染土壤中真菌数量的影响

与 CK 相比，低浓度的镉处理下真菌的数量增加了，高浓度镉处理下真菌的数量降低了，由此可见低浓度镉促进土壤真菌生长，高浓度镉则抑制其生长（表6-23）。

表6-23 土壤真菌数量的动态变化

组别	浓度 (mg·kg^{-1})	真菌数量（×10^3 CFU·g^{-1}）				
		第 1 天	第 18 天	第 36 天	第 54 天	第 72 天
根际组	CK	3.333±0.577D	24.667±0.577C	35.667±0.577B	27.667±0.577A	26.333±0.577A
	1	2.000±0.000D	21.333±0.577A	20.000±0.000B	16.667±0.577C	16.000±0.000B
	10	3.333±1.155C	19.667±1.155A	18.333±0.577A	15.000±0.000B	15.667±0.577A
	50	2.000±0.000D	18.667±0.577A	17.333±0.577B	14.000±0.000C	11.333±0.577B
	100	0.667±0.577D	15.667±0.577A	13.333±1.528B	10.667±0.577C	7.667±0.577B
	300	3.333±0.577D	12.333±1.155A	10.667±0.577B	8.667±0.577C	5.667±0.577B
	600	0.667±0.577D	10.667±0.577A	8.333±0.577B	7.000±0.000C	5.333±0.577B
	800	1.333±0.577C	10.333±1.528A	6.667±1.155B	4.667±0.577B	4.667±0.577B
	1000	1.333±0.577D	10.333±0.577A	6.000±0.000B	3.333±0.577C	3.000±0.000B
非根际组	CK	3.333±0.577C	15.667±0.577aB	18.333±0.577aA	19.667±0.577aA	19.667±1.155aA
	1	2.000±0.000D	15.333±0.577aA	12.333±0.577bB	10.667±0.577bC	10.667±0.577bC
	10	3.333±1.155D	14.000±0.000baA	12.000±0.000bB	9.667±0.577cC	9.333±0.577cC
	50	2.000±0.000D	13.667±0.577baA	11.667±0.577bcB	9.333±0.577cC	8.667±0.577cC
	100	0.667±0.577E	12.333±0.577caA	11.000±0.000cB	7.333±0.577dC	5.667±0.577dD
	300	3.333±0.577D	10.000±1.000dA	8.333±0.577dB	6.667±0.577dC	5.667±0.577dC
	600	0.667±0.577D	9.333±0.577deA	7.667±0.577dB	4.667±0.577eC	4.000±1.000eC
	800	1.333±0.577D	8.667±0.577eA	6.667±0.577eB	4.333±0.577eC	4.333±0.577eC
	1000	1.333±0.577D	8.333±0.577eA	5.333±0.577fB	3.667±0.577eC	3.333±0.577eC

组别	浓度 （mg·kg⁻¹）	真菌数量（×10³ CFU·g⁻¹）				
		第 1 天	第 18 天	第 36 天	第 54 天	第 72 天
对照组	CK	3.333±0.577D	12.000±1.000aB	13.667±0.577aA	11.667±0.577aB	10.333±0.577aC
	1	2.000±0.000D	10.667±0.577bAB	11.333±0.577bA	10.333±0.577bB	9.333±0.577bC
	10	3.333±1.155C	10.333±1.155bA	10.667±1.155bA	8.333±0.577cB	8.000±1.000cB
	50	2.000±0.000D	8.667±0.577cA	9.333±0.577cA	7.667±0.577cB	6.333±0.577dC
	100	0.667±0.577E	5.667±0.577dC	8.333±0.577dA	6.667±0.577dB	4.000±0.000eD
	300	3.333±0.577B	4.000±0.000eA	3.000±0.000eB	3.000±0.000eB	2.667±0.577fB
	600	0.667±0.577B	1.333±0.577fB	2.000±0.000fA	1.000±0.000fB	1.000±0.000gB
	800	1.333±0.577A	0.000±0.000gB	0.333±0.577gB	0.333±0.577fgB	0.000±0.000hB
	1000	1.333±0.577A	0.333±0.577fgB	0.000±0.000gB	0.000±0.000gB	0.000±0.000hB

比较不同时期土壤中真菌数量可以发现，种入吊兰至第 18 天这段时期，真菌数开始增多，推测可能由于种下吊兰后，吊兰根系的吸附作用以及在镉对吊兰的驯化过程中，吊兰的根茎叶受到了不同程度的损害，这些残体的分解，造成土壤中真菌生长所需要的有机物的增加，故真菌暂时增多了，当吊兰适应环境后，真菌的数量便逐渐减少。第 18 天以后，土壤中的真菌数量开始呈减少趋势，说明真菌对镉的耐性较弱。此外，应娇妍发现在含镉 100mg·L⁻¹ 中生长的茎点霉菌细胞周围有大量含镉沉积物，这种沉积物可能与镉被植物根系吸收有关，同时能促进土壤 pH 的大幅度上升，可见霉菌与镉有很强的相互作用，高浓度下霉菌对镉的拮抗作用更加明显。将吊兰根际土壤真菌数量和培养时间之间进行回归分析，得出方程：$y=26.483+4.196x-0.052x^2$，由方程可得出在第 12.62 天时真菌数量达到最高点。比较不同组土壤中真菌数量可以发现，种植吊兰后，有效地降低了土壤镉污染对土壤中真菌的抑制作用，实验组各时期各处理组真菌数量比对照组显著的增加了，其中根际组真菌数量显著高于其他两组（表 6-24）。

表 6-24　吊兰对根际组土壤中微生物数量的平均影响率

微生物类型	平均影响率（%）				
	第 1 天	第 18 天	第 36 天	第 54 天	第 72 天
细菌	−0.375	+0.152	0.278	−0.248	−17.746
放线菌	−81.250	−32.106	+19.318	−10.000	−21.691
真菌	−45.000	−39.696	−64.720	−63.855	−67.089

注："−"表示抑制作用；"+"表示促进作用

综合来看，低浓度镉处理促进了吊兰根际土壤细菌、放线菌数量，高浓度镉处理则抑制细菌、放线菌数量。重金属镉污染下土壤中三大类微生物数量为细菌>真菌>放线菌。随着培养时间的增加，细菌、放线菌和真菌数量先增加后降低。将根际组第 72 天的细菌、放线菌以及真菌与土壤镉浓度做双变量相关性分析，它们的相关系数分别为–0.806[**]、–0.796[*]和–0.740[*]，这说明三类微生物与镉浓度均呈负相关，且相关性显著。由平均影响率可知，真菌数量对重金属镉浓度变化最为敏感，这 3 类微生物对镉的敏感顺序为：真菌>放线菌>细菌。

6.3.2 栽培吊兰对 Cd 污染土壤中酶活性的影响

6.3.2.1 栽培吊兰对镉污染土壤中脲酶活性的影响

与 CK 相比，不同浓度的镉对吊兰根际土壤脲酶的影响主要表现为显著的抑制作用，且镉浓度越高抑制率越大（表 6-25）。测定的 5 个培养时期，土壤根际组脲酶活性与镉浓度的相关系数分别为–0.673、–0.679、–0.718、–0.588、–0.947。随着培养时间的增加，吊兰根际土壤脲酶活性逐渐增大。至培养第 72 天，镉污染对吊兰根际土壤脲酶活性的平均抑制率为 19.42%。

表 6-25 土壤脲酶活性的动态变化

组别	浓度 (mg·kg^{-1})	脲酶活性（NH$_3$-N,mg·g^{-1}·24h^{-1}）				
		第 1 天	第 18 天	第 36 天	第 54 天	第 72 天
根际组	CK	27.391±0.077aD	33.277±1.18aC	51.836±0.204aB	63.249±0.077aA	63.249±0.077aA
	1	13.536±0.161bE	18.754±0.278bD	35.051±0.364bC	45.590±0.077bB	61.321±0.077abA
	10	12.765±0.045cC	15.258±1.715cC	34.305±0.045bcB	41.940±0.980cB	59.419±11.004abA
	50	12.919±0.045cE	15.361±1.269cD	34.357±0.089bcC	41.117±1.164cB	57.748±0.045abA
	100	11.865±0.045dE	14.281±0.469cD	32.917±0.236bcdC	40.140±0.223dB	55.512±0.496bA
	300	10.477±0.089eE	11.891±0.771dD	30.218±0.321cdC	38.290±0.425eB	48.135±0.154cA
	600	8.780±0.118fE	9.500±0.134eD	29.319±0.077deC	37.339±0.077fB	42.968±0.204cdA
	800	7.084±0.045gD	8.986±0.465eD	25.797±4.565efC	36.644±0.077fB	41.785±0.161cdA
	1000	6.416±0.154hD	8.112±0.204eD	24.409±5.233fC	35.693±0.118gB	40.834±0.161dA
非根际组	CK	27.391±0.077aD	30.938±0.278aC	40.372±0.292aB	51.759±0.736aA	51.759±0.736aA
	1	13.536±0.161bD	14.461±0.271bD	31.195±1.718bC	40.834±0.045bB	45.590±0.077bA
	10	12.765±0.045cD	13.433±0.154bcD	30.038±0.161bcC	39.652±1.002cB	44.819±0.077cA
	50	12.919±0.045cD	13.536±0.161bcD	30.064±0.045bcC	39.626±0.849cB	44.793±0.045cA
	100	11.865±0.045dE	13.202±1.371bcD	29.293±0.194cdC	38.110±0.204dB	42.865±0.045dA
	300	10.477±0.089eE	11.685±0.712cD	28.059±0.045deC	36.285±0.118eB	40.860±0.045eA
	600	8.780±0.118fD	9.372±2.168dD	27.134±0.223eC	35.334±0.336fB	39.755±0.118fA
	800	7.084±0.045gD	8.858±2.332dD	24.512±1.514fC	32.480±0.154gB	38.521±0.045gA
	1000	6.416±0.154hE	7.906±0.312dD	22.455±0.154gC	31.709±0.154gB	37.518±0.089hA
对照组	CK	27.391±0.077aD	28.033±0.118aC	30.193±0.118aB	32.532±0.089aA	32.532±0.089aA
	1	13.536±0.161bE	13.793±0.045bD	27.057±0.089bC	30.964±0.118bB	31.401±0.154bA
	10	12.765±0.045cE	13.073±0.045cD	26.671±0.045cC	30.578±0.045cB	30.861±0.077cA
	50	12.919±0.045cE	13.099±0.045cD	26.722±0.045cC	30.527±0.045cB	30.809±0.045cA
	100	11.865±0.045dE	12.765±0.161dD	26.131±0.045dC	29.601±0.045dB	30.244±0.077dA
	300	10.477±0.089eE	11.145±0.161eD	25.206±0.045eC	28.445±0.045eB	29.267±0.045eA
	600	8.780±0.118fE	9.217±0.045fD	23.484±0.045fC	27.982±0.118fB	28.547±0.077fA
	800	7.084±0.045gE	8.421±0.077gD	19.474±0.118gC	27.005±0.077gB	27.494±0.194gA
	1000	6.416±0.154hE	7.238±0.045hD	18.343±0.089hC	25.771±0.353hB	26.311±0.154hA

在培养的第 1 天至 36 天，镉浓度为 100mg·kg^{-1} 时土壤脲酶活性出现了一个小波折，比镉浓度为 50mg·kg^{-1} 时的土壤脲酶活性稍高，在培养后期又低于镉浓度为 50mg·kg^{-1} 时的土壤脲酶活性，这一现象与沈桂琴和廖瑞章（1987）的"抗性酶活性"现象研究相似，即当重金属在土壤中达到一定质量分数时，大部分微生物死亡，而一小部分微生物在有毒物质污染下能生存下来，自行繁殖，从而产生抗性酶活性，表观上酶活性值降低后又增大，有时还会出现多个抗性峰。种植吊兰的实验组脲酶活性显著高于对照组，即根际组>非根际组>对照组，且这种差异性在吊兰生长不同时期均表现为显著（$P<0.05$，如表 6-26、表 6-27 所示），由此可以推测，种植吊兰可以有效修复镉污染土壤脲酶活性。

表 6-26　实验组与对照组脲酶活性配对 T 检验

指标	第 18 天		第 36 天		第 54 天		第 72 天	
	根际	非根际	根际	非根际	根际	非根际	根际	非根际
T	3.355	2.656	4.909	5.894	5.676	6.779	15.260	15.260
P	0.010**	0.029*	0.001**	0.000**	0.000**	0.000**	0.000**	0.000**

表 6-27　根际组与非根际组土壤脲酶活性配对 T 检验

指标	第 18 天	第 36 天	第 54 天	第 72 天
T	2.857	3.841	3.665	5.468
P	0.021*	0.005**	0.006**	0.001**

6.3.2.2　栽培吊兰对镉污染土壤中磷酸酶活性的影响

镉浓度低于 50mg·kg^{-1} 时对吊兰根际土壤磷酸酶活性表现出一定的促进作用，且在 50mg·kg^{-1} 镉浓度时酶活性达到最高值，在镉浓度高于 50mg·kg^{-1} 之后，随着镉浓度的上升酶活性下降（表 6-28）。这说明一定低浓度的镉处理对土壤磷酸酶活性具有一定的促进作用，而较高浓度的镉处理对土壤磷酸酶活性具有抑制作用。至培养第 72 天，镉污染对吊兰根际土壤磷酸酶活性的平均抑制率为 8.94%。测定的 5 个培养时期，土壤磷酸酶活性与镉浓度的相关系数分别为：−0.968、−0.956、−0.957、−0.957、−0.954。

随着培养时间的递增，土壤磷酸酶活性逐渐增大，种植吊兰的实验组磷酸酶活性显著高于对照组，即根际组>非根际组>对照组，且这种差异性在吊兰生长不同时期均表现为显著（$P<0.05$，如表 6-29、表 6-30 所示），由此可以推测，种植吊兰可以有效修复镉污染土壤磷酸酶活性。

表6-28 土壤磷酸酶活性的动态变化

组别	浓度 (mg·kg⁻¹)	磷酸酶活性（P_2O_5, mg·100g⁻¹·2h⁻¹）				
		第1天	第18天	第36天	第54天	第72天
根际组	CK	16372.011±31.325cD	20260.384±27.128cC	29393.538±15.662dB	32449.980±15.662cA	32459.023±15.662dA
	1	17728.420±41.439bE	22512.023±71.774bD	35162.798±56.472cC	37468.694±56.472bB	37640.505±31.325cA
	10	18035.873±544.594bD	23407.253±1882.625bC	35289.396±46.987bB	37513.907±27.128bA	38056.471±27.128bA
	50	19826.333±261.615aE	25740.277±27.128aD	37233.583±109.637aC	39602.777±97.812aB	40054.914±68.271aA
	100	16290.627±62.650cE	20088.572±41.439cD	29330.239±31.325dC	31952.630±27.128dB	32223.912±27.128eA
	300	15956.046±41.439cE	19934.846±71.774cD	27042.429±118.249eC	29447.795±41.439eB	29719.076±41.439fA
	600	9933.589±438.549dE	12049.588±1012.261eD	19925.803±41.439fC	22701.920±27.128fB	24031.201±27.128gA
	800	6343.627±46.987eE	8106.959±81.385fD	13532.59±27.128gC	17484.267±31.325gB	17755.548±31.325hA
	1000	5502.653±27.128fE	7582.480±15.662fD	12908.647±27.128hC	16824.148±41.439hB	16977.874±81.385iA
非根际组	CK	16372.011±31.325cE	19410.368±15.662dD	27512.651±15.662cC	31907.416±31.325dB	31970.716±15.662dA
	1	17728.420±41.439bD	19717.820±46.987cC	29402.581±140.962bB	32495.194±27.128cA	32522.322±27.128cA
	10	18035.873±544.594bD	19862.504±15.662bC	29465.880±15.662bB	32703.176±133.820bA	32811.689±15.662bA
	50	19826.333±261.615aD	20956.674±82.878aC	30017.486±41.439aB	35171.841±210.717aA	35343.653±27.128aA
	100	16290.627±62.650cE	19121.000±27.128eD	27331.796±41.439cC	30849.417±31.325eB	31084.528±54.256eA
	300	15956.046±41.439cD	18578.437±27.128fC	26753.062±15.662dB	27711.591±158.957fA	27792.976±41.439fA
	600	9933.589±438.549dD	11181.486±56.472gC	19057.701±68.271eB	21110.400±31.325gA	21200.827±41.439gA
	800	6343.627±46.987eE	7483.010±27.128hD	12980.989±302.492fC	16353.926±27.128hB	16869.361±54.256hA
	1000	5502.653±27.128fD	7094.173±41.439iC	12402.254±56.472gB	15928.918±31.325iA	15956.046±41.439iA

续表

组别	浓度 (mg·kg⁻¹)	磷酸酶活性（P_2O_5, mg·100g⁻¹·2h⁻¹）				
		第 1 天	第 18 天	第 36 天	第 54 天	第 72 天
对照组	CK	16372.011±31.325cD	17990.659±15.662cC	19989.102±27.128cB	20866.247±15.662dA	20839.118±15.662cA
	1	17728.420±41.439bD	18135.343±15.662bC	20522.623±41.439bB	21236.998±27.128cA	21255.084±15.662bA
	10	18035.873±544.594bC	18189.599±31.325bC	20558.794±27.128bB	21426.896±54.256bA	21444.981±56.472bA
	50	19826.333±26.615aC	19934.846±169.415aC	21517.323±15.662aB	22141.271±31.325aA	22204.570±41.439aA
	100	16290.627±62.650cD	17755.548±56.472dC	19772.077±97.812dB	20459.324±15.662eA	20549.751±68.271dA
	300	15956.046±41.439cD	16923.618±54.256eC	18415.668±93.975eB	19121.000±71.774fA	19211.428±56.472eA
	600	9933.589±432.549dD	10792.649±27.128fC	12872.476±56.472fB	16896.489±27.128gA	17258.198±314.422fA
	800	6343.627±46.987eE	6696.293±27.128gD	9743.692±15.662gC	14274.099±56.472hB	14454.953±151.043gA
	1000	5502.653±27.128fE	6171.815±15.662hD	9065.488±31.325hC	13225.142±15.662iB	13369.826±135.641hA

表 6-29　实验组与对照组磷酸酶活性配对 T 检验

指标	第 18 天		第 36 天		第 54 天		第 72 天	
	根际	非根际	根际	非根际	根际	非根际	根际	非根际
T	5.241	8.086	6.443	9.311	5.863	5.972	5.981	5.952
P	0.001**	0.000**	0.000**	0.000**	0.000**	0.000**	0.000**	0.000**

表 6-30　根际组与非根际组土壤磷酸酶活性配对 T 检验

指标	第 18 天	第 36 天	第 54 天	第 72 天
T	3.549	3.050	3.875	4.001
P	0.008**	0.016*	0.005**	0.004**

6.3.2.3 栽培吊兰对镉污染土壤中蔗糖酶活性的影响

与 CK 相比，吊兰根际土壤蔗糖酶活性在镉浓度低于 $100mg \cdot kg^{-1}$ 的时候均呈上升的趋势，在 $10mg \cdot kg^{-1}$ 镉浓度时酶活性达到最高值，而在镉浓度高于 $100mg \cdot kg^{-1}$ 之后，随着镉浓度的上升酶活性显著下降（表 6-31）；测定的 5 个培养时期，土壤蔗糖酶活性与镉浓度的相关系数分别为：–0.943、–0.900、–0.907、–0.910、–0.903。

表 6-31　土壤蔗糖酶活性的动态变化

组别	浓度 (mg·kg⁻¹)	蔗糖酶活性（mg·g⁻¹·24h⁻¹）				
		第 1 天	第 18 天	第 36 天	第 54 天	第 72 天
根际组	CK	12.185±0.109eE	14.062±0.012eD	14.929±0.021eC	15.469±0.033eB	15.896±0.033eA
	1	13.721±0.033dE	15.000±0.025cD	15.512±0.012cC	15.832±0.033cB	16.379±0.021cA
	10	14.503±0.021aD	16.870±0.021aC	17.744±0.021aA	18.619±0.021aB	18.939±0.021aB
	50	13.934±0.012bC	16.230±0.037bB	16.706±0.033bA	17.716±0.033bA	17.951±0.033bA
	100	13.187±0.033cE	14.702±0.033dD	15.192±0.062dC	15.640±0.025dB	15.946±0.033dA
	300	9.768±0.021fE	10.500±0.012fD	11.794±0.203fC	12.597±0.065fB	12.996±0.033fA
	600	8.165±0.021gE	10.109±0.056gD	11.062±0.044gC	11.417±0.151gB	11.673±0.012gA
	800	7.756±0.012hE	9.633±0.033hD	10.479±0.081hC	10.713±0.012hB	11.296±0.012hA
	1000	7.052±0.033iE	8.965±0.089iD	10.045±0.021iC	10.195±0.056iB	10.884±0.033iA
非根际组	CK	12.185±0.109eE	13.422±0.033dD	14.247±0.021eC	14.922±0.105	15.285±0.012eA
	1	13.721±0.033dE	14.332±0.037cD	14.872±0.012cC	15.299±0.012	15.533±0.012cA
	10	14.503±0.021aE	16.017±0.021aD	16.216±0.044aC	16.493±0.033	16.628±0.033aA
	50	13.934±0.012bE	15.007±0.033bD	15.427±0.033bC	16.202±0.025	16.422±0.043bA
	100	13.187±0.033cD	14.325±0.054cD	14.766±0.062dC	15.185±0.021	15.391±0.012dA
	300	9.768±0.021fE	10.102±0.012eD	10.728±0.021fC	11.822±0.012	12.014±0.033fA
	600	8.165±0.021gE	9.647±0.065fD	10.394±0.012gC	10.841±0.012	11.282±0.043gA
	800	7.756±0.012hE	9.206±0.033gD	10.138±0.033hC	10.365±0.021	10.692±0.044hA
	1000	7.052±0.033iE	8.410±0.012hD	9.832±0.021iC	9.974±0.089	10.522±0.012iA
对照组	CK	12.185±0.109eE	12.960±0.012eD	13.315±0.025e	14.154±0.012eB	14.552±0.033eA
	1	13.721±0.033dE	14.197±0.025dD	14.567±0.021c	14.929±0.021cB	15.007±0.012cA
	10	14.503±0.021aD	15.583±0.033aC	15.789±0.044a	15.974±0.037aA	16.003±0.044aA
	50	13.934±0.012bD	14.531±0.033bC	14.887±0.021b	15.441±0.021bA	15.462±0.021bA
	100	13.187±0.033cA	14.268±0.021cA	14.446±0.012d	14.652±0.222dA	14.631±0.043dAB
	300	9.768±0.021fD	9.811±0.021fD	10.280±0.021f	10.763±0.044fB	10.955±0.033fA
	600	8.165±0.021gD	9.491±0.021gD	9.740±0.033g	10.493±0.077gB	10.678±0.049gA
	800	7.756±0.012hC	8.950±0.062hC	9.370±0.012h	9.853±0.021hA	9.931±0.151hA
	1000	7.052±0.033iE	8.161±0.033iD	8.723±0.043i	9.114±0.012iB	9.462±0.089iA

　　随着培养时间的递增，吊兰根际土壤蔗糖酶活性逐渐增大，至培养第 72 天，镉污染对吊兰根际土壤蔗糖酶活性的平均抑制率为 8.84%。种植吊兰的实验组蔗糖酶活性显著高于对照组，即根际组>非根际组>对照组，且这种差异性在吊兰生长不同时期均表现为显著（$P<0.05$，如表 6-32、表 6-33 所示），由此可以推测，种植吊兰可以有效修复镉污染土壤蔗糖酶活性。

表 6-32　实验组与对照组蔗糖酶活性配对 T 检验

指标	第 18 天		第 36 天		第 54 天		第 72 天	
	根际	非根际	根际	非根际	根际	非根际	根际	非根际
T	6.885	5.546	10.345	6.585	6.425	8.003	7.541	12.002
P	0.000[**]	0.001[**]	0.000[**]	0.000[**]	0.000[**]	0.000[**]	0.000[**]	0.000[**]

表 6-33　根际组与非根际组土壤蔗糖酶活性配对 T 检验

指标	第 18 天	第 36 天	第 54 天	第 72 天
T	6.845	5.153	3.792	4.119
P	0.000[**]	0.001[**]	0.005[**]	0.003[**]

6.3.2.4　栽培吊兰对镉污染土壤中过氧化氢酶活性的影响

　　与 CK 相比，吊兰根际土壤过氧化氢酶活性在镉浓度低于 300mg·kg^{-1} 的时候均呈上升的趋势，在 10mg·kg^{-1} 镉浓度时酶活性达到最高值，而在镉浓度高于 300mg·kg^{-1} 之后，随着镉浓度的上升酶活性显著下降（表 6-34），这说明一定低浓度的镉处理对土壤过氧化氢酶活性具有一定的促进作用，而较高浓度的镉处理对土壤过氧化氢酶活性具有抑制作用。测定的 5 个培养时期，土壤过氧化氢酶活性与镉浓度的相关系数分别为–0.758、–0.661、–0.837、–0.743、–0.757。

表 6-34　土壤过氧化氢酶活性的动态变化

组别	浓度 (mg·kg^{-1})	过氧化氢酶活性（0.02mol·L^{-1}KMnO$_4$,mL·g^{-1}）				
		第 1 天	第 18 天	第 36 天	第 54 天	第 72 天
根际组	CK	0.137±0.000eE	0.198±0.000cD	0.410±0.000dC	0.468±0.003efB	0.477±0.003efA
	1	0.159±0.003dD	0.201±0.011cC	0.419±0.001cB	0.471±0.001eA	0.480±0.001eA
	10	0.181±0.001aE	0.235±0.002aD	0.439±0.001aC	0.496±0.004aB	0.514±0.002aA
	50	0.177±0.000eE	0.233±0.002aD	0.427±0.003bC	0.490±0.001bB	0.503±0.002bA
	100	0.175±0.001bE	0.228±0.003aD	0.422±0.001cC	0.484±0.002cB	0.498±0.003cA
	300	0.169±0.003cE	0.214±0.006bD	0.420±0.001cC	0.477±0.003dB	0.492±0.003dA
	600	0.136±0.001efE	0.197±0.001cdD	0.407±0.003eC	0.467±0.002gB	0.473±0.002fA
	800	0.134±0.000fgE	0.195±0.001cdD	0.388±0.002fC	0.461±0.001hB	0.468±0.003gA
	1000	0.132±0.000gE	0.189±0.000dD	0.383±0.003gC	0.458±0.001iB	0.462±0.003hA

组别	浓度 (mg·kg⁻¹)	过氧化氢酶活性（0.02mol·L⁻¹KMnO₄,mL·g⁻¹）				
		第1天	第18天	第36天	第54天	第72天
非根际组	CK	0.137±0.000eE	0.163±0.001cD	0.387±0.003cdC	0.462±0.003fB	0.473±0.003cA
	1	0.159±0.003dE	0.189±0.000bD	0.397±0.003bcC	0.467±0.002eB	0.475±0.004cA
	10	0.181±0.001aE	0.211±0.000aD	0.427±0.002aC	0.487±0.001aB	0.495±0.001aA
	50	0.177±0.000eE	0.190±0.002bD	0.423±0.001aC	0.481±0.001bB	0.484±0.002bA
	100	0.175±0.001bD	0.195±0.007bC	0.417±0.003aB	0.476±0.001cA	0.477±0.002cA
	300	0.169±0.003cD	0.190±0.000bC	0.404±0.012bB	0.471±0.001dA	0.467±0.002dA
	600	0.136±0.001efE	0.162±0.010cD	0.382±0.003dC	0.461±0.001fA	0.451±0.001eB
	800	0.134±0.000fgE	0.158±0.001cD	0.370±0.009eC	0.456±0.001gA	0.445±0.001fB
	1000	0.132±0.000gE	0.148±0.002dD	0.350±0.010fC	0.449±0.001hA	0.439±0.001gB
对照组	CK	0.137±0.000eE	0.152±0.000fD	0.307±0.003deC	0.433±0.003dB	0.438±0.003fA
	1	0.159±0.003dD	0.162±0.001eD	0.311±0.001dC	0.443±0.002cB	0.453±0.003dA
	10	0.181±0.001aD	0.183±0.000aD	0.337±0.003aC	0.460±0.001aB	0.480±0.001aA
	50	0.177±0.000eD	0.178±0.000bD	0.328±0.003bC	0.456±0.001aB	0.473±0.002bA
	100	0.175±0.001bD	0.176±0.000cD	0.320±0.001cC	0.448±0.001bB	0.467±0.003cA
	300	0.169±0.003cD	0.169±0.000dD	0.316±0.001cC	0.446±0.002bcB	0.458±0.003dA
	600	0.136±0.001efE	0.143±0.000gD	0.303±0.003eC	0.433±0.001dB	0.447±0.002eA
	800	0.134±0.000fgE	0.141±0.001hD	0.280±0.005fC	0.428±0.003eB	0.439±0.002fA
	1000	0.132±0.000gC	0.135±0.001iC	0.258±0.003gB	0.415±0.005fA	0.422±0.008gA

随着培养时间的递增，吊兰根际土壤过氧化氢酶活性逐渐增大；由表 6-34 可知，镉处理对吊兰根际土壤过氧化氢酶活性总体表现为促进作用，但随着时间的增长，促进率逐渐下降，至培养第 72 天，镉污染对吊兰根际土壤过氧化氢酶活性的平均促进率为 1.14%。种植吊兰的实验组过氧化氢酶活性显著高于对照组，即根际组>非根际组>对照组，且这种差异性在吊兰生长不同时期均表现为显著（$P<0.05$，如表 6-35、表 6-36 所示），由此可以推测，种植吊兰可以有效修复土壤中过氧化氢酶的活性。非根际组、对照组土壤过氧化氢酶活性随土壤镉浓度的变化趋势与根际组的变化趋势相似。

表 6-35 实验组与对照组过氧化氢酶活性配对 T 检验

指标	第18天		第36天		第54天		第72天	
	根际	非根际	根际	非根际	根际	非根际	根际	非根际
T	26.962	9.100	45.663	42.451	25.757	27.019	17.317	5.897
P	0.000**	0.000**	0.000**	0.000**	0.000**	0.000**	0.000**	0.000**

表 6-36 根际组与非根际组土壤过氧化氢酶活性配对 T 检验

指标	第18天	第36天	第54天	第72天
T	9.737	8.513	12.386	13.054
P	0.000**	0.000**	0.000**	0.000**

综合分析可以看出，脲酶、磷酸酶、蔗糖酶、过氧化氢酶均与镉浓度均呈负相关，且相关性显著。其中，随着土壤镉浓度的不断提高，脲酶活性受到明显抑制，呈下降的趋势；过氧化氢酶和蔗糖酶在镉浓度为 10mg·kg^{-1} 的时候达到最高值，而土壤磷酸酶则在镉浓度为 50mg·kg^{-1} 的时候达到顶峰。种植吊兰能有效降低镉污染对土壤酶活性的抑制作用，随着栽培时间的延长，各处理组土壤酶活性均得到不同程度的修复，其恢复程度依次为：根际组>根际组>对照组。四种土壤酶对镉的敏感顺序为脲酶>磷酸酶>蔗糖酶>过氧化氢酶。脲酶活性对土壤镉浓度变化最为敏感，在选择反映土壤镉污染情况的土壤酶时，可以选择脲酶作为指标酶。

6.3.3　栽培吊兰对 Cd 污染土壤中全镉含量、土壤呼吸速率及有机质的影响

6.3.3.1　吊兰对镉污染土壤全镉含量的影响

结合图 6-2、表 6-37 可知，实验组的土壤全镉含量极显著低于对照组。根际组土壤全镉含量显著高于非根际组，可以看出，吊兰对土壤中的镉有一定的富集作用，能够通过吸收有效态镉来修复镉污染土壤。

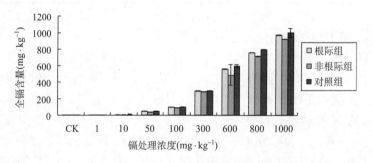

图 6-2　土壤全镉的含量

表 6-37　实验组和对照组关于土壤全镉含量的配对 **T** 检验

指标	根际组-非根际组	根际组-对照组	非根际组-对照组
T	2.440	−2.322	−2.410
P	0.041*	0.049*	0.043*

6.3.3.2　吊兰对镉污染土壤呼吸速率的影响

不同浓度的镉处理对土壤呼吸速率都有一定的促进作用，且低浓度的镉处理对土壤呼吸速率的促进作用高于高浓度的镉处理（图 6-3、表 6-38）。各处理组在镉胁迫下测得的土壤呼吸速率的大小依次为：根际组>非根际组>对照组，且各组

之间差异极显著。

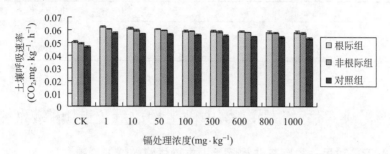

图 6-3　土壤呼吸速率

表 6-38　实验组和对照组关于土壤呼吸速率的配对 *T* 检验

指标	根际组-非根际组	根际组-对照组	非根际组-对照组
T	4.605	17.167	21.005
P	0.002**	0.000**	0.000**

6.3.3.3　吊兰对镉污染土壤有机质含量的影响

镉胁迫对土壤有机质含量的影响不大，有机质的含量保持相对稳定。对比不同的组别可以看出，即根际组有机质含量要高于非根际组、对照组，且各组之间均差异极显著（表 6-39、表 6-40）。由此可见种植吊兰生长对有机质的分布等方面有一定的影响，在一定程度上提高了其根系附近区域的有机质含量。

表 6-39　土壤有机质含量

浓度（mg·kg⁻¹）	有机质含量（g·kg⁻¹）		
	根际组	非根际组	对照组
CK	26.781±0.692d	24.764±0.000a	25.864±0.477bc
1	34.119±0.477a	19.719±0.794c	24.580±0.318bcd
10	30.083±0.318c	19.261±1.376c	24.305±0.794bcd
50	26.781±1.271d	23.296±0.159ab	26.598±1.589ab
100	25.589±1.430d	21.920±0.159b	25.222±3.177bcd
300	34.210±0.318a	22.471±0.794b	28.432±0.794a
600	33.018±0.000ab	19.719±0.794c	22.929±0.794de
800	28.799±0.159c	19.719±1.589c	23.846±1.589cde
1000	32.559±0.794b	19.719±0.794c	21.553±0.794e

表 6-40   实验组和对照组关于土壤有机质的配对 T 检验

指标	根际组-非根际组	根际组-对照组	非根际组-对照组
T	5.704	3.824	–7.043
P	0.000**	0.005**	0.000**

6.4   Pb 污染对吊兰根际土壤中微生物数量及土壤酶活性的影响

6.4.1   Pb 污染对吊兰根际与非根际土壤中微生物数量的影响

6.4.1.1   铅污染对吊兰根际与非根际土壤中细菌数量的影响

吊兰种下去后，土壤的环境有所改变，细菌的数量逐渐增多（表 6-41），栽培至第 36 天时，细菌的数量达到最高值。但栽培至第 54 至 72 天时细菌数量却逐渐减少。对于这一现象我们推断：①吊兰的根系分泌物促进了土壤微生物的生长。②吊兰种下后，在铅对吊兰的驯化过程中，吊兰的根茎叶受到了不同程度的损害，这些残体的分解，造成土壤中细菌生长所需要的有机物的增加，故造成细菌的暂时增多。当吊兰适应环境后，土壤中因残体分解产生的有机物含量减少，细菌的数量也逐渐减少。③因为吊兰的根际吸附作用，导致土壤铅浓度降低，致使根际细菌数量增加，后期因为根际吸附作用达到饱和，故细菌数量不再上升。

表 6-41   铅污染对土壤中细菌数量的影响

部位	铅处理浓度 $(\text{mg} \cdot \text{kg}^{-1})$	铅胁迫下不同时期土壤中细菌的数量 $(\times 10^5 \text{CFU} \cdot \text{g}^{-1})$				
		第 0 天	第 18 天	第 36 天	第 54 天	第 72 天
根际	0（CK）	0.667±0.577aD	34.333±0.577bC	44.333±0.577cA	38.667±0.577bB	37.333±1.155bB
	200	0.667±0.577aD	32.000±1.732cC	56.667±2.516bA	42.667±0.577aB	41.333±1.732aB
	500	0.333±0.577abD	27.000±1.732dC	49.667±1.732dA	31.333±1.155cB	30.333±1.155cB
	1000	0.333±0.577abD	23.667±1.155eB	48.667±1.527dA	24.333±1.527dB	22.000±2.000dC
	1500	0.000±0.000bD	21.667±1.155fB	46.000±1.732eA	22.000±1.000eB	11.667±0.577eC
	2000	0.000±0.000bD	20.000±1.000gB	39.333±1.527fA	19.333±1.527fB	9.333±1.155fC
	2500	0.000±0.000bE	45.667±1.155aB	63.667±3.215aA	14.333±2.082gC	9.000±1.000fD
非根际	0（CK）	0.667±0.577aC	14.000±1.732aB	20.333±1.527aA	20.000±1.000bA	20.333±0.577bA
	200	0.667±0.577aD	12.333±0.577bC	20.667±0.577aAB	21.333±0.577aA	21.667±1.155aA
	500	0.333±0.577abE	7.333±1.527cD	13.667±1.527bC	15.333±1.527cB	16.667±1.155cA
	1000	0.333±0.577abD	5.667±0.577dC	13.000±1.000bA	11.333±0.577dB	11.667±0.577dB
	1500	0.000±0.000bD	4.333±1.155eC	10.667±1.547cA	9.333±0.577eB	9.000±1.000eB
	2000	0.000±0.000bD	3.667±0.577fC	7.667±1.155dAB	8.333±0.577fA	7.667±0.577fAB
	2500	0.000±0.000bD	14.667±2.516aB	20.000±1.000aA	5.667±0.577gC	5.667±0.577gC

续表

部位	铅处理浓度 （mg·kg^{-1}）	铅胁迫下不同时期土壤中细菌的数量（×10^{5}CFU·g^{-1}）				
		第 0 天	第 18 天	第 36 天	第 54 天	第 72 天
空白	0（CK）	0.667±0.577aB	0.667±0.577aB	1.667±0.577aA	0.000±0.000cC	0.000±0.000C
	200	0.667±0.577aB	0.667±0.577aB	1.333±0.577abA	1.667±0.577aA	1.667±0.577aA
	500	0.333±0.577abB	0.333±0.577aB	1.000±1.000bA	1.000±1.000bA	1.333±0.577abA
	1000	0.333±0.577abB	0.333±0.577aB	0.333±0.577cB	0.333±0.577cB	1.000±1.000bA
	1500	0.000±0.000bA	0.000±0.000aA	0.000±0.000cA	0.000±0.000cA	0.333±0.577cA
	2000	0.000±0.000bA	0.000±0.000aA	0.000±0.000cA	0.000±0.000cA	0.000±0.000cA
	2500	0.000±0.000bA	0.000±0.000aA	0.000±0.000cA	0.000±0.000cA	0.000±0.000cA

土壤铅浓度为 200mg·kg^{-1} 时，土壤中细菌数量较 CK 组要多，这说明低浓度的铅能促进细菌的生长，但随着土壤铅浓度的增高，细菌数量逐渐减少，显示出高浓度的铅对细菌有抑制作用。这符合有关低浓度下，重金属对微生物有刺激作用，而高浓度重金属对微生物有抑制作用的报道。栽培至第 18 至 36 天时，2500mg·kg^{-1} 铅污染下的细菌数量要多于低浓度铅污染下的细菌数量，这可能是因为土壤铅浓度为 2500mg·kg^{-1} 时对吊兰的损害最大，残体的分解造成土壤中有机物含量的大量增加，从而导致了某种对铅敏感性较弱的细菌的数量暂时上升，当吊兰适应环境后，土壤中因残体分解产生的有机物含量减少，受重金属影响，细菌的数量也逐渐减少。

根际土壤中细菌数量>非根际土壤中细菌数量>空白组土壤中细菌数量，且这种差异性在吊兰生长的不同时期均表现为显著（$P<0.05$，表 6-42）。其原因可能是：①植物根系分泌物导致有机化合物大量释放，促进了土壤中微生物的生长（Chen et al., 2005）。②吊兰的根系的生长缓减了重金属对土壤微生物的毒害。③吊兰根际具有吸附重金属能力，导致其根际土壤中重金属有效性降低，从而降低了对微生物的毒害作用。

表 6-42　根际土壤、非根际土壤、空白组土壤中细菌数量配对 T 检验

	指标	第 18 天	第 36 天	第 54 天	第 72 天
根际-非根际	T	10.940	15.529	8.628	3.518
	P	0.000[**]	0.000[**]	0.000[**]	0.013[*]
根际-空白	T	8.576	15.930	7.191	4.499
	P	0.000[**]	0.000[**]	0.000[**]	0.004[**]
非根际-空白	T	4.982	7.982	5.978	5.597
	P	0.000[**]	0.000[**]	0.001[**]	0.001[**]

吊兰非根际土壤中细菌的数量随着土壤铅浓度的变化趋势与吊兰根际环境的变化趋势相似。受根际土壤中细菌数量的影响，随着栽培时间的增加，非根际土壤中细菌的数量也有所增加，且在栽培后期基本保持不变。这可能是因为随着栽培时间的增加，根际细菌与非根际细菌通过尼龙网袋相互渗透交换，致使非根际的细菌数目增多。空白组细菌数量在各栽培期均非常少，这可能是因为土壤中加有重金属铅，土壤中的微生物受到抑制，且没有吊兰的修复，故数量少。

6.4.1.2　铅污染对吊兰根际与非根际土壤中放线菌数量的影响

放线菌数量随栽培时间的变化趋势与细菌的变化趋势相似（表 6-43）。受吊兰生长影响,吊兰根际土壤中放线菌数量随着栽培时间的增加呈先增后减的趋势，栽培至第 36 天时，放线菌数量达到最高值。

表 6-43　铅污染对土壤中放线菌数量的影响

部位	铅处理浓度 (mg·kg^{-1})	铅胁迫下不同时期土壤中放线菌的数量（×10^3 CFU·g^{-1}）				
		第 0 天	第 18 天	第 36 天	第 54 天	第 72 天
根际	0（CK）	0.333±0.577aD	7.6667±0.577cC	14.667±0.577cΛ	11.667±0.577eB	11.333±1.155dB
	200	0.000±0.000aE	9.000±1.000bD	21.333±1.527bA	16.667±1.155cB	13.333±0.577cC
	500	0.333±0.577aE	7.333±0.577cD	14.333±0.577cA	13.333±0.577dB	11.333±0.577dC
	1000	0.000±0.000aD	6.333±0.577dC	10.667±1.155dA	10.667±0.577fA	7.000±1.000eB
	1500	0.000±0.000aD	1.667±0.577eC	7.000±1.000eA	6.333±1.527gAB	5.333±0.577fB
	2000	0.000±0.000aE	7.000±0.000cC	21.333±1.155bA	20.333±0.577bA	17.000±0.000bB
	2500	0.000±0.000aE	22.333±1.527aD	44.333±2.082aA	39.667±1.527aB	33.667±1.155aC
非根际	0（CK）	0.333±0.577aD	4.667±0.577cC	8.333±1.155cA	6.667±0.577eB	7.667±0.577eAB
	200	0.000±0.000aE	5.333±0.577bD	11.000±1.732bA	9.667±0.577cC	10.333±0.577cB
	500	0.333±0.577aD	4.667±0.577cC	7.667±0.577dAB	8.000±1.000dA	8.667±0.577dA
	1000	0.000±0.000aC	4.333±0.577cB	5.667±0.577eA	5.667±0.577fA	5.333±1.155fA
	1500	0.000±0.000aC	0.667±0.577dC	4.333±0.577fA	4.000±1.000gA	3.667±0.577gAB
	2000	0.000±0.000aC	5.000±1.000bC	11.667±1.155bA	11.333±1.527bAB	12.000±1.000bA
	2500	0.000±0.000aD	9.000±1.000aC	18.333±0.577aAB	19.333±1.000aA	18.667±1.155aA
空白	0（CK）	0.333±0.577aA	0.667±0.577aA	0.333±0.577bcA	0.667±0.577aA	0.333±0.577bA
	200	0.000±0.000aC	0.333±0.577aC	1.667±1.527aA	1.000±1.000aB	1.000±1.000aB
	500	0.333±0.577aA	0.000±0.000aB	0.667±0.577bA	0.667±0.577aA	0.667±0.577aA
	1000	0.000±0.000aB	0.000±0.000aB	0.333±0.577bcB	1.000±1.000aA	0.667±0.577aA
	1500	0.000±0.000aA	0.000±0.000aA	0.000±0.000cA	0.000±0.000bA	0.000±0.000bA
	2000	0.000±0.000aA	0.000±0.000aA	0.000±0.000cA	0.000±0.000bA	0.000±0.000bA
	2500	0.000±0.000aA	0.000±0.000aA	0.000±0.000cA	0.000±0.000bA	0.000±0.000bA

与 CK 组放线菌数量相比，低浓度的铅对放线菌有促进作用，当土壤铅浓度为 500～1500mg·kg^{-1} 时，放线菌数量随着土壤铅浓度的增加逐渐减少；而当土壤铅浓度为 2000～2500mg·kg^{-1} 时，放线菌的数量急剧增多，说明高浓度的铅对土壤中的放线菌产生了持续的刺激作用。我们推断这可能是因为：①浓度为 2000～2500mg·kg^{-1} 的铅对吊兰的损害最大，造成土壤中因残体分解而产生的有机物大量增加，从而导致了某些对铅非敏感性的放线菌数量上升。②当重金属在土壤中达到一定质量分数时，大部分微生物死亡，而一小部分微生物在有毒物质污染下能生存下来，自行繁殖，从而产生抗性，表观上微生物数量降低后又增大。③重金属的胁迫效应造成放线菌的生理生化特性发生变异，而使数量增加。

根际土壤中放线菌数量>非根际土壤中放线菌数量>空白组土壤中放线菌数，且这种差异性在吊兰生长的不同时期均表现为显著（$P<0.05$，表 6-44）。吊兰非根际土壤中放线菌的数量随着土壤铅浓度的变化趋势与吊兰根际环境的变化趋势相似。受根际土壤中放线菌数量的影响，随着栽培时间的增加，非根际土壤中放线菌的数量也有所增加，且在栽培后期基本保持不变。空白组土壤因受重金属铅污染且没有吊兰修复，故放线菌数量在各栽培期均非常少。

表 6-44　根际土壤、非根际土壤、空白组土壤中放线菌数量配对 T 检验

	指标	第 18 天	第 36 天	第 54 天	第 72 天
根际-非根际	T	2.477	3.124	3.577	2.157
	P	0.048*	0.020*	0.012*	0.038*
根际-空白	T	3.544	3.815	4.077	3.813
	P	0.012*	0.009**	0.007**	0.009**
非根际-空白	T	5.073	4.867	4.602	4.757
	P	0.002**	0.003**	0.004**	0.003**

6.4.1.3　铅污染对吊兰根际与非根际土壤中真菌数量的影响

真菌数量随栽培时间的变化趋势同细菌、放线菌的变化趋势相似，随着栽培时间的增加，吊兰根际土壤中真菌的数量呈先增后减的趋势，栽培至第 36 天时真菌数量达到最高值，之后逐渐减少（表 6-45）。

与 CK 组相比，土壤铅浓度为 200mg·kg^{-1} 时，真菌的数量有所上升，说明低浓度的铅对真菌有促进作用；但随着土壤铅浓度的增加，真菌的数量逐渐减少，即高浓度的铅对真菌有抑制作用。

表 6-45　铅污染对土壤中真菌数量的影响

部位	铅处理浓度 (mg·kg^{-1})	铅胁迫下不同时期土壤中真菌的数量（×10^3 CFU·g^{-1}）				
		第0天	第18天	第36天	第54天	第72天
根际	0（CK）	1.333±1.527eD	24.667±0.577bC	35.667±0.577bA	27.667±1.527bB	26.333±0.577bB
	200	6.667±1.527aD	28.667±1.155aC	45.333±3.055aA	37.333±1.155aB	36.000±1.000aB
	500	5.667±1.155abC	23.667±1.155bcB	34.333±1.527bA	24.333±1.527cB	24.667±1.527cB
	1000	3.333±0.577cD	18.667±1.527dC	24.667±1.155cA	21.333±0.577dB	19.000±1.000dC
	1500	2.333±0.577dE	13.333±0.577fBC	19.000±1.000eA	14.000±1.000eB	12.667±1.155eCD
	2000	1.333±0.577eE	15.667±0.577eB	19.333±0.577eA	12.000±1.000fC	10.333±0.577fD
	2500	0.667±0.577fD	18.333±0.577dB	20.667±1.527dA	8.333±1.527gC	7.667±0.577gC
非根际	0（CK）	1.333±1.527eD	11.667±1.527bC	18.333±1.527bB	19.667±1.527bA	19.667±1.527aA
	200	6.667±1.527aD	14.667±0.577aC	20.667±1.155aA	20.333±0.577aA	19.667±0.577aAB
	500	5.667±1.155abD	10.667±1.155bcC	16.667±0.577cAB	17.000±1.732cA	17.667±1.527bA
	1000	3.333±0.577cD	8.667±1.155dC	11.667±1.527dA	11.333±1.527dA	10.000±1.000cB
	1500	2.333±0.577dD	5.667±0.577fC	9.000±1.000fA	7.667±0.577eB	7.000±1.000dB
	2000	1.333±0.577eD	7.000±1.000eB	9.333±0.577fA	6.667±0.577fB	5.667±0.577eC
	2500	0.667±0.577fD	8.667±0.577dB	10.333±0.577eA	5.000±1.000gC	5.333±0.577eC
空白	0（CK）	1.333±1.527eA	1.667±0.577dA	1.333±0.577dA	1.333±0.577dA	0.667±0.577eB
	200	6.667±1.527aC	8.667±1.155aA	7.667±1.155aB	8.333±0.577aA	7.667±0.577aB
	500	5.667±1.155abA	5.667±0.577bA	4.667±0.577bB	5.333±0.577bAB	5.667±0.577bA
	1000	3.333±0.577cA	3.667±0.577cA	3.333±0.577cA	3.667±0.577cA	2.333±0.577cB
	1500	2.333±0.577dA	0.000±0.000fC	1.000±1.000dB	1.000+1.000dB	1.333±0.577dB
	2000	1.333±0.577eA	0.667±0.577eB	0.000±0.000eC	0.000±0.000eC	0.667±0.577eB
	2500	0.667±0.577fA	0.667±0.577eA	0.667±0.577dA	0.000±0.000eB	0.000±0.000fB

　　根际土壤中真菌数量>非根际土壤中真菌数量>空白组土壤中真菌数量，且这种差异性在吊兰生长的不同时期均表现为显著（$P<0.05$，表 6-46）。吊兰非根际

表 6-46　根际土壤、非根际土壤、空白组土壤中真菌数量配对 T 检验

	指标	第18天	第36天	第54天	第72天
根际-非根际	T	11.692	7.100	4.939	4.648
	P	0.000[**]	0.000[**]	0.003[**]	0.004[**]
根际-空白	T	13.837	8.437	6.237	5.617
	P	0.000[**]	0.000[**]	0.001[**]	0.001[**]
非根际-空白	T	9.533	8.157	5.656	5.115
	P	0.000[**]	0.000[**]	0.001[**]	0.002[**]

土壤中真菌数量随着土壤铅浓度的变化趋势与吊兰根际环境的变化趋势相似。受根际土壤中真菌数量的影响，随着栽培时间的增加，非根际土壤中真菌的数量也有所增加，且在栽培后期基本保持不变。空白组土壤中真菌数量在各栽培期均非常少。

表 6-47 表示的是土壤中微生物数量与栽培时间及土壤铅浓度之间的多元线性回归方程，从表中可以看出 3 类微生物数量与栽培时间及土壤铅浓度之间的相关性显著。从影响系数可以看出 3 类微生物数量与栽培时间之间呈正相关关系；而细菌数量、真菌数量与土壤铅浓度之间呈负相关关系。且栽培时间对微生物数量的影响系数要大于土壤铅浓度对微生物数量的影响系数。土壤中微生物虽然受到重金属铅的胁迫，但因栽培时间对微生物数量的影响要大于重金属铅对微生物的影响，故后期土壤中微生物数量与刚种吊兰时的微生物数量相比均有一定的增加。

表 6-47　微生物数量与栽培时间及土壤铅浓度的多元线性回归分析

因变量		回归方程	R	F
根际	细菌	$y=22.007+0.243x_1-0.064x_2$	0.404	3.116[*]
	放线菌	$y=-0.815+0.205x_1+0.005x_2$	0.602	10.078[**]
	真菌	$y=19.509+0.185x_1-0.007x_2$	0.682	13.907[**]
非根际	细菌	$y=7.640+0.167x_1-0.003x_2$	0.722	17.410[**]
	放线菌	$y=-0.103+0.130x_1+0.002x_2$	0.707	15.983[**]
	真菌	$y=10.798+0.117x_1-0.004x_2$	0.803	29.035[**]
空白	细菌	$y=0.749+0.004x_1-0.000x_2$	0.704	15.741[**]
	放线菌	$y=0.444+0.005x_1+0.000x_2$	0.696	15.023[**]
	真菌	$y=5.185-0.006x_1-0.002x_2$	0.646	11.479[**]

注：x_1 代表吊兰栽培天数；x_2 代表土壤铅浓度

6.4.2　Pb 污染对吊兰根际与非根际土壤中土壤酶活性的影响

6.4.2.1　铅污染对吊兰根际与非根际土壤中过氧化氢酶活性的影响

吊兰种下后，随着栽培时间的增加，吊兰根际土壤中过氧化氢酶的活性逐渐变大（表 6-48），且随着土壤铅浓度的增高，过氧化氢酶的活性也逐渐变大，说明过氧化氢酶活性与重金属铅呈正相关关系。

表 6-48　铅污染对土壤中过氧化氢酶活性的影响

部位	铅处理浓度(mg·kg^{-1})	铅胁迫下不同时期土壤中过氧化氢酶的活性 (0.02mol·L^{-1}KMnO$_4$,mL·g^{-1})				
		第 0 天	第 18 天	第 36 天	第 54 天	第 72 天
根际	0(CK)	0.298±0.003hE	0.312±0.003hD	0.398±0.003gC	0.427±0.003gB	0.548±0.003hA
	200	0.308±0.003gE	0.332±0.008gD	0.422±0.008fC	0.463±0.006fB	0.572±0.003gA
	500	0.325±0.005fE	0.352±0.003fD	0.453±0.013eC	0.485±0.005eB	0.582±0.013fA
	800	0.357±0.003eE	0.377±0.003eD	0.475±0.005dC	0.488±0.003eB	0.593±0.006eA
	1000	0.382±0.003dE	0.400±0.005dD	0.487±0.003cC	0.498±0.003dB	0.600±0.000dA
	1500	0.392±0.003cE	0.417±0.003cD	0.492±0.008bcC	0.510±0.005cB	0.607±0.006cA
	2000	0.414±0.004bE	0.433±0.003bD	0.498±0.003bC	0.518±0.003bB	0.615±0.005bA
	2500	0.428±0.003aE	0.452±0.003aD	0.513±0.006aC	0.533±0.010aB	0.622±0.010aA
非根际	0(CK)	0.298±0.003hE	0.302±0.003hD	0.365±0.005hC	0.397±0.006hB	0.513±0.006gA
	200	0.308±0.003gE	0.312±0.003gD	0.382±0.008gC	0.418±0.003gB	0.555±0.005fA
	500	0.325±0.005fE	0.335±0.005fD	0.418±0.003fC	0.438±0.010fB	0.563±0.006eA
	800	0.357±0.003eD	0.362±0.003eD	0.430±0.006eC	0.452±0.003eB	0.582±0.003dA
	1000	0.382±0.003dD	0.377±0.003dE	0.457±0.003dC	0.480±0.005dB	0.588±0.003dA
	1500	0.392±0.003cE	0.402±0.003cD	0.470±0.005cC	0.495±0.005cB	0.597±0.006cA
	2000	0.414±0.004bD	0.418±0.003bD	0.482±0.008bC	0.503±0.008abB	0.605±0.005bA
	2500	0.428±0.003aE	0.437±0.003aD	0.495±0.005aC	0.510±0.005aB	0.613±0.006aA
空白	0(CK)	0.298±0.003hA	0.283±0.003hB	0.279±0.003hB	0.279±0.004hB	0.267±0.004hC
	200	0.308±0.003gA	0.296±0.005gB	0.289±0.004gC	0.286±0.006gC	0.278±0.004gD
	500	0.325±0.005fA	0.313±0.004fB	0.301±0.005fC	0.289±0.004fD	0.287±0.006fD
	800	0.357±0.003eA	0.346±0.006eB	0.328±0.003eC	0.318±0.004eD	0.309±0.005eE
	1000	0.382±0.003dA	0.373±0.003dB	0.350±0.005dC	0.338±0.004dD	0.326±0.006dE
	1500	0.392±0.003cA	0.383±0.008cB	0.361±0.006cC	0.356±0.006cD	0.347±0.006cE
	2000	0.414±0.004bA	0.412±0.007bA	0.387±0.006bB	0.377±0.006bC	0.367±0.008bD
	2500	0.428±0.003aA	0.421±0.005aB	0.401±0.006aC	0.392±0.003aD	0.384±0.008aE

　　在 5 个栽培时期内其根际相关性大小分别为 0.972**、0.975**、0.910**、0.923**、0.936**；其非根际相关性大小分别为 0.972**、0.984**、0.951**、0.949**、0.900**；其空白组相关性大小分别为 0.972**、0.972**、0.984**、0.984**、0.993**。

　　根际土壤中过氧化氢酶活性>非根际土壤中过氧化氢酶活性>空白组土壤中过氧化氢酶活性，且这种差异性在吊兰生长的不同时期均表现为显著（$P<0.05$，表 6-49 所示）。吊兰非根际土壤、空白组土壤中过氧化氢酶活性随着土壤铅浓度的变化趋势与吊兰根际环境的变化趋势相似；且非根际土壤中过氧化氢酶活性随栽培时间的变化趋势也与根际环境的变化趋势相似。而空白组土壤中过氧化氢酶活性随栽培时间增加逐渐减小，这说明种植吊兰可以提高土壤中过氧化氢酶的活性。

表 6-49　根际土壤、非根际土壤、空白组土壤中过氧化氢酶活性配对 *T* 检验

	指标	第 18 天	第 36 天	第 54 天	第 72 天
根际-非根际	T	11.393	8.228	6.303	4.942
	P	0.000**	0.000**	0.000**	0.002**
根际-空白	T	15.992	24.199	23.769	36.232
	P	0.000**	0.000**	0.000**	0.000**
非根际-空白	T	6.598	27.396	33.405	39.464
	P	0.000**	0.000**	0.000**	0.000**

6.4.2.2　铅污染对吊兰根际与非根际土壤中蔗糖酶活性的影响

随着栽培时间的增加，吊兰根际土壤中蔗糖酶活性呈先增后减趋势（表 6-50），栽培至第 54 天时，其活性达到最大值，之后有所降低。这一现象与土壤中微生物的变化有些相似，说明微生物的变化对土壤中蔗糖酶活性有一定的影响。土壤铅浓度大于 $200mg·kg^{-1}$ 时，蔗糖酶活性与重金属铅呈正相关关系。在 5 个栽培时期内其根际相关性大小分别为 0.886**、0.912**、0.862**、0.935**、0.929**；其非根际相关性大小分别为 0.886**、0.900**、0.858**、0.945**、0.935**；其空白组相关性大小分别为 0.886**、0.877**、0.875**、0.867**、0.827*。

根际土壤中蔗糖酶活性>非根际土壤中蔗糖酶活性>空白组土壤中蔗糖酶活性，且这种差异性在吊兰生长的不同时期均表现为显著（$P<0.05$，如表 6-51 所示）。吊兰非根际土壤、空白组土壤中蔗糖酶活性随着土壤铅浓度的变化趋势与吊兰根际环境的变化趋势相似；且非根际土壤中蔗糖酶活性随栽培时间的变化趋势也与根际环境的变化趋势相似。而空白组蔗糖酶活性随栽培时间增加逐渐减小，这是因为空白组没有种植吊兰，重金属污染的土壤未得到修复，受重金属铅影响，蔗糖酶的活性越来越小。

表 6-50　铅污染对土壤中蔗糖酶活性的影响

部位	铅处理浓度 $(mg·kg^{-1})$	铅胁迫下不同时期土壤中蔗糖酶的活性 $(C_6H_{12}O_6, mg·g^{-1}·24h^{-1})$				
		第 0 天	第 18 天	第 36 天	第 54 天	第 72 天
根际	0（CK）	5.879±0.214eE	10.685±0.118eD	16.060±0.161eA	13.095±0.266eB	12.327±0.226eC
	200	2.780±0.150hD	5.488±0.267hC	5.595±0.224hC	6.384±0.157gA	5.822±0.149gB
	500	3.249±0.163gE	7.351±0.081gD	8.360±0.133gC	9.732±0.314fA	9.064±0.107fB
	800	4.614±0.065fE	9.903±0.086fD	12.953±0.139fB	14.317±0.139eA	12.135±0.196eC
	1000	6.007±0.235dE	12.853±0.230dD	16.884±0.137dB	17.275±0.182dA	13.273±0.171dC
	1500	7.116±0.198cD	13.422±0.139cC	17.382±0.043cB	20.474±0.169cA	17.268±0.303cB
	2000	9.761±0.476bE	18.071±0.096bD	23.574±0.154bB	28.835±0.204bA	20.552±0.282bC
	2500	10.386±0.085aD	25.778±0.263aC	28.657±0.096aB	43.487±1.561aA	25.010±0.250aC

部位	铅处理浓度 (mg·kg^{-1})	铅胁迫下不同时期土壤中蔗糖酶的活性（C$_6$H$_{12}$O$_6$,mg·g^{-1}·24h^{-1}）				
		第 0 天	第 18 天	第 36 天	第 54 天	第 72 天
非根际	0（CK）	5.879±0.214eE	6.697±0.339dD	10.123±0.142dA	9.789±0.175fB	8.922±0.181fC
	200	2.780±0.150hD	3.377±0.151hC	3.917±0.186hB	4.365±0.101hA	4.102±0.101hAB
	500	3.249±0.163gD	4.081±0.109gC	5.893±0.125gB	6.206±0.113gA	5.950±0.161gB
	800	4.614±0.065fD	5.332±0.149fC	7.550±0.161fB	10.507±0.075eA	10.216±0.226eA
	1000	6.007±0.235dE	6.597±0.160eD	8.958±0.204eC	14.005±0.125dA	12.349±0.140dB
	1500	7.116±0.198cE	7.920±0.151cD	10.849±0.194cC	15.320±0.160cA	14.140±0.225cB
	2000	9.761±0.476bE	12.135±0.190bD	14.702±0.184bC	22.991±0.497bA	16.408±0.275bB
	2500	10.386±0.085aE	13.436±0.977aD	23.858±0.224aB	27.292±0.194aA	20.368±0.483aC
空白	0（CK）	5.879±0.214eA	5.517±0.181dB	5.289±0.077dC	5.090±0.044dD	5.012±0.077dD
	200	2.780±0.150hA	1.813±0.077gB	1.571±0.107gC	1.379±0.157gC	1.038±0.101hD
	500	3.249±0.163gA	2.723±0.096fB	2.389±0.133fC	2.175±0.098fC	1.827±0.065gD
	800	4.614±0.065fA	4.571±0.065eA	4.031±0.085eB	3.946±0.171eB	3.512±0.086fC
	1000	6.007±0.235dA	5.680±0.065dB	5.375±0.133dC	5.005±0.082dD	4.514±0.101eE
	1500	7.116±0.198cA	6.235±0.107cB	6.256±0.101cB	6.007±0.145cC	5.453±0.075cD
	2000	9.761±0.476bA	9.491±0.043bA	9.001±0.098bB	8.559±0.125bC	7.635±0.182bD
	2500	10.386±0.085aA	10.308±0.086aA	9.875±0.119aB	9.178±0.130aC	8.097±0.150aD

表 6-51　根际土壤、非根际土壤、空白组土壤中蔗糖酶活性配对 T 检验

	指标	第 18 天	第 36 天	第 54 天	第 72 天
根际-非根际	T	5.019	6.235	3.371	6.431
	P	0.002**	0.000**	0.012*	0.000**
根际-空白	T	5.436	6.517	4.195	7.163
	P	0.001**	0.000**	0.004**	0.000**
非根际-空白	T	5.642	4.051	4.608	6.289
	P	0.001**	0.005**	0.002**	0.000**

6.4.2.3　铅污染对土壤中脲酶活性的影响

受微生物影响，吊兰根际土壤中脲酶活性随栽培时间先增后减（表 6-52），栽培至第 54 天时其活性达到最高值，之后有所降低。与 CK 组相比，土壤铅浓度为 200mg·kg^{-1} 时，脲酶活性有所增大，说明低浓度的铅能促进脲酶的活性。当土壤铅浓度大于 200mg·kg^{-1} 时，其脲酶活性随着铅浓度的增加逐渐变小，即高浓度的铅对脲酶活性有抑制作用。

根际土壤中脲酶活性>非根际土壤中脲酶活性>空白组土壤中脲酶活性，且这

种差异性在吊兰生长的不同时期均表现为显著（$P<0.05$，如表 6-53 所示）。吊兰非根际土壤、空白组土壤中脲酶活性随着土壤铅浓度的变化趋势与吊兰根际环境的变化趋势相似；且非根际土壤中脲酶活性随栽培时间的变化趋势也与根际环境的变化趋势相似。而空白组脲酶活性随栽培时间增加逐渐减小。

表 6-52 铅污染对土壤中脲酶活性的影响

部位	铅处理浓度 (mg·kg^{-1})	铅胁迫下不同时期土壤中脲酶的活性（NH$_3$-N,mg·g^{-1}·24h^{-1}）				
		第 0 天	第 18 天	第 36 天	第 54 天	第 72 天
根际	0（CK）	77.076±2.167cE	93.452±1.699bD	108.634±1.083bC	171.153±2.167cA	151.927±2.827cB
	200	94.247±2.635aD	111.931±3.269aC	114.913±2.329aC	210.532±2.827aA	189.044±3.412aB
	500	82.423±1.699bE	87.358±2.623cD	94.349±2.167cC	186.473±2.224bA	168.994±2.932bB
	800	67.926±4.322dE	74.917±1.583dD	84.993±3.557dC	172.284±4.449cA	142.571±5.128dB
	1000	54.868±1.553eE	70.085±2.188eD	75.842±3.412eC	148.020±1.885dA	124.372±3.508eB
	1500	50.138±3.476fE	67.514±0.356eC	69.056±2.188fC	126.428±2.1665eA	112.754±3.038fB
	2000	43.764±1.083gE	57.335±1.553fD	61.757±1.391gC	116.763±2.329fA	94.041±2.315gB
	2500	35.230±3.398hE	39.651±1.112gD	45.203±2.827hC	97.640±1.414gA	88.489±1.583hB
非根际	0（CK）	77.076±2.167cC	77.693±1.168cC	79.133±1.632cBC	84.170±1.699cA	81.497±1.458cB
	200	94.247±2.635aD	95.995±1.247aD	99.387±2.054aC	118.511±2.274aA	114.296±1.234aB
	500	82.423±1.699bC	85.404±5.310bB	86.947±1.391bB	96.508±1.583bA	94.555±1.414bA
	800	67.926±4.322dD	72.861±1.391dC	73.478±0.776dC	87.049±3.548cA	81.292±2.448cB
	1000	54.868±1.553eD	54.045±13.882eD	56.718±3.719eCD	75.637±2.336dA	69.879±2.943dB
	1500	50.138±3.476fC	46.334±6.996fD	50.549±2.336fC	65.458±1.247eA	62.374±1.522eB
	2000	43.764±1.083gC	44.380±0.992fBC	46.951±3.240gB	56.821±2.623fA	56.821±2.054fA
	2500	35.230±3.398hD	32.145±2.167gE	37.698±2.274hC	46.848±1.391gA	41.604±3.090gB
空白	0（CK）	77.076±2.167cA	74.403±1.284bB	72.758±1.391bB	63.299±3.269bC	59.083±4.004bD
	200	94.247±2.635aA	91.368±1.700aB	83.040±0.942aC	75.431±2.827aD	67.412±1.069aE
	500	82.423±1.699bA	76.665±1.112bB	68.543±1.458cC	59.700±1.9263cD	58.261±1.083bD
	800	67.926±4.322dA	64.018±1.414cB	57.233±1.414dC	48.185±1.553dD	44.586±2.525cE
	1000	54.868±1.553eA	49.419±0.642dB	45.923±2.315eC	40.885±1.717eD	36.875±1.717dE
	1500	50.138±3.476fA	45.100±1.247eB	39.342±0.925fC	36.566±1.112fC	32.762±1.284eD
	2000	43.764±1.083gA	40.782±0.943fA	34.818±1.083gB	33.688±2.167fBC	31.323±1.926eC
	2500	35.230±3.398hA	36.258±1.112gA	33.173±0.816hB	29.575±1.553gC	27.724±0.471fC

表 6-53 根际土壤、非根际土壤、空白组土壤中脲酶活性配对 T 检验

	指标	第 18 天	第 36 天	第 54 天	第 72 天
根际-非根际	T	4.667	6.074	13.272	12.019
	P	0.002**	0.001**	0.000**	0.000**
根际-空白	T	6.658	11.114	12.724	11.803
	P	0.000**	0.000**	0.000**	0.000**
非根际-空白	T	2.621	6.939	9.224	8.551
	P	0.034*	0.000**	0.000**	0.000**

表 6-54 铅污染对土壤中磷酸酶活性的影响

部位	铅处理浓度 (mg·kg⁻¹)	铅胁迫下不同时期土壤中磷酸酶的活性 (P₂O₅, mg·100g⁻¹·2h⁻¹)				
		第 0 天	第 18 天	第 36 天	第 54 天	第 72 天
根际	0 (CK)	16046.473±109.637eE	21218.913±323.649eD	65238.909±267.182aA	54785.516±828.336eB	23805.133±434.333gC
	200	24284.397±246.155cE	25912.088±720.984cD	50029.042±1274.255cB	65392.635±420.560cA	36211.755±328.912cC
	500	37658.591±1311.538aE	38888.402±122.328aB	66007.540±1084.273aB	75574.746±907.477aA	51267.895±379.795aC
	800	30777.076±1948.954bD	31220.169±706.896bD	59831.358±316.754bB	70058.682±636.405bA	40552.264±204.813bC
	1000	22665.749±339.193dD	22955.117±865.271dD	48735.932±786.873dB	54704.132±740.621eA	29655.777±1059.852eC
	1500	16353.926±319.837eE	21200.827±298.821eC	39322.453±1027.056fB	44124.141±1481.242gA	19437.496±125.300hD
	2000	14265.056±248.634fE	23389.167±538.707dD	42939.544±258.786eB	50255.110±1329.373fA	28588.736±803.379fC
	2500	12067.673±195.624gE	25306.226±678.205cD	50056.170±775.569cB	57263.223±502.421dA	31220.169±625.715dC
非根际	0 (CK)	16046.473±109.637eD	16453.396±381.084gD	36862.831±1057.30cA	30560.050±787.341eB	17873.104±124.317gC
	200	24284.397±246.155cD	24817.918±231.783cD	32241.997±109.637dB	33833.517±654.646cA	26472.737±248.634cC
	500	37658.591±1311.538aE	38011.257±199.965aD	45073.627±526.268aB	50490.221±358.188aA	39449.051±246.155aC
	800	30777.076±1948.954bB	29058.957±562.760bC	39657.034±498.007bA	39476.179±708.110bA	30505.794±592.074bB
	1000	22665.749±339.193dB	22720.006±422.306dB	21065.187±670.200fC	31717.519±422.306dA	20811.990±282.359eD
	1500	16353.926±319.837eE	18668.864±149.410fC	19102.915±287.525hB	23732.791±475.324gA	17936.403±354.055gD
	2000	14265.056±248.634fD	20124.743±267.182eB	20233.256±287.098gB	29203.641±921.693fA	19853.461±533.674fC
	2500	12067.673±195.624gD	22701.920±394.060dC	22358.297±300.050eC	33453.723±774.144cA	23579.065±354.055dB
空白	0 (CK)	16046.473±109.637eA	15910.832±203.478eB	15603.379±271.734dB	14554.423±271.734dC	14382.611±149.410dC
	200	24284.397±246.155cA	23940.774±75.837cA	23488.637±248.634cB	23090.757±353.014bB	22331.168±312.072bC
	500	37658.591±1311.538aA	33815.432±629.515aB	32459.023±263.483aC	29782.376±217.025aD	26572.207±556.844aE
	800	30777.076±1948.954bA	29737.162±785.226bB	28136.599±1275.121bC	23045.544±1158.705bD	22177.442±220.946bE
	1000	22665.749±339.193dA	22457.767±284.954dA	20332.726±887.524dB	19636.436±312.857cC	18650.778±411.717cD
	1500	16353.926±319.837eA	15585.294±120.419dAB	15051.773±328.912eB	14907.089±358.188dB	13053.330±465.415eC
	2000	14265.056±248.634fA	14048.030±93.975fAB	13704.407±210.717fB	12402.254±778.883eC	10801.691±230.722fD
	2500	12067.673±195.624gA	11525.109±118.249gB	11407.554±230.722gB	10910.2204±163.521fC	8929.847±651.829gD

6.4.2.4 铅污染对土壤中磷酸酶活性的影响

随着栽培时间的增加，吊兰根际土壤中磷酸酶活性逐渐变大，栽培至第 54 天时其活性达到最高值，之后有所降低（表 6-54）。根际土壤中，土壤铅浓度为 500mg·kg^{-1} 时，其磷酸酶活性最大。土壤铅浓度小于 500mg·kg^{-1} 时，磷酸酶活性随着铅浓度增加逐渐变大，说明低浓度的铅对磷酸酶有促进作用，当土壤铅浓度为 800～1500mg·kg^{-1} 时，磷酸酶的活性随着铅浓度增加呈下降趋势，而当土壤铅浓度为 2000～2500mg·kg^{-1} 时，磷酸酶活性又出现上升趋势，这与沈桂琴和廖瑞章（1987）的"抗性酶活性"现象研究相似，认为当重金属在土壤中达到一定质量分数时，大部分微生物死亡，而一小部分微生物在有毒物质污染下能生存下来，自行繁殖，从而产生抗性酶活性，表观上酶活性值降低后又增大。且这一现象与铅胁迫下土壤中放线菌随土壤铅浓度的变化趋势极为相似，说明微生物数量的变化对磷酸酶活性有一定的影响。

根际土壤中磷酸酶活性>非根际土壤中磷酸酶活性>空白组土壤中磷酸酶活性，且这种差异性在吊兰生长的不同时期均表现为显著（$P<0.05$，如表 6-55 所示）。吊兰非根际土壤中磷酸酶活性随着土壤铅浓度的变化趋势与吊兰根际环境的变化趋势相似；且非根际土壤磷酸酶活性随栽培时间的变化趋势也与根际环境的变化趋势相似。

空白组土壤中磷酸酶活性随着土壤铅浓度的增加先增后减，土壤铅浓度为 500mg·kg^{-1} 时达到最高值。而土壤铅浓度为 2000～2500mg·kg^{-1} 时，其磷酸酶活性并未出现上升趋势，与根际、非根际环境的变化趋势不同，这说明种植吊兰可以改变土壤中磷酸酶活性。因受重金属铅影响，且没有吊兰的修复，空白组土壤中磷酸酶活性随栽培时间的增加呈下降趋势。

表 6-55 根际土壤、非根际土壤、空白组土壤中磷酸酶活性配对 T 检验

	指标	第 18 天	第 36 天	第 54 天	第 72 天
根际-非根际	T	4.260	15.864	17.263	7.044
	P	0.004**	0.000**	0.000**	0.000**
根际-空白	T	3.441	11.384	18.373	6.766
	P	0.011*	0.000**	0.000**	0.000**
非根际-空白	T	2.288	4.349	9.226	4.637
	P	0.046*	0.003**	0.000**	0.002**

本研究发现重金属可抑制土壤酶以及微生物活性，但不同的重金属浓度以及栽培时间导致酶活性的显著差异。对比未栽种的土壤，植物根系生长可提高土壤

中微生物活动，这由于植物根系分泌物导致有机化合物释放以及微生物的大量繁殖（Nannipieri，1994）。同时，随着栽培时间增加，土壤中植物根系生长以及微生物活动逐渐增加，土壤酶活性也表现出一定的增加趋势。此结果也说明植物有利于减弱土壤中重金属的毒害，提高土壤酶活性和增强微生物活动能够改善土壤环境（高扬等，2010）。

表 6-56 表示的是土壤酶活性与栽培时间及土壤铅浓度之间的多元线性回归方程，从表中可以看出四种土壤酶活性与栽培时间及土壤铅浓度之间的相关性显著。从影响系数可以看出根际与非根际土壤中，土壤酶活性与栽培时间之间呈正相关；而空白组土壤中土壤酶活性与栽培时间之间呈负相关。过氧化氢酶活性、蔗糖酶活性与土壤铅浓度之间呈负相关；而脲酶活性、磷酸酶活性与土壤铅浓度之间呈正相关。且栽培时间对土壤酶活性的影响系数要大于土壤铅浓度对土壤酶活性的影响系数。

表 6-56　土壤酶活性与栽培时间及土壤铅浓度的多元线性回归分析

	因变量	回归方程	R	F
根际	过氧化氢酶	$y=0.301+0.003x_1+0.00004235x_2$	0.965	248.937[**]
	蔗糖酶	$y=1.565+0.126x_1+0.007x_2$	0.813	36.124[**]
	脲酶	$y=89.292+1.222x_1-0.030x_2$	0.885	67.186[**]
	磷酸酶	$y=32568.466+302.442x_1-4.680x_2$	0.503	6.271[**]
非根际	过氧化氢酶	$y=0.286+0.003x_1+0.00004777x_2$	0.947	159.386[**]
	蔗糖酶	$y=0.832+0.095x_1+0.005x_2$	0.860	52.539[**]
	脲酶	$y=85.756+0.219x_1-0.023x_2$	0.901	79.959[**]
	磷酸酶	$y=28181.927+86.929x_1-4.234x_2$	0.460	4.952[*]
空白	过氧化氢酶	$y=0.307-0.001x_1+0.0000519x_2$	0.979	425.243[**]
	蔗糖酶	$y=3.301-0.021x_1+0.003x_2$	0.872	58.491[**]
	脲酶	$y=83.858-0.268x_1-0.019x_2$	0.924	108.552[**]
	磷酸酶	$y=27554.823-64.674x_1-5.236x_2$	0.604	12.867[**]

注：x_1 为吊兰栽培天数；x_2 为土壤铅浓度

6.4.3　Pb 污染对吊兰根际与非根际土壤中呼吸作用强度、有机质及 Pb 总量的影响

6.4.3.1　铅污染对土壤呼吸作用强度的影响

如图 6-4 所示，吊兰根际土壤中呼吸作用强度随土壤铅浓度的增加先增后减，土壤铅浓度为 500mg·kg^{-1} 时，其土壤呼吸作用强度达到最高值，之后逐渐减小。说明较低浓度的铅能促进土壤呼吸作用，而高浓度的铅则抑制其呼吸作用。比较吊兰根际土壤、非根际土壤、空白组土壤中呼吸作用强度，可以发现吊兰非根际

土壤、空白组土壤中呼吸作用强度随着土壤铅浓度的变化趋势与吊兰根际环境的变化趋势相似，根际土壤中呼吸作用强度 >非根际土壤中呼吸作用强度>空白组土壤中呼吸作用强度，且这种差异性显著（$P<0.05$，如表 6-57 所示）。这可能是因为土壤中微生物的丰富度、数目的差异致使根际、非根际、空白组土壤中呼吸作用强度有着明显的差异，这说明种植吊兰能改善土壤环境，有效提高土壤呼吸作用强度。

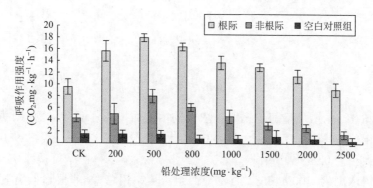

图 6-4　铅污染对土壤呼吸作用强度的影响

表 6-57　根际土壤、非根际土壤、空白组土壤中土壤化学性质配对 T 检验

	指标	土壤呼吸作用	有机质	重金属铅总量
根际-非根际	T	14.454	5.693	3.248
	P	0.000**	0.001**	0.014*
根际-空白	T	11.383	6.417	−2.632
	P	0.000**	0.000**	0.034*
非根际-空白	T	5.153	4.123	−3.279
	P	0.000**	0.004**	0.013*

6.4.3.2　铅污染对土壤中有机质含量的影响

如图 6-5 所示，铅污染下，根际土壤、非根际土壤、空白组土壤中有机质的含量随着土壤铅浓度的增高上下波动，相关性不显著。根际土壤中有机质含量>非根际土壤中有机质含量>空白组土壤中有机质含量，且这种差异性显著（$P<0.05$，如表 6-57 所示）。重金属铅浓度的大小对有机质含量的影响不大，但种植吊兰却能增加有机质的含量。说明吊兰能够修复铅污染的土壤。

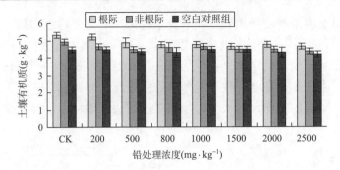

图 6-5　铅污染对土壤中有机质含量的影响

6.4.3.3　铅污染对土壤中重金属铅总量的影响

观察图 6-6，铅总量随着土壤铅浓度的增加而增加，即铅总量与土壤铅浓度之间呈正相关，其根际相关性大小为 0.961[**]；非根际相关性大小为 0.970[**]；空白组相关性大小为 0.993[**]。

土壤铅浓度为 200mg·kg^{-1} 时，空白组土壤中铅总量>非根际土壤中铅总量>根际土壤中铅总量；而当土壤铅浓度大于 200mg·kg^{-1} 时，空白组土壤中铅总量>根际土壤中铅总量>非根际土壤中铅总量，且这种差异性显著（$P<0.05$，如表 6-57 所示）。这可能是因为吊兰根际具有吸附重金属能力，导致其根际土壤中重金属有效性降低，使得根际重金属铅总量小于非根际重金属铅总量。而在一定浓度铅的污染下，吊兰根系分泌物能分泌质子酸化土壤，提高了土壤中重金属的流动性和植物吸收（Mench and Martin，1991），致使根际土壤中铅总量要高于非根际土壤中铅总量。与空白组土壤中铅总量相比，根际与非根际土壤中铅总量要小些。这是因为吊兰对重金属有吸附作用，可以改善被重金属污染的土壤。

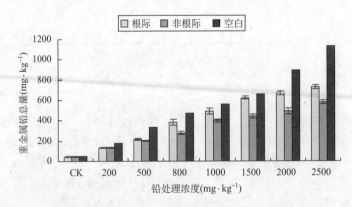

图 6-6　铅污染对土壤中重金属铅总量的影响

6.5　Zn污染对吊兰根际土壤中微生物数量及土壤酶活性的影响

6.5.1　Zn污染对吊兰根际与非根际土壤中微生物数量的影响

6.5.1.1　锌污染对土壤中细菌数量的影响

吊兰种下去后，改变了土壤的环境，随着栽培时间的增加，吊兰根际土壤中细菌的数量呈先增后减的趋势，栽培至第36天时，细菌数量达到最高值，后期逐渐减少（表 6-58）。对于这一现象我们推断：①吊兰的根系分泌物促进了土壤中微生物的生长。②吊兰种下后，在锌对吊兰的驯化过程中，吊兰的根茎叶，受到了不同程度的损害，这些残体的分解，造成土壤中细菌生长所需的有机物的增加，故造成细菌的暂时增多。当吊兰适应环境后，土壤中有机物的含量减少，细菌数量也逐渐减少。③吊兰的根际吸附作用导致锌的浓度降低，致使根际细菌数量增加，后期因为根际吸附作用达到饱和，故细菌数量不再上升。

表 6-58　锌污染对土壤中细菌数量的影响

部位	锌处理浓度 (mg·kg^{-1})	锌胁迫下不同时期土壤中细菌的数量（×10^{5}CFU·g^{-1}）				
		第 0 天	第 18 天	第 36 天	第 54 天	第 72 天
根际	0（CK）	0.667±0.577aD	34.333±0.577aC	44.333±0.577cA	38.667±0.577bB	37.333±1.155bB
	200	0.333±0.577aD	24.000±1.000bC	52.333±0.577aA	41.667±1.527aB	40.667±1.155aB
	500	0.000±0.000bE	10.333±1.155dD	48.000±1.000bA	35.333±0.577cB	33.667±0.577cC
	1000	0.000±0.000bD	13.000±2.000cC	52.333±1.155aA	39.333±0.577bB	38.667±1.155bB
	1500	0.000±0.000bE	8.333±2.516eD	45.667±0.577cA	34.667±1.527cB	32.000±1.732cC
	2000	0.000±0.000bE	6.667±1.155fD	40.667±1.155dA	29.333±1.155dB	24.000±2.000dC
	2500	0.000±0.000bE	1.333±1.527gD	33.667±3.215eA	23.333±1.527eB	19.333±0.577eC
非根际	0（CK）	0.667±0.577aC	14.000±1.732aB	20.333±0.577aA	20.000±1.000aA	20.333±0.577aA
	200	0.333±0.577aC	8.000±1.000bB	20.667±0.577aA	21.000±1.000aA	20.667±1.155aA
	500	0.000±0.000bD	2.333±0.577dC	12.333±0.577cA	11.333±0.577cB	11.333±0.577bB
	1000	0.000±0.000bE	5.333±0.577cD	14.333±1.155bC	18.000±1.000bB	20.333±0.577aA
	1500	0.000±0.000bD	1.667±0.577eC	9.333±1.527dB	10.000±1.000dB	11.000±1.000bA
	2000	0.000±0.000bE	0.333±0.577fD	7.333±0.577eC	8.333±1.155eB	9.333±0.577cA
	2500	0.000±0.000bD	0.667±0.577fC	5.000±1.000fB	5.667±0.577fA	6.333±0.577dA
空白	0（CK）	0.667±0.577aB	0.667±0.577aB	1.667±0.577aaA	0.000±0.000bC	0.000±0.000bC
	200	0.333±0.577aBC	0.667±0.577aA	1.667±0.577aA	0.000±0.000bC	0.000±0.000bC
	500	0.000±0.000bB	0.333±0.577aA	0.000±0.000bB	0.667±0.577aA	0.000±0.000bB
	1000	0.000±0.000bA	0.000±0.000bA	0.000±0.000bA	0.000±0.000bA	0.000±0.000bA
	1500	0.000±0.000bA	0.000±0.000bA	0.000±0.000bA	0.000±0.000bA	0.333±0.577aA
	2000	0.000±0.000bA	0.000±0.000bA	0.000±0.000bA	0.000±0.000bA	0.000±0.000bA
	2500	0.000±0.000bA	0.000±0.000bA	0.000±0.000bA	0.000±0.000bA	0.000±0.000bA

土壤锌浓度为 500mg·kg^{-1} 时，细菌的数量大量减少，而当土壤锌浓度为 1000mg·kg^{-1} 时，其细菌数量又有所增加，之后随着锌浓度的升高，细菌的数量逐渐减少。这可能是因为：①土壤锌浓度为 500mg·kg^{-1} 时，产生了某种根际分泌物，这种分泌物抑制了细菌的生长。②一定浓度时，大量细菌受到抑制，而抗性细菌因自我繁殖开始增长，浓度过高时，抗性细菌也受到抑制，致使出现上面的结果。

根际土壤中细菌数量>非根际土壤中细菌数量>空白组土壤中细菌数量，且这种差异性在吊兰生长的不同时期均表现为显著（$P<0.05$，如表 6-59 所示）。其原因可能是：①植物根系分泌物导致有机化合物大量释放，促进了土壤中微生物的生长。②吊兰的根系的生长缓减了重金属对土壤中微生物的毒害。③吊兰根际具有吸附重金属能力，导致其根际土壤中重金属有效性降低，从而降低了对微生物的毒害作用。

吊兰非根际土壤中细菌的数量随土壤锌浓度的变化趋势与吊兰根际环境的变化趋势相似。受根际土壤中细菌数量的影响，随着栽培时间的增加，非根际土壤中细菌的数量也有所增加，且在栽培后期基本保持不变。这可能是因为随着栽培时间的增加，根际土壤中细菌与非根际土壤中细菌通过尼龙网袋相互渗透交换，使非根际土壤中细菌数量增多。空白组土壤中细菌数量在各栽培期均非常少，这可能是因为土壤中加有重金属锌，土壤中的微生物受到抑制，且没有吊兰的修复，故数量较少。

表 6-59　根际土壤、非根际土壤、空白组土壤中细菌数量配对 T 检验

	指标	第 18 天	第 36 天	第 54 天	第 72 天
根际-非根际	T	3.376	16.844	11.933	10.374
	P	0.015[*]	0.000[**]	0.000[**]	0.000[**]
根际-空白	T	7.997	18.457	11.118	9.434
	P	0.024[*]	0.000[**]	0.000[**]	0.000[**]
非根际-空白	T	2.333	5.803	5.964	6.442
	P	0.048[*]	0.001[**]	0.000[**]	0.001[**]

6.5.1.2　锌污染对土壤中放线菌数量的影响

放线菌数量随栽培时间的变化趋势与细菌相似。受吊兰生长影响，吊兰根际土壤中放线菌数量随着栽培时间增加呈先增后减的趋势，栽培至第 36 天时，放线菌数量达到最高值，之后逐渐减少（表 6-60）。

低浓度的锌对根际土壤中放线菌的生长有促进作用，土壤锌浓度为 500mg·kg^{-1} 时，促进作用最为明显。土壤锌浓度大于 500mg·kg^{-1} 时，放线菌数量

随着锌浓度的增加逐渐减小。说明高浓度的锌对放线菌的生长有抑制作用。栽培至第 36 至 54 天时，放线菌数量在土壤锌浓度为 2000～2500mg·kg^{-1} 时出现增加，这可能是因为锌浓度为 2000～2500mg·kg^{-1} 时，吊兰的损害最大，残体的分解造成土壤中有机物含量的大量增加，从而导致了某种对锌敏感性较弱的放线菌的数量暂时上升，当吊兰适应环境后，土壤中因残体分解产生的有机物含量减少，受重金属影响，放线菌的数量也逐渐减少。

根际土壤中放线菌数量>非根际土壤中放线菌数量>空白组土壤中放线菌数量，且这种差异性在吊兰生长的不同时期均表现为显著（$P<0.05$，如表 6-61 所示）。非根际土壤中放线菌的数量随土壤锌浓度的变化趋势与吊兰根际环境的变化趋势相似。受根际土壤中放线菌数量的影响，随着栽培时间的增加，非根际土壤中放线菌的数量也有所增加，且在栽培后期基本保持不变。空白组土壤因受重金属锌污染且没有吊兰修复，故放线菌数量在各栽培期均非常少。

表 6-60　锌污染对土壤中放线菌数量的影响

部位	锌处理浓度（mg·kg^{-1}）	锌胁迫下不同时期土壤中放线菌的数量（×10^3 CFU·g^{-1}）				
		第 0 天	第 18 天	第 36 天	第 54 天	第 72 天
根际	0（CK）	0.333±0.577aD	7.667±0.577aC	11.333±1.155dB	14.667±0.577bA	11.667±0.577bB
	200	0.333±0.577aD	5.667±0.577bC	14.333±1.527cA	13.333±0.577bA	11.333±1.527bB
	500	0.000±0.000aD	7.333±0.577aC	24.000±1.000aA	23.667±1.155aA	15.333±1.155aB
	1000	0.000±0.000aD	1.667±0.577cC	8.667±0.577eA	8.667±0.577cA	6.667±1.155cB
	1500	0.000±0.000aE	1.000±0.000dD	7.667±0.577fA	5.333±0.577eB	3.333±0.577dC
	2000	0.000±0.000aD	1.333±0.577cC	9.333±0.577eA	2.667±0.577fB	2.333±0.577eB
	2500	0.000±0.000aD	1.667±0.577cC	21.333±1.155bA	7.000±1.000dB	1.667±1.155fC
非根际	0（CK）	0.333±0.577aE	4.667±0.577aD	6.667±0.577dC	8.333±1.155bA	7.667±0.577cB
	200	0.333±0.577aD	3.000±0.000bC	7.667±0.577cB	8.000±1.000bAB	8.667±0.577bA
	500	0.000±0.000aC	3.667±0.577bB	12.333±0.577aA	12.667±0.577aA	12.333±0.577aA
	1000	0.000±0.000aC	1.000±0.000cB	4.667±0.577eA	4.667±0.577cA	5.000±1.000dA
	1500	0.333±0.577dC	3.333±0.577fA	3.667±0.577dA	2.667±0.577eB	
	2000	0.000±0.000aD	0.667±0.577cC	4.333±1.155eA	1.667±0.577fB	1.333±0.577fB
	2500	0.000±0.000aC	0.333±0.577dC	11.000±1.000bA	2.333±0.577eB	0.333±0.577gC
空白	0（CK）	0.333±0.577aC	0.333±0.577aC	0.667±0.577bB	1.667±1.527aA	0.667±0.577aB
	200	0.333±0.577aB	0.667±1.155aA	1.000±1.000aA	0.667±0.577bA	0.000±0.000bC
	500	0.000±0.000aC	0.667±0.577aB	1.667±0.577aA	0.333±0.577cB	0.000±0.000bC
	1000	0.000±0.000aC	0.333±0.577aB	1.000±1.000aA	0.333±0.577cB	0.333±0.577aB
	1500	0.000±0.000aA	0.000±0.000bA	0.333±0.577cA	0.333±0.577cA	0.000±0.000bA
	2000	0.000±0.000aA	0.000±0.000bA	0.000±0.000cA	0.000±0.000cA	0.000±0.000bA
	2500	0.000±0.000aA	0.000±0.000bA	0.000±0.000cA	0.000±0.000cA	0.000±0.000bA

表 6-61　根际土壤、非根际土壤、空白组土壤中放线菌数量配对 T 检验

	指标	第 18 天	第 36 天	第 54 天	第 72 天
根际-非根际	T	3.759	5.684	3.875	4.520
	P	0.009**	0.001**	0.008**	0.004**
根际-空白	T	3.372	5.773	4.051	3.698
	P	0.015*	0.001**	0.007**	0.010**
非根际-空白	T	2.888	5.687	4.049	3.251
	P	0.028*	0.001**	0.007**	0.017*

6.5.1.3　锌污染对土壤中真菌数量的影响

随着栽培时间的增加，吊兰根际土壤中真菌的数量呈先增后减的趋势，栽培至第 36 天时，真菌数量达到最高值，之后逐渐减少（表 6-62）。

表 6-62　锌污染对土壤中真菌数量的影响

部位	锌处理浓度 （mg·kg^{-1}）	锌胁迫下不同时期土壤中真菌的数量（×10^3 CFU·g^{-1}）				
		第 0 天	第 18 天	第 36 天	第 54 天	第 72 天
根际	0（CK）	1.333±1.527bE	24.667±0.577bD	35.667±0.577bA	27.667±1.527bB	26.333±0.577bC
	200	3.000±1.000aE	26.333±0.577aD	43.667±2.082aA	33.667±2.082aB	31.333±2.082aC
	500	2.333±0.577aD	13.333±0.577cC	19.333±1.155cA	19.000±1.732cA	14.333±0.577cB
	1000	0.667±0.577cD	10.333±0.577dC	14.667±1.527dA	12.000±1.000dB	10.333±1.527dC
	1500	0.000±0.000dE	8.667±1.527Ce	11.000±1.000eA	9.000±1.000eB	7.667±1.155eD
	2000	0.000±0.000dE	7.667±1.527fB	9.667±0.577fA	6.667±1.527fC	5.333±0.577fD
	2500	0.000±0.000dD	5.000±1.732gB	8.000±1.000gA	4.667±1.527gB	3.667±1.155gC
非根际	0（CK）	1.333±1.527bD	11.667±1.527aC	19.667±1.527aA	19.333±1.155bA	18.667±1.155bB
	200	3.000±1.000aC	12.333±0.577aB	20.333±1.527aA	20.667±1.527aA	20.333±2.082aA
	500	2.333±0.577aD	7.667±0.577bC	11.000±1.000bA	9.667±0.577cB	9.667±1.155cB
	1000	0.667±0.577cC	5.333±0.577cB	8.667±0.577cA	8.667±0.577dA	8.333±1.155dA
	1500	0.000±0.000dC	4.667±0.577dC	7.333±0.577dA	5.667±1.155eB	5.333±0.577eB
	2000	0.000±0.000dD	4.333±0.577dB	6.667±0.577eA	2.667±1.000fC	2.667±0.577fC
	2500	0.000±0.000dD	3.000±1.000eB	5.667±0.577fA	1.000±1.155gC	0.667±0.577gC
空白	0（CK）	1.333±1.527bC	3.667±0.577aA	2.333±0.577bB	2.333±0.577aB	2.667±0.577bB
	200	3.000±1.000aB	4.333±0.577aA	3.333±0.577aB	2.667±0.577aC	3.333±0.577aB
	500	2.333±0.577aA	2.667±0.577bA	1.333±0.577cB	1.000±1.000bC	1.667±0.577cB
	1000	0.667±0.577cA	0.000±0.000cB	0.667±0.577dA	0.000±0.000cB	0.000±0.000dB
	1500	0.000±0.000dA	0.000±0.000cA	0.000±0.000eA	0.000±0.000cA	0.000±0.000dA
	2000	0.000±0.000dA	0.000±0.000cA	0.000±0.000eA	0.333±0.577cA	0.000±0.000dA
	2500	0.000±0.000dA	0.000±0.000cA	0.000±0.000eA	0.000±0.000cA	0.000±0.000dA

与 CK 组相比，土壤锌浓度为 200mg·kg⁻¹ 时，根际土壤中真菌的数量有所上升，说明低浓度的锌对真菌有促进作用，但随着锌浓度的上升，真菌的数量逐渐减少，即高浓度的锌对真菌有抑制作用。

根际土壤中真菌数量>非根际中土壤真菌数量>空白组土壤中真菌数量，且这种差异性在吊兰生长的不同时期均表现为显著（$P<0.05$，见表 6-63）。吊兰非根际土壤中真菌随土壤锌浓度的变化趋势与吊兰根际环境的变化趋势相似；受根际土壤中真菌数量的影响，随着栽培时间的增加，非根际土壤中真菌的数量也有所增加，且在栽培后期基本保持不变。空白组土壤中真菌数量在各栽培期均非常少。

表 6-63　根际土壤、非根际土壤、空白组土壤中真菌数量配对 T 检验

	指标	第 18 天	第 36 天	第 54 天	第 72 天
根际-非根际	T	3.709	3.104	4.278	3.372
	P	0.010**	0.021*	0.005**	0.010**
根际-空白	T	4.646	3.986	3.922	3.631
	P	0.004**	0.007**	0.008**	0.011*
非根际-空白	T	6.346	5.106	3.440	3.392
	P	0.001**	0.002**	0.014*	0.015*

表 6-64 表示的是土壤中微生物数量与栽培时间及土壤锌浓度之间的多元线性回归方程，从表中可以看出 3 类微生物数量与栽培时间及土壤锌浓度之间的相关性显著。从影响系数可以看出 3 类微生物数量与栽培时间之间呈正相关关系；而与土壤锌浓度之间呈负相关关系。且栽培时间对微生物数量的影响系数要大于土壤锌浓度对微生物数量的影响系数。土壤中微生物虽然受到重金属锌的胁迫，但因栽培时间对微生物数量的影响要大于重金属锌对微生物的影响，故后期土壤中微生物数量与刚种吊兰时的微生物数量相比均有一定的增加。

表 6-64　微生物数量与栽培时间及土壤锌浓度的多元线性回归分析

因变量		回归方程	R	F
根际	细菌	$y=14.104+0.446x_1-0.005x_2$	0.699	15.265**
	放线菌	$y=5.688+0.121x_1-0.003x_2$	0.566	7.549**
	真菌	$y=16.746+0.158x_1-0.009x_2$	0.748	20.279**
非根际	细菌	$y=6.183+0.208x_1-0.002x_2$	0.867	48.647**
	放线菌	$y=3.234+0.082x_1-0.002x_2$	0.614	13.302**
	真菌	$y=1.461+0.107x_1-0.005x_2$	0.810	30.520**
空白	细菌	$y=0.599+0.002x_1-0.000x_2$	0.566	7.550**
	放线菌	$y=0.515+0.001x_1-0.000x_2$	0.546	6.803**
	真菌	$y=2.277-0.005x_1-0.001x_2$	0.737	19.023**

注：x_1 为吊兰栽培天数；x_2 为土壤锌浓度

6.5.2　Zn 污染对吊兰根际土壤酶活性的影响

6.5.2.1　锌污染对土壤中过氧化氢酶活性的影响

随着栽培时间的增加,吊兰根际土壤中过氧化氢酶的活性逐渐变大(表 6-65)。但随着土壤锌浓度的增加,过氧化氢酶的活性逐渐降低,说明重金属锌对过氧化氢酶活性有抑制作用,即过氧化氢酶活性与重金属锌之间呈负相关。在 5 个栽培时期内其根际相关性大小分别为: -0.981^{**} 、 -0.990^{**} 、 -0.985^{**} 、 -0.975^{**} 、 -0.962^{**} ;其非根际相关性大小分别为: -0.981^{**} 、 -0.974^{**} 、 -0.932^{**} 、 -0.962^{**} 、 -0.978^{**} ;其空白组相关性大小分别为: -0.981^{**} 、 -0.981^{**} 、 -0.976^{**} 、 -0.965^{**} 、 -0.985^{**} 。

表 6-65　锌污染对土壤中过氧化氢酶活性的影响

部位	锌处理浓度（mg·kg^{-1}）	锌胁迫下不同时期土壤中过氧化氢酶的活性（0.02mol·L^{-1}KMnO$_4$,mL·g^{-1}）				
		第 0 天	第 18 天	第 36 天	第 54 天	第 72 天
根际	0（CK）	0.298±0.003aE	0.312±0.003aD	0.398±0.003aC	0.427±0.003aB	0.548±0.003aA
	200	0.279±0.006bE	0.303±0.002bD	0.392±0.003aC	0.417±0.003bB	0.527±0.008bA
	500	0.266±0.002cF	0.291±0.002cD	0.387+0.003bC	0.407±0.003cB	0.518±0.008cA
	800	0.255±0.004dE	0.275±0.003dD	0.378±0.003cC	0.398±0.008dB	0.510±0.005dA
	1000	0.245±0.003eE	0.263±0.002eD	0.357±0.008dC	0.392±0.003dB	0.493±0.006eA
	1500	0.228±0.001fE	0.249±0.002fD	0.347±0.008eC	0.382±0.003eB	0.485±0.009fA
	2000	0.213±0.002gE	0.235±0.003gD	0.335±0.005fC	0.377±0.008fB	0.480±0.005fA
	2500	0.205±0.001hE	0.221±0.004hD	0.323±0.003gC	0.368±0.003gB	0.465±0.009gA
非根际	0（CK）	0.298±0.003aE	0.302±0.003aD	0.365±0.005aC	0.397±0.006aB	0.513±0.006aA
	200	0.279±0.006bE	0.285±0.001bD	0.345±0.009bC	0.382±0.003bB	0.507±0.003bA
	500	0.266±0.002cE	0.272±0.001cD	0.337±0.003cC	0.375±0.005cB	0.498±0.003cA
	800	0.255±0.004dE	0.261±0.002dD	0.327±0.006dC	0.368±0.003dB	0.492±0.003dA
	1000	0.245±0.003eD	0.248±0.001eD	0.318±0.003eC	0.362±0.003dB	0.485±0.005eA
	1500	0.228±0.001fE	0.236±0.001fD	0.312±0.003fC	0.352±0.003eB	0.480±0.005eA
	2000	0.213±0.002gE	0.223±0.002gD	0.312±0.003fC	0.342±0.003fB	0.477±0.003fA
	2500	0.205±0.001hE	0.216±0.002hD	0.298±0.003gC	0.342±0.003fB	0.463±0.003gA
空白	0（CK）	0.298±0.003aA	0.283±0.008aB	0.279±0.003aC	0.279±0.004aC	0.267±0.004aD
	200	0.279±0.006bA	0.267±0.006bB	0.258±0.003bC	0.253±0.003bC	0.255±0.005bC
	500	0.266±0.002cA	0.253±0.006dB	0.248±0.008cC	0.238±0.003cD	0.237±0.003cD
	800	0.255±0.004dA	0.255±0.005cA	0.238±0.003dB	0.232±0.003dC	0.228±0.003dD
	1000	0.245±0.003eA	0.242±0.003dA	0.240±0.005eA	0.232±0.003dB	0.232±0.003dB
	1500	0.228±0.001fA	0.223±0.003eB	0.225±0.005fAB	0.212±0.003eC	0.212±0.003eC
	2000	0.213±0.002gA	0.213±0.003fA	0.207±0.003gB	0.202±0.010fC	0.198±0.003fC
	2500	0.205±0.001hA	0.203±0.010gA	0.198±0.003hB	0.187±0.003gC	0.182±0.008gD

根际土壤中过氧化氢酶活性>非根际土壤中过氧化氢酶活性>空白组土壤中过氧化氢酶活性，且这种差异性在吊兰生长的不同时期均表现为显著（$P<0.05$，如表 6-66 所示）。非根际土壤、空白组土壤中过氧化氢酶活性随土壤锌浓度的变化趋势与吊兰根际环境的变化趋势相似。且非根际土壤中过氧化氢酶活性随栽培时间的变化趋势也与根际环境的变化趋势相似。而空白组土壤中过氧化氢酶活性随栽培时间增加而逐渐减小，这说明种植吊兰可以提高土壤中过氧化氢酶的活性。

表 6-66 根际土壤、非根际土壤、空白组土壤中过氧化氢酶活性配对 T 检验

	指标	第 18 天	第 36 天	第 54 天	第 72 天
根际-非根际	T	8.395	9.881	29.462	3.440
	P	0.000**	0.000**	0.000**	0.011*
根际-空白	T	9.903	40.918	47.405	101.723
	P	0.000**	0.000**	0.000**	0.000**
非根际-空白	T	6.811	30.016	35.841	58.809
	P	0.000**	0.000**	0.000**	0.000**

6.5.2.2 锌污染对土壤中蔗糖酶活性的影响

随着栽培时间的增加，根际土壤中蔗糖酶活性呈先增后减的趋势，栽培至第36 天时蔗糖酶活性达到最大值，之后有所降低（见表 6-67）。这一现象与土壤中微生物的变化趋势相似，说明微生物的变化对土壤中蔗糖酶活性有一定的影响。当土壤锌浓度小于 $500 \mathrm{mg \cdot kg^{-1}}$ 时，根际土壤中蔗糖酶的活性随着土壤锌浓度的增加而变大，说明低浓度的锌对蔗糖酶的活性有促进作用。当土壤锌浓度大于 $500 \mathrm{mg \cdot kg^{-1}}$ 时，蔗糖酶活性随着土壤锌浓度的增加而减小，说明高浓度的锌对蔗糖酶的活性有抑制作用。这一趋势与锌胁迫下土壤中放线菌的变化趋势基本相似。进一步说明微生物数量的变化能影响土壤酶的活性。

根际土壤中蔗糖酶活性>非根际土壤中蔗糖酶活性>空白组土壤中蔗糖酶活性，且这种差异性在吊兰生长的不同时期均表现为显著（$P<0.05$，如表 6-68 所示）。吊兰非根际土壤、空白组土壤中蔗糖酶活性随土壤锌浓度的变化趋势与吊兰根际环境的变化趋势相似；且非根际土壤中酶活性随栽培时间的变化趋势也与根际环境的变化趋势相似。而空白组蔗糖酶活性随栽培时间增加逐渐减小，这是因为空白组没有种植吊兰，重金属污染的土壤未得到修复，受重金属锌影响，蔗糖酶的活性越来越小。

表 6-67　锌污染对土壤中蔗糖酶活性的影响

部位	锌处理浓度 (mg·kg^{-1})	锌胁迫下不同时期土壤中蔗糖酶的活性（C$_6$H$_{12}$O$_6$,mg·g^{-1}·24h^{-1}）				
		第 0 天	第 18 天	第 36 天	第 54 天	第 72 天
根际	0（CK）	5.879±0.214cE	10.685±0.117fD	16.060±0.161eA	13.095±0.266eB	12.334±0.226dC
	200	8.040±0.098bE	21.647±0.267bC	29.226±0.172bA	23.638±0.181bB	20.474±0.441bD
	500	11.908±0.086aD	28.337±0.086aB	40.103±1.465aA	29.275±0.184aB	23.759±0.335aC
	800	5.829±0.117cD	19.365±0.098cB	24.534±0.192cA	19.067±0.171cB	17.766±0.119cC
	1000	3.754±0.077dD	17.688±0.096dB	17.901±0.215dB	18.214±0.149dA	11.737±0.192eC
	1500	2.943±0.077eE	11.368±0.161eC	15.171±0.171fA	12.299±0.109fB	7.529±0.119fD
	2000	1.784±0.121fE	6.917±0.214gC	9.427±0.349gA	8.019±0.077gB	4.856±0.075gD
	2500	1.557±0.119fE	5.602±0.234hC	7.301±0.089hA	6.320±0.107hB	4.145±0.033gD
非根际	0（CK）	5.879±0.214cE	6.697±0.339cD	10.123±0.142eA	9.789±0.175eB	8.922±0.181dC
	200	8.040±0.098bE	11.033±0.086bD	21.818±0.098bA	19.564±0.278bB	15.590±0.133bC
	500	11.908±0.086aD	13.209±0.368aC	24.363±0.142aA	23.922±0.746aA	19.223±0.139aB
	800	5.829±0.117cE	6.882±0.139cD	15.491±0.101cB	16.607±0.249cA	13.486±0.312cC
	1000	3.754±0.077dD	5.879±0.044dC	13.813±0.267dA	13.223±0.237dA	7.251±0.259eB
	1500	2.943±0.077eD	4.152±0.086eC	8.851±0.085fA	8.467±0.113fA	6.491±0.054fB
	2000	1.784±0.121fE	3.619±0.130fD	7.308±0.129gA	6.121±0.085gB	4.322±0.130gC
	2500	1.557±0.119fD	1.855±0.113gC	5.773±0.160hA	4.273±0.145hB	1.948±0.117hC
空白	0（CK）	5.879±0.214cA	5.517±0.181cB	5.289±0.077cC	5.090±0.044cC	5.012±0.077cC
	200	8.040±0.098bA	7.770±0.166bB	7.500±0.101bB	6.839±0.142bC	6.597±0.161bC
	500	11.908±0.086aA	11.129±0.120aA	10.728±0.077aB	8.396±0.129aC	10.187±0.139aB
	800	5.829±0.117cA	5.822±0.085cA	5.737±0.098cA	5.360±0.160cB	4.813±0.065cC
	1000	3.754±0.077dA	3.192±0.096dB	2.844±0.096dC	2.737±0.086dC	2.033±0.075dD
	1500	2.943±0.077eA	2.268±0.163eB	1.998±0.065eC	1.827±0.044eC	1.671±0.109eC
	2000	1.784±0.121fA	1.635±0.121fA	1.472±0.113fB	1.528±0.107eAB	1.315±0.075fB
	2500	1.557±0.119fA	1.479±0.137fA	1.329±0.089fB	1.351±0.107eB	1.073±0.107fC

表 6-68　根际土壤、非根际土壤、空白组土壤中蔗糖酶活性配对 T 检验

	指标	第 18 天	第 36 天	第 54 天	第 72 天
根际-非根际	T	5.271	4.086	7.584	5.270
	P	0.001**	0.005**	0.000**	0.001**
根际-空白	T	5.691	5.622	6.512	5.527
	P	0.001**	0.001**	0.000**	0.001**
非根际-空白	T	5.280	6.397	5.703	5.095
	P	0.001**	0.000**	0.001**	0.001**

6.5.2.3 锌污染对土壤中脲酶活性的影响

受微生物数量变化的影响,随着栽培时间的增加,吊兰根际土壤中脲酶活性呈先增后减的趋势,栽培至第36天时其活性达到最高值,之后有所降低(表6-69)。与CK组脲酶活性相比,土壤锌浓度为200mg·kg^{-1}时,根际土壤中脲酶活性有所提高,说明低浓度的锌对脲酶的活性有一定的促进作用。当土壤锌浓度大于200mg·kg^{-1}时,其脲酶活性随着浓度的增大逐渐变小,即高浓度的锌对脲酶活性有抑制作用。

表6-69 锌污染对土壤中脲酶活性的影响

部位	锌处理浓度 (mg·kg^{-1})	锌胁迫下不同时期土壤中脲酶的活性 (NH$_3$-N,mg·g^{-1}·24h^{-1})				
		第0天	第18天	第36天	第54天	第72天
根际	0(CK)	77.078±2.166bE	93.426±1.699bD	108.644±1.083fC	171.158±2.167bA	151.931±2.827bB
	200	88.286±1.859aE	100.521±1.553aD	195.012±1.553aA	174.859±1.699aB	165.194±1.414aC
	500	78.620±2.659bE	84.584±1.168cD	163.652±0.617bA	157.997±1.391cB	153.165±2.023bC
	800	59.599±1.885cE	75.433±1.632dD	141.854±2.231cA	131.367±1.391dB	106.999±4.782cC
	1000	49.934±1.391dE	60.833±1.553eD	121.805±3.211dA	114.402±1.391eB	91.781±1.112dC
	1500	41.091±1.583eE	50.654±1.083fD	113.476±1.553eA	97.951±2.023fB	79.340±1.699eC
	2000	32.866±1.632fE	40.989±1.522gD	98.976±1.083gA	85.201±2.782gB	69.984±2.659fC
	2500	30.295±0.642fE	39.549±0.942gD	96.614±1.553gA	80.163±1.807hB	66.899±1.885gC
非根际	0(CK)	77.078±2.166bD	77.695±1.168cD	79.135±1.632cC	84.173±1.699cA	81.499±1.458cB
	200	88.286±1.859aD	95.380±0.992aC	113.271±1.247aA	104.531±1.458aB	96.408±2.943aC
	500	78.620±2.659bE	82.630±0.942bD	95.997±0.942bA	90.959±2.356bB	86.332±1.983bC
	800	59.599±1.885cD	63.917±0.942dC	76.461±1.247dA	69.470±1.983dB	64.329±1.414dC
	1000	49.934±1.391dD	53.944±0.776eC	64.123±0.992eA	60.421±1.391eB	53.430±2.587eC
	1500	41.091±1.583eE	45.307±1.391fD	57.851±3.038fA	54.149±1.717fB	48.494±1.391fC
	2000	32.866±1.632fD	36.053±1.885gC	51.476±2.007gA	46.952±1.391gB	45.307±1.391gB
	2500	30.295±0.642fC	32.660±1.284hC	49.009±1.391hA	43.868±1.083hB	41.400±0.992hB
空白	0(CK)	77.078±2.166bA	74.405±1.284bB	72.760±1.391bB	63.300±3.269bC	59.085±4.034bD
	200	88.286±1.859aA	84.892±1.754aB	82.014±1.284aC	78.723±1.699aD	75.844±1.391aE
	500	78.620±2.659bA	76.153±1.699bA	71.834±1.391bB	63.917±1.284bC	60.730±2.007bD
	800	59.599±1.885cA	58.159±1.112cA	52.093±1.391cB	48.392±1.391cC	44.484±0.942cD
	1000	49.934±1.391dA	46.952±1.699dB	44.484±1.168dC	41.297±1.284dD	37.287±1.391dE
	1500	41.091±1.583eA	41.091±0.942eA	40.989±1.391eA	32.146±1.699eB	31.221±1.391eB
	2000	32.866±1.632fA	30.398±0.816fB	29.678±1.247fC	29.884±1.083fC	27.211±1.391fD
	2500	30.295±0.642fA	28.650±0.642gB	28.136±0.776fB	27.005±1.112gB	24.023±0.776gC

根际土壤中脲酶活性>非根际土壤中脲酶活性>空白组土壤中脲酶活性，且这种差异性在吊兰生长的不同时期均表现为显著（$P<0.05$，如表 6-70 所示）。非根际土壤、空白组土壤中脲酶活性随土壤锌浓度的变化趋势与吊兰根际环境的变化趋势相似；且非根际土壤中酶活性随栽培时间的变化趋势也与吊兰根际环境的变化趋势相似；而空白组脲酶活性随栽培时间增加而逐渐减小。

表 6-70　根际土壤、非根际土壤、空白组土壤中脲酶活性配对 T 检验

指标		第 18 天	第 36 天	第 54 天	第 72 天
根际-非根际	T	6.035	10.176	9.251	6.894
	P	0.001**	0.000**	0.000**	0.000**
根际-空白	T	10.904	9.742	11.384	8.916
	P	0.000**	0.000**	0.000**	0.000**
非根际-空白	T	7.324	8.160	16.190	17.656
	P	0.000**	0.000**	0.000**	0.000**

6.5.2.4　锌污染对土壤中磷酸酶活性的影响

随着栽培时间的增加，受微生物数量变化的影响，吊兰根际土壤中磷酸酶活性呈先增后减的趋势，栽培至第 36 天时磷酸酶活性达到最高，之后有所降低（表 6-71）。同脲酶活性一样，与 CK 组磷酸酶活性相比，土壤锌浓度为 $200\text{mg}\cdot\text{kg}^{-1}$ 时根际土壤中磷酸酶活性有所提高，说明低浓度的锌对磷酸酶的活性有一定的促进作用。当土壤锌浓度大于 $200\text{mg}\cdot\text{kg}^{-1}$ 时，其磷酸酶活性随着锌浓度的增加逐渐变小，即高浓度的锌对磷酸酶活性有抑制作用。

根际土壤中磷酸酶活性>非根际土壤中磷酸酶活性>空白组土壤中磷酸酶活性，且这种差异性在吊兰生长的不同时期均表现为显著（$P<0.05$，如表 6-72 所示）。非根际土壤、空白组土壤中磷酸酶活性随土壤锌浓度的变化趋势与吊兰根际环境的变化趋势相似；且非根际土壤中磷酸酶活性随栽培时间的变化趋势与吊兰根际环境的变化趋势相似；而空白组磷酸酶活性随栽培时间增加逐渐减小。

表 6-73 表示的是土壤酶活性与栽培时间及土壤锌浓度之间的多元线性回归方程，从表中可以看出四种土壤酶活性与栽培时间及土壤锌浓度之间的相关性显著。从影响系数可以看出根际与非根际土壤中，土壤酶活性与栽培时间之间呈正相关；而空白组土壤中酶活性与栽培时间之间呈负相关。土壤酶活性与土壤锌浓度之间呈负相关；且栽培时间对土壤酶活性的影响系数要大于土壤锌浓度对土壤酶活性的影响系数。

表 6-71 锌污染对土壤中磷酸酶活性的影响

部位	锌处理浓度（mg·kg⁻¹）	锌胁迫下不同时期土壤中磷酸酶的活性（P_2O_5, mg/100g⁻¹·2h⁻¹）				
		第 0 天	第 18 天	第 36 天	第 54 天	第 72 天
根际	0（CK）	16046.473±109.637bE	21218.913±323.649dD	65238.909±267.182cA	54785.516±828.336bB	23805.133±434.333cC
	200	27358.925±41.439aD	34113.842±260.675aC	78007.239±718.939aA	59514.862±364.972aB	34240.440±993.178aC
	500	16462.438±143.549bE	24637.064±314.422bD	69443.777±248.634bA	54939.242±312.072bB	28914.274±657.823bC
	800	14834.748±46.987cE	22747.134±82.878cD	65121.353±112.944cA	49848.187±233.890cB	23832.261±230.772cC
	1000	13659.193±136.542dE	21851.904±230.722dD	59677.631±285.813dA	41492.707±455.021dB	22548.194±109.637dC
	1500	12827.262±97.812eE	20793.905±408.127eD	56910.557±338.831eA	38788.932±339.915eB	21300.297±192.464eC
	2000	11724.049±62.650fD	19627.393±122.328fC	54568.491±509.211fA	36410.695±560.138fB	20160.914±109.637fC
	2500	10810.734±62.650gD	19030.573±68.271fC	53826.987±149.410gA	36021.857±1347.973B	19310.898±71.774gC
非根际	0（CK）	16046.473±109.637bD	16453.396±381.084eD	36862.831±1057.303cA	30560.050±787.341cB	17873.104±124.317cC
	200	27358.925±41.439aE	31419.109±139.211aC	50508.306±625.715aA	45561.934±176.507aB	28489.266±866.546aD
	500	16462.438±143.549bE	20115.700±68.271bD	43292.210±258.786bA	37694.762±225.887bB	23723.748±225.887bC
	800	14834.748±46.987cE	18569.394±192.464cC	36510.165±189.897cA	29927.059±136.542cB	17231.070±203.612cD
	1000	13659.193±136.542dC	17068.301±112.944dC	30813.246±241.121dA	26771.147±267.182dB	16426.268±192.464dD
	1500	12827.262±97.812eD	15693.807±122.328fC	27548.822±282.359eA	24510.466±122.328eB	15928.918±112.944eC
	2000	11724.049±62.650fD	14554.423±176.507gC	26744.019±195.624fA	23579.065±447.683fB	14762.406±122.328fC
	2500	10810.734±62.650gD	13767.706±95.271hC	26038.687±434.051fA	22340.211±176.507gB	14093.244±158.957fC
空白	0（CK）	16046.473±109.637bA	15910.832±203.478bA	15603.379±271.734bA	14554.423±271.734bC	14382.611±149.410bC
	200	27358.925±41.439aA	25975.387±162.853aB	24365.782±184.658aC	22891.817±248.634aD	18922.060±128.203aE
	500	16462.438±143.549bA	16154.986±230.959bA	15901.789±68.271bA	14653.893±128.203bB	13650.150±62.650cC
	800	14834.748±46.987cA	14274.099±150.320cB	14057.073±109.637cB	13686.321±180.628cC	12619.279±292.599cD
	1000	13659.193±136.542dA	13478.339±149.410dA	13243.228±122.328dAB	12791.091±68.271dC	11479.896±109.637eD
	1500	12827.262±97.812eA	12646.408±176.816eA	12320.869±122.328eB	12528.852±462.242dA	10476.153±190.542fC
	2000	11724.049±62.650fA	11371.383±81.552fA	11054.888±122.328fA	10675.093±95.271eB	9562.838±190.542gC
	2500	10810.734±62.650gA	10458.068±40.776gA	10195.829±81.385gB	9861.248±109.637fB	8342.070±95.271hC

表 6-72　根际土壤、非根际土壤、空白组土壤中磷酸酶活性配对 T 检验

	指标	第 18 天	第 36 天	第 54 天	第 72 天
根际-非根际	T	15.587	80.338	11.738	11..238
	P	0.000**	0.000**	0.000**	0.000**
根际-空白	T	20.738	31.997	13.828	18.143
	P	0.000**	0.000**	0.000**	0.000**
非根际-空白	T	6.925	11.795	10.221	7.298
	P	0.000**	0.000**	0.000**	0.000**

表 6-73　土壤酶活性与栽培时间及土壤锌浓度的多元线性回归分析

	因变量	回归方程	R	F
根际	过氧化氢酶	$y=0.262+0.004x_1-0.00003138x_2$	0.976	365.545**
	蔗糖酶	$y=17.175+0.090x_1-0.006x_2$	0.630	12.178**
	脲酶	$y=99.907+0.881x_1-0.032x_2$	0.813	36.194**
	磷酸酶	$y=32517.535+224.385x_1-5.873x_2$	0.398	3.492*
非根际	过氧化氢酶	$y=0.247+0.003x_1-0.00002643x_2$	0.951	173.932**
	蔗糖酶	$y=11.367+0.083x_1-0.005x_2$	0.698	17.612**
	脲酶	$y=84.582+0.129x_1-0.023x_2$	0.882	64.685**
	磷酸酶	$y=25693.058+99.225x_1-5.446x_2$	0.524	6.998**
空白	过氧化氢酶	$y=0.282-0.000x_1-0.00003202x_2$	0.977	389.971**
	蔗糖酶	$y=8.196-0.016x_1-0.003x_2$	0.763	25.786**
	脲酶	$y=80.796-0.175x_1-0.022x_2$	0.929	116.715**
	磷酸酶	$y=19689.302-39.474x_1-3.731x_2$	0.758	25.023**

注：x_1 为吊兰栽培天数；x_2 为土壤锌浓度

6.5.2.5　微生物与土壤酶之间的相关性分析

通过本研究，我们发现微生物的数量变化能影响土壤酶的活性变化。为了进一步研究土壤中微生物与土壤酶之间的相关性，我们选用最后一批土，即第 72 天的土作为研究对象。因为此时吊兰已适应环境，且化学性质也相对稳定。

与未添加锌的 CK 组相比，受重金属锌影响，根际土壤中细菌数量平均降低了 21.28%，放线菌数量平均降低了 40.19%，真菌数量平均降低了 54.01%；而非根际土壤中，细菌数量平均降低了 34.43%，放线菌数量平均降低了 35.51%，真菌数量平均降低了 60.17%。这说明 3 类微生物对锌的敏感性顺序为：真菌>放线菌>细菌。

与未添加锌的 CK 组相比，土壤锌浓度为 2500mg·kg^{-1} 时，根际土壤中蔗糖酶活性下降了 66.38%，脲酶活性下降了 55.97%，磷酸酶活性下降了 18.12%，过氧化氢酶活性下降了 15.19%；非根际土壤中蔗糖酶活性下降了 78.15%，脲酶活性下降了 49.20%，磷酸酶活性下降了 21.09%，过氧化氢酶活性下降了 9.74%；空白组土壤中蔗糖酶活性下降了 78.58%，脲酶活性下降了 59.34%，磷酸酶活性下降了 41.99%，过氧化氢酶活性下降了 32.04%。由此推测，四种土壤酶对重金属锌的敏感性顺序为：蔗糖酶>脲酶>磷酸酶>过氧化氢酶。

将微生物数量与土壤酶活性做双变量相关性分析（表 6-74），可以看出根际与非根际土壤中放线菌的数量与四种土壤酶活性呈正相关，且均达到显著水平。蔗糖酶活性与放线菌数量相关性最强，其次是脲酶。其相关性大小为：蔗糖酶>脲酶>过氧化氢酶>磷酸酶。真菌数量与土壤酶活性也呈正相关，且过氧化氢酶、脲酶、磷酸酶活性与真菌数量的相关性均达到显著水平。其相关性大小为：脲酶>过氧化氢酶>磷酸酶>蔗糖酶。细菌数量与四种土壤酶活性均呈正相关，但相关性不显著。由此推测 3 类微生物对土壤酶的影响表现为：放线菌>真菌>细菌。

鉴于土壤微生物数量与土壤酶活性相关性较大，同时二者均易受土壤环境因素影响，对土壤污染变化反应敏感，因此把这两类指标结合起来作为判断土壤锌污染程度指标更为合适。

表 6-74　土壤微生物数量与土壤酶活性相关性分析

相关性		过氧化氢酶	蔗糖酶	脲酶	磷酸酶
根际	细菌	0.566	0.275	0.441	0.419
	放线菌	0.857[*]	0.944[**]	0.944[**]	0.790[*]
	真菌	0.904[**]	0.673	0.907[**]	0.801[*]
非根际	细菌	0.799[*]	0.443	0.649	0.515
	放线菌	0.816[*]	0.959[**]	0.904[**]	0.803[*]
	真菌	0.887[**]	0.620	0.954[**]	0.721[*]
空白	细菌	0.447	0.719	0.789[*]	0.810[*]
	放线菌	0.611	0.008	0.216	0.181
	真菌	0.842[*]	0.728	0.955[**]	0.933[**]

6.5.3　Zn 污染对吊兰根际土壤呼吸作用强度、有机质及锌总量的影响

6.5.3.1　锌胁迫对吊兰土壤呼吸作用强度的影响

如图 6-7 所示，吊兰根际土壤中呼吸作用强度随土壤锌浓度的增加先增后减，土壤锌浓度为 200mg·kg^{-1} 时，其土壤呼吸作用强度达到最高值，之后逐渐减小。说明较低浓度的锌能促进土壤呼吸作用，较高浓度的锌则抑制土壤呼吸作用。比较吊兰根际土壤、非根际土壤、空白组土壤中呼吸作用强度，我们发现吊兰非根

际土壤、空白组土壤中呼吸作用强度随着土壤锌浓度的变化趋势与吊兰根际环境的变化趋势相似，根际土壤中呼吸作用强度>非根际土壤中呼吸作用强度>空白组土壤中呼吸作用强度，且这种差异性显著（$P<0.05$，如表 6-75 所示）。这可能是因为土壤微生物丰富度、数目的差异致使根际、非根际、空白组土壤中呼吸作用强度有着明显的差异。说明种植吊兰能改善土壤环境，有效提高土壤呼吸作用强度。

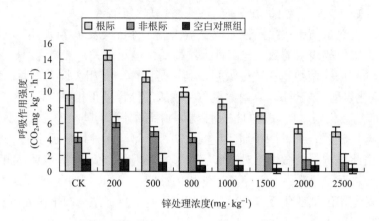

图 6-7　锌污染对土壤呼吸作用强度的影响

表 6-75　根际土壤、非根际土壤、空白组土壤中土壤化学性质配对 T 检验

	指标	土壤呼吸作用	有机质	重金属锌总量
根际-非根际	T	10.253	9.104	0.675
	P	0.000**	0.000**	0.521
根际-空白	T	7.915	12.984	−4.116
	P	0.000**	0.000**	0.004**
非根际-空白	T	5.172	6.780	−2.983
	P	0.001**	0.000**	0.020*

6.5.3.2　锌污染对土壤中有机质含量的影响

如图 6-8 所示，锌污染下，根际土壤、非根际土壤、空白组土壤中有机质的含量随着锌浓度的增高上下波动，相关性不显著。根际土壤中有机质含量>非根际土壤中有机质含量>空白组土壤中有机质含量，且这种差异性显著（$P<0.05$，如表 6-75 所示）。重金属锌浓度的大小对有机质含量的影响不大，但种植吊兰却能增加有机质的含量。说明吊兰能够修复锌污染的土壤。

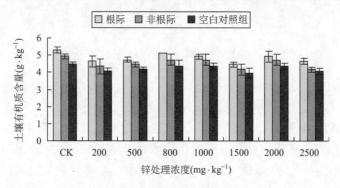

图 6-8　锌污染对土壤中有机质含量的影响

6.5.3.3　锌污染对土壤中重金属锌总量的影响

如图 6-9 所示，锌总量与土壤锌浓度之间呈正相关关系，其根际相关性大小为 1.000**；非根际相关性为 0.996**；空白组相关性为 0.998**。

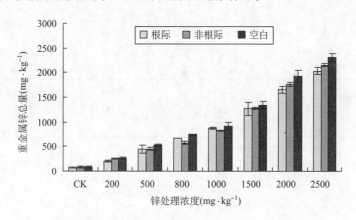

图 6-9　锌污染对土壤中重金属锌总量的影响

土壤锌浓度为 0～500mg·kg⁻¹ 和 1500～2500mg·kg⁻¹ 时；空白组土壤中锌总量>非根际土壤中锌总量>根际土壤中锌总量，而当土壤锌浓度为 800～1000mg·kg⁻¹ 时，空白组土壤中锌总量>根际土壤中锌总量>非根际土壤中锌总量。这可能是因为吊兰根际具有吸附重金属能力，导致其根际土壤中重金属有效性降低，使得根际重金属锌总量小于非根际重金属锌总量。而在一定浓度锌的污染下，吊兰根系分泌物能分泌质子酸化土壤，提高了土壤中重金属的流动性和植物吸收（Mench and Martin，1991），致使根际土壤中锌总量要高于非根际土壤中锌总量。与空白组土壤锌总量相比，根际与非根际土壤中锌总量要显著小于空白组土壤中锌总量（表 6-75），这是因为吊兰对重金属有吸附作用，可以改善被重金属污染的土壤。

6.5.3.4 微生物数量与呼吸作用强度、有机质及锌总量的相关性分析

将微生物数量与土壤呼吸作用强度、有机质及锌总量做双变量相关性分析（表 6-76），可以看出根际与非根际土壤中微生物数量与呼吸作用强度呈正相关，且放线菌和真菌与呼吸作用强度的相关性均达到显著水平。其相关性大小为放线菌>真菌>细菌。而重金属锌总量与微生物数量呈负相关，且均达到显著性水平。其相关性大小为真菌>放线菌>细菌。有机质的含量与微生物数量呈正相关，但相关性并不显著。

表 6-76   土壤微生物数量与土壤呼吸作用强度、有机质及锌总量的相关性分析

相关性		呼吸作用强度	土壤有机质	重金属锌总量
根际	细菌	0.527	0.263	-0.662^*
	放线菌	0.868^*	0.277	-0.896^{**}
	真菌	0.856^*	0.322	-0.896^{**}
非根际	细菌	0.722	0.534	-0.853^*
	放线菌	0.902^{**}	0.212	-0.863^*
	真菌	0.877^{**}	0.372	-0.921^{**}
空白	细菌	0.541	0.480	-0.521
	放线菌	0.454	0.747	-0.523
	真菌	0.938^{**}	0.084	-0.830^*

7 栽培吊兰对土壤镉、铅污染土壤微生物特性的影响

重金属污染中铅（Pb）、镉（Cd）危害较大，其中 Cd 因毒性高被称为"五毒之首"，而受到关注，Pb 则被列为土壤污染的重要和典型的污染物。吊兰对铅和镉均有很强的耐性，但又表现出很大的差异。吊兰能够在土壤铅含量达到 2000mg·kg^{-1} 的情况下正常生长，但其对铅的富集系数仅达到 0.1 左右，表现出很强的避性。而吊兰对镉却表现出很强的富集能力，在土壤镉含量达到 10mg·kg^{-1} 时，吊兰体内镉含量就已经超过 100mg·kg^{-1}，富集系数超过 10（王友保等，2010；Wang et al., 2012）。这说明吊兰对重金属铅和镉可能具有完全不同的耐性机制，探明这种机制，对于揭示重金属耐性植物的耐性机制，筛选和培育重金属耐性植物，以及重金属污染土壤植物修复工作的开展都具有重要参考价值。

土壤微生物可以很好地反映土壤中各种生物化学过程的动向和强度及土壤环境的细小变化（Bastida et al., 2008）。土壤酶是土壤中各类生物化学过程中所必需的具有特殊催化能力的一类蛋白质，对重金属的反应较灵敏，因此常将微生物数量、多样性和土壤酶活性作为土壤污染检测指标与修复效果评价指标（Giller et al., 1998；邱莉萍，张兴昌，2006）。为此，我们以吊兰为材料，进行重金属铅、镉污染的实验，旨在研究重金属铅、镉污染对土壤中微生物数量、多样性、土壤酶活性、重金属形态和土壤的化学性质的影响以及吊兰对重金属 Pb、Cd 污染土壤的修复效果，为探索吊兰的重金属耐性机制和土壤 Pb、Cd 污染的治理提供参考（尚璐，2017）。

7.1　研　究　设　计

植物材料。吊兰（*C. comosum*）幼苗取自安徽师范大学生态学实验室培养的吊兰母枝，剪下带有气生根的幼苗后于土中培养，幼苗生根稳定后取生长情况相近的幼苗进行试验。

栽培用土壤。采集安徽师范大学后山山坡园田土（土壤为黄棕壤，pH 为 4.78，电导率为 107.5μS·cm^{-1}，氧化还原电位为–150.0mV，有机质、全氮、全磷含量分别为 4.751、0.77、0.95g·kg^{-1}，总 Cd、总 Pb 含量分别为 0.97 和 48.53mg·kg^{-1}），土壤采回后除去动植物残体、石砾等杂物，于室内通风处风干，磨细后过 3mm 筛后充分混匀备用。

栽培试验。根据实验室前期的实验结果，选定本次试验重金属处理浓度。通

过一次性加入乙酸铅和氯化镉溶液，并将其与土壤充分混匀，使土壤中 Pb、Cd 含量分别为 1000、200mg·kg^{-1}，以不添加 Cd、Pb 的土壤为对照（CK）。试验设栽种吊兰的实验组和不栽培吊兰的对照组。每盆装土 2000g，保持土壤含水量 60%，平衡培养 4 周后，选取长势一致，健壮的吊兰，用自来水，蒸馏水冲洗数次后，移入实验组花盆中，每盆栽种 4 株。每天浇适量水，以保持土壤含水量。

取样分析。分别于栽培 1、60、120、180 天，取栽培吊兰的实验组以及未栽培吊兰的空白组土样，立即去除植物残体、根系等杂物，0～4℃冷藏保存，用于测定土壤中重金属形态、土壤酶活性、土壤微生物及相关化学性质等的测定。

测定方法。土壤重金属形态、土壤酶活性、土壤微生物数量及相关化学性质的测定，参见前文有关描述。土壤微生物 DNA 提取后，利用 Qubit 2.0 DNA 检测试剂盒对回收的 DNA 精确定量，最后进行 Miseq 测序。

数据处理。使用 Microsoft Excel 对平行样的平均值和标准差进行计算，同时使用 SPSS 17.0 进行不同处理之间的 LSD 多重比较，以及数据之间的相关性分析。对于微生物多样性分析，在 OTU 聚类结果的基础上，选择丰度最长的序列作为代表性序列。有关微生物多样性各指标计算方法如下：

$$\text{Chao 指数：} S_{\text{Chao1}}=S_{\text{obs}}+n_1(n_1-1)/2(n_2+1)$$

其中，S_{Chao1} 为估计的 OTU 数；S_{obs} 为实际 OTU 数；n_1 为只有一条序列的 OTU 数目；n_2 为只有两条序列的 OTU 数目（每个代表意思下同）。

$$\text{Simpson 指数：} D_{\text{Simpson}}=\sum_{i=1}^{S_{\text{obs}}} n_i(n_i-1)/N(N?1)$$

其中，N 为所有个体数目，此处为序列总数。

$$\text{Shannon 指数：} H_{\text{shannon}}=-\sum_{i=1}^{S_{\text{obs}}} (n_i/N)\ln(n_i/N)$$

$$\text{Coverage 指数：} C=1-n_1/N$$

其中，n_1 为只含有一条序列的 OTU 的数目；N 为抽样中出现的总的序列数。

7.2　吊兰生长对土壤 Pb、Cd 形态与土壤酶活性的影响

7.2.1　吊兰对 Cd、Pb 污染中土壤酶活性的影响

由表 7-1 可以看出，Cd 污染条件下，随着吊兰栽培时间增加，四种土壤酶活性逐渐增大，到培养第 120 天时，酶活达到峰值，后继续培养，酶活有所下降。这说明，吊兰培养 120 天前重金属 Cd 对四种土壤酶活性有较强的促进作用，但随着培养时间的增长，这种促进作用减缓。空白组土壤酶活随着时间的变化趋势与吊兰实验组变化趋势相似。土壤 Pb 与四种酶活的变化关系与土壤 Cd 相似，都

是随培养时间逐渐增大，到培养 120 天时达到峰值后逐渐减小；空白组则随着培养时间的增长酶活逐渐减小（表 7-1）。

表 7-1 吊兰生长对 Cd、Pb 污染土壤酶活性的影响

重金属	处理	时间 (d)	过氧化氢酶活性（mL·g^{-1}）	蔗糖酶活性（C$_6$H$_{12}$O$_6$,mg·g^{-1}·24h^{-1}）	脲酶活性（NH$_3$-N,mg·g^{-1}·24h^{-1}）	磷酸酶活性（P$_2$O$_5$,mg·100g^{-1}·2h^{-1}）
Cd	实验组	CK	0.628±0.006e	129.662±0.531e	7.317±0.242e	7.777±0.165e
		1	1.206±0.001d	190.291±1.059d	16.662±0.527d	16.125±0.199d
		60	1.693±0.001c	229.340±1.029c	25.804±0.573c	37.214±1.048c
		120	1.926±0.001a	263.170±1.049a	36.881±0.546a	57.922±0.571a
		180	1.690±0.309b	246.180±1.009b	30.853±1.127b	56.386±0.439b
	空白组	CK	0.590±0.068e	127.538±2.044e	7.215±0.020c	7.168±0.059e
		1	0.886±0.001d	140.659±1.742d	8.219±0.064c	8.281±0.137d
		60	1.236±0.008c	180.052±0.690c	15.873±0.555b	20.595±0.468c
		120	1.745±0.002a	220.313±0.850a	25.845±0.527a	38.947±0.638a
		180	1.645±0.001b	210.279±1.146b	25.385±1.364b	28.321±0.160b
Pb	实验组	CK	0.856±0.014e	9.297±0.148e	39.489±1.359e	28.716±0.737e
		1	1.247±0.011d	125.712±0.458d	54.257±0.970d	30.768±0.562d
		60	1.877±0.020c	187.036±0.535c	95.402±1.077c	45.988±0.877c
		120	2.657±0.016b	302.022±1.586a	155.502±0.729a	65.451±0.723a
		180	3.544±0.044a	218.355±1.139b	93.226±1.022b	50.564±1.262b
	空白组	CK	0.782±0.052b	8.742±0.718e	37.789±1.747b	27.263±0.192a
		1	0.927±0.006a	94.658±0.511a	40.170±1.049a	25.524±0.153b
		60	0.646±0.014c	60.003±0.679b	25.516±0.897c	19.116±0.611c
		120	0.355±0.014d	29.679±0.557c	15.483±1.327d	12.884±0.403d
		180	0.105±0.002e	10.224±1.050d	8.879±0.644e	7.333±0.331e

由表 7-2 分析可见，栽培吊兰的实验组相对于不栽培吊兰的空白组，四种土壤酶活性的相对变化率均随着吊兰培养时间增长而增大，且由 T 检验结果分析可得，这种变化呈极显著性相关性。可见种植吊兰对 Cd、Pb 污染土壤酶具有良好的修复作用。

表 7-2 Pb、Cd 胁迫下实验组与空白组土壤酶活性相对变化率（%）

重金属	时间（d）	过氧化氢酶	蔗糖酶	脲酶	磷酸酶
Cd	1	36.117	35.293**	102.777*	94.832*
	60	36.914**	27.374**	62.739*	80.700**
	120	11.005**	19.453**	42.763*	48.752**
	180	17.082	17.074**	21.901*	99.100**
Pb	1	34.470**	32.811**	35.087**	20.937**
	60	152.810**	187.76**	278.878**	140.69**
	120	648.358**	917.822**	909.459**	408.269**
	180	3287.192**	2050.211**	1272.625**	590.072**

7.2.2 吊兰对 Cd、Pb 污染下土壤中重金属形态的影响

重金属进入土壤后将发生一系列的转化、沉淀、吸附等物理化学反应，以不同的形态、物质存在于土壤中，而和自然土壤相比，在人为添加外源重金属后，土壤中可交换态、碳酸盐态等含量较高，而残渣态相对较少。本研究中，如表 7-3 所示，实验组 Cd 碳酸盐结合态与铁锰氧化结合态含量均随着吊兰培养时间的增加而增大，有机结合态则相反，随培养时间的增长逐渐减小，而残渣态随着培养时间的变化呈波动趋势。空白组中，有机化合态随时间变化减小，可交换态与铁锰氧化物结合态随着培养时间的增加，呈降低趋势；碳酸盐结合态与残渣态则随培养时间增长呈增大趋势。实验组 Pb 在外源 Pb 加入后，残渣态占据了各形态中的主要部分，而随着吊兰的栽培时间的增加，残渣态 Pb 含量呈减少趋势，有机结合态 Pb 含量增加。在栽培 60 天的时候，交换态、碳酸盐结合态和铁锰氧化物结合态 Pb 也均出现增加现象。空白组中随着培养时间的增加可交换态与碳酸盐结合态均呈增大趋势；铁锰氧化态与残渣态则逐渐减小；有机化合态呈波动趋势（表 7-3）。

表 7-3 吊兰生长对土壤 Cd、Pb 形态分布的影响

重金属	处理	时间(d)	可交换态(%)	碳酸盐结合态(%)	铁锰氧化物结合态(5)	有机化合态(%)	残渣态(%)
Cd	实验组	1	5.767±0.862b	19.567±1.343c	39.167±1.815b	21.100±0.954a	13.933±4.069a
		60	47.3±0.721a	15.000±1.082d	26.867±1.002c	7.667±0.924b	4.267±1.716b
		120	3.767±0.666c	30.067±2.237b	44.767±1.079a	8.167±0.902b	13.233±2.434a
		180	3.767±0.666c	44.467±1.343a	38.467±3.553b	3.967±0.351c	6.600±3.404b
	空白组	1	5.767±0.586d	20.067±2.237b	39.167±3.0077b	20.933±1.159a	14.100±3.504b
		60	22.333±0.666a	7.367±0.306c	49.367±1.818a	4.667±0.603c	16.233±2.417b
		120	11.467±1.387b	15.400±11.500b	32.000±0.458c	14.800±4.279b	21.700±1.572a
		180	9.667±0.503c	34.267±0.862a	37.033±0.907b	12.300±0.656b	6.767±1.595c
Pb	实验组	1	12.867±0.551c	6.000±0.458c	24.700±0.458a	12.567±0.351c	43.833±1.704b
		60	13.967±0.153b	4.700±0.400c	23.533±0.709b	10.567+0 666d	47.233±0.351a
		120	20.133±0.643a	17.333±0.306c	10.167±0.569d	16.333±0.404a	36.033±0.839d
		180	14.533±0.666b	16.367±0.351b	14.633±0.153c	13.833±0.252b	40.600±1.253c
	空白组	1	13.300±2.096b	5.867±0.907c	23.767±0.404a	13.500±0.300a	43.567±3.653b
		60	12.167±0.379b	3.667±0.551d	17.500±0.458b	10.333±0.681b	56.300±1.058a
		120	20.767±0.252a	24.000±1.400a	10.300±0.625d	6.267±0.306c	38.067±0.473c
		180	20.767±0.252a	14.733±0.404b	14.500±0.100c	13.567±0.208a	36.400±0.794c

在植物生长的条件下，根系分泌物可以通过改变土壤酸碱度和氧化还原条件等来影响各形态重金属向可交换态转化，对土壤重金属形态分布有很大影响。实验组相对于空白组的 Cd 各形态相对变化率及配对 T 检验分析（表 7-4）发现，随着培养时间增加，相对于空白组，实验组残渣态 Cd 相对变化率一直处于明显减小的状态可见种植吊兰促进了残渣态的转化；碳酸盐结合态相对变化率则明显增加。培养 60 天时，可交换态、碳酸盐结合态和有机化合态实验组对空白组相对变化率均处于显著增大的状态；培养 120 天时，残渣态与可交换态的相对变化率显著减小。作为最容易被植物吸收的形态，一部分可交换态形式的 Cd 随着吊兰种植时间越长，可能被植物直接吸收，且吸收量高于其他形态转化而来的增加量，从而引起可交换态相对变化率的减小；碳酸盐结合态与铁锰氧化态显著增大；培养 180 天时，碳酸盐结合态相对变化率极显著增大，有机化合态显著增大，其他状态有变化但不显著。相对于空白组，实验组 Pb 的各形态相对变化率（表 7-4）在培养 60 天时，残渣态呈极显著性减小，其他状态都呈极显著增大；培养 120 天时，残渣态与碳酸盐结合态相对变化率极显著减小，有机化合态则明显增大，其原因除了与残渣态向其转化有关外，还可能与植物生长刺激了土壤微生物的繁殖和活性，提高了土壤有机质含量等因素有密切关系；培养达到 180 天时，可交换态作为植物最易吸收的形态在实验组相对空白组呈极显著减小，其他状态有变化但不显著。Cd 和 Pb 残渣态含量相对变化率在空白组与实验组之间部分存在显著性负差异，这表明植物的生长能促进了残渣态 Cd 和 Pb 向弱结合形态转化，可以提高土壤中 Cd 和 Pb 的迁移能力。

表 7-4 实验组对空白组土壤 Cd、Pb 形态分布的相对变化率

重金属	时间（d）	可交换态	碳酸盐结合态	铁锰氧化物结合态	有机化合态	残渣态
Cd	1	−0.007	−1.757	0.153	0.907	−0.822
	60	111.932**	102.861**	−45.574**	65.516*	−74.508**
	120	−66.510*	36.671*	39.901**	−35.550	−39.274**
	180	−19.838	29.829**	3.835	−67.913*	−1.392
Pb	1	−2.038	3.526	4.017	−7.062	3.325
	60	14.941*	27.487*	34.329**	2.724	−16.067**
	120	−3.048	−29.577**	−1.021	481.195**	−57.844**
	180	−30.027**	11.242	1.974	2.139	11.521

7.2.3 土壤中两种重金属形态与土壤酶活性的关系

为进一步探讨 Cd、Pb 何种形态的含量变化对土壤酶活性影响最大，进行双变量相关分析（见表 7-5）。结果表明，重金属各形态相对变化量与四种土壤酶关

表 7-5　土壤酶活性与 **Cd**、**Pb** 不同形态含量相对变化量的相关性

	时间	形态	过氧化氢酶	蔗糖酶	脲酶	磷酸酶
Cd 处理	1d	可交换态	0.630（0.630）	0.482（0.161）	0.839（−0.975）	0.183（0.999*）
		碳酸盐结合态	0.612（0.612）	−0.963（−0.998*）	0.338（0.007）	0.916（−0.271）
		铁锰氧化物结合态	−0.948（−0.948）	0.062（0.392）	−1.000**（0.942）	−0.680（−0.821）
		有机化合态	−0.227（−0.227）	0.988（0.878）	0.085（−0.423）	−0.665（0.648）
		残渣态	−0.782（−0.782）	0.872（0.986）	−0.551（0.230）	−0.985（0.036）
	60d	可交换态	−0.860（−0.047）	0.626（0.023）	−0.869（0.079）	−0.999*（−0.754）
		碳酸盐结合态	−0.971（−0.335）	0.8259（0.312）	−0.975（0.365）	−0.971（−0.532）
		铁锰氧化物结合态	−0.134（0.753）	−0.222（−0.769）	−0.152（−0.732）	−0.578（−0.983）
		有机化合态	0.641（−0.288）	−0.331（0.311）	0.655（0.258）	0.923（0.930）
		残渣态	0.8390（0.916）	−0.977*（−0.906）	−0.8299*（−0.292）	−0.491*（−0.254）
	120d	可交换态	0.331*（−0.995）	0.991*（−0.964）	0.955*（0.810）	0.803*（0.344）
		碳酸盐结合态	−0.818（0.179）	0.397（0.519）	−0.026（−0.784）	−0.791（0.811）
		铁锰氧化物结合态	0.043（−0.889）	−0.970（−0.994）	−0.777（0.970）	0.967（−0.030）
		有机化合态	0.989（0.547）	0.343（0.211）	0.706（0.142）	0.154（−0.991）
		残渣态	0.687（0.948）	−0.851*（0.771）	−0.993*（−0.501）	−0.491*（−0.697）
	180d	可交换态	0.805*（0.805）	0.766*（−0.815）	0.449*（−0.884）	−0.996（−0.366）
		碳酸盐结合态	−0.593（−0.593）	0.642（0.579）	−0.893（0.467）	0.091（−0.931）
		铁锰氧化物结合态	0.433（0.433）	−0.376（−0.448）	−0.021（−0.562）	−0.836（−0.759）
		有机化合态	0.50（0.05）	0.013（−0.067）	−0.407（−0.197）	−0.559（−0.952）
		残渣态	−0.669（−0.669）	−0.621*（0.682）	−0.260*（0.772）	−0.957*（0.545）
Pb 处理	1d	可交换态	0.878（−0.768）	−0.411（−0.411）	0.063（0.145）	−0.989（−0.466）
		碳酸盐结合态	−0.754（−0.867）	0.712（0.712）	0.958（0.978）	−0.480（0.668）
		铁锰氧化物结合态	−1.000*（−0.985）	0.100（0.100）	0.554（0.621）	−0.930（0.040）
		有机化合态	0.968（0.901）	0.176（0.176）	−0.305（−0.383）	0.995（0.235）
		残渣态	0.478（0.640）	−0.111（−0.912）	−0.998*（−0.989）	0.146（−0.885）
	60d	可交换态	−0.666（0.983）	0.997*（−0.888）	−0.078（0.790）	−0.871（−0.891）
		碳酸盐结合态	−0.514（1.000**）	0.966（−0.959）	0.111（0.892）	−0.763（−0.961）
		铁锰氧化物结合态	0.663（0.297）	0.044（−0.560）	0.981（0.701）	0.386（−0.554）
		有机化合态	−1.000*（0.528）	0.727（−0.261）	−0.788（0.082）	−0.950（−0.268）
		残渣态	0.254（−0.983）	−0.855*（0.889）	−0.076（−0.791）	−0.870*（0.892）
	120d	可交换态	−0.996（0.999*）	0.172*（−0.371）	0.996*（−0.999*）	0.949*（0.293）
		碳酸盐结合态	−0.677（−0.564）	0.870（0.512）	0.530（−0.645）	0.326（−0.581）
		铁锰氧化物结合态	0.985（1.000*）	−0.092（0.445）	−1.000**（0.992）	−0.971（−0.393）
		有机化合态	−0.991（−0.960）	0.391（−0.151）	0.948（−0.984）	0.853（0.069）
		残渣态	0.857（0.774）	−0.720*（−0.249）	−0.748*（0.834）	−0.580*（0.328）
	180d	可交换态	−0.809（0.662）	0.550*（0.466）	0.980*（0.936）	0.720*（0.180）
		碳酸盐结合态	0.964（−0.882）	−0.224（−0.127）	−0.848（−1.000**）	−0.432（0.175）
		铁锰氧化物结合态	−0.399（0.189）	0.898（0.851）	0.946（0.627）	0.973（0.655）
		有机化合态	0.506（−0.682）	0.885（0.926）	0.295（−0.260）	0.760（0.997）
		残渣态	0.066（0.153）	−0.994*（−0.978）	−0.781*（−0.327）	−0.994*（−0.871）

注：括号里为空白组相关性数值

系大多不显著，并且相关系数很小。在吊兰栽种的 60 天后，实验组 Cd、Pb 残渣态相对变化量均与蔗糖酶、脲酶和碱性磷酸酶呈显著性负相关。在吊兰栽培 120 天后，实验组 Cd 可交换态相对变化量呈显著性正相关；实验组 Pb 可交换态相对变化量与蔗糖酶、脲酶和碱性磷酸酶呈显著性正相关。空白组则没有明显变化。这可能与上文中提到的残渣态向其他弱结合态转化，便于植物吸收有关。由实验组与空白组对照分析可见吊兰在土壤重金属污染的修复中起到了作用。其他形态与土壤酶相关性不显著。是以可以认为该四种酶与可交换态和残渣态同时作为土壤 Cd、Pb 污染评价指标是可行的。

7.3 Pb、Cd 污染对吊兰根际土壤微生物数量的影响

7.3.1 Pb 污染对吊兰实验组与对照组微生物数量的影响

吊兰种下去后，土壤环境状况有所改变，三类微生物的数量逐渐增多（表 7-6、表 7-7）。实验组栽培至第 60 天时，三类微生物的数量达到峰值；但栽培时间达到 120 天至 180 天时，三种菌数量却逐渐减少。产生这种现象的原因，可能和以下几个方面有关：①吊兰的根系分泌物促进了土壤微生物的生长。②吊兰种下后，在铅对吊兰的驯化过程中，吊兰的根茎叶受到了不同程度的损害，这些残体的分解，使各种菌类生长所需的有机物增加，因此各种菌类在一段时间内数量增加。当吊兰适应环境后，土壤中因残体所分解的有机物减少，三种菌类的数量也随之减少。③因为吊兰的根际吸附作用，导致土壤铅浓度降低，致使根际微生物数量增加，后期因为根际吸附作用达到饱和，故三种菌类数量不再上升（贾夏等，2013）。

实验组土壤微生物数量>空白组，且这种差异性在吊兰生长的不同时期均表现显著（$P<0.05$，如表 7-8 所示）。其原因可能是：①植物根系分泌物导致有机化合物大量释放，促进了土壤中微生物的生长。②吊兰的根系的生长缓减了重金属对土壤微生物的毒害。③吊兰根际具有吸附重金属能力，导致其根际土壤中重金属有效性降低，减小对微生物的毒害作用。

空白组三种菌数量在各栽培期均非常少，这可能是因为土壤中加有重金属铅，土壤中的微生物受到抑制，且没有吊兰的修复，故数量少。

表 7-6 实验组 Pb 污染土壤微生物数量的影响

时间（d）	细菌（$\times10^5$ CFU·g^{-1}）	真菌（$\times10^3$ CFU·g^{-1}）	放线菌（$\times10^3$ CFU·g^{-1}）
1	0.365±0.064d	3.442±0.284d	0.000±0.000d
60	46.196±2.589a	25.029±3.650a	10.985±1.201a
120	25.316±1.661b	17.146±2.104b	7.556±0.867b
180	13.954±1.464c	14.155±1.457c	5.505±0.748c

表 7-7 空白组 Pb 污染土壤微生物数量的影响

时间（d）	细菌（×10⁵ CFU·g⁻¹）	真菌（×10³ CFU·g⁻¹）	放线菌（×10³ CFU·g⁻¹）
1	0.365±0.064b	3.442±0.284a	0.000±0.000d
60	0.3654±0.0639b	3.058±0.318b	1.112±0.193a
120	1.043±0.144a	2.314±0.1888c	0.686±0.0815b
180	1.043±0.144a	1.478±0.129d	0.326±0.059c

表 7-8 Pb 处理实验组与对照组微生物数量配对 T 检验

	指标	60 天	120 天	180 天
细菌	T	52.370	43.671	28.159
	P	0.001**	0.001**	0.001**
真菌	T	17.677	22.227	28.164
	P	0.001**	0.001**	0.001**
放线菌	T	3.726	5.877	5.947
	P	0.02*	0.027*	0.019*

7.3.2 Cd 污染对吊兰实验组与对照组微生物数量的影响

Cd 污染土壤微生物数量随栽培时间的变化趋势与铅处理相似（表 7-9、表 7-10）。受吊兰生长影响，实验组中微生物数量随着栽培时间的增长呈先增后减的趋势，栽培至第 60 天时，三种菌的数量均达到最高值。与空白组数量相比，变化趋势很明显。但空白组的细菌在没有吊兰修复的情况下，数量却有增大的趋势，可能由于：①土壤中重金属达到一定的质量分数，对大部分的微生物都有致命的毒害作用，但有一小部分能产生抗性并生存，表现出来的，就有增大的趋势。②重金属的胁迫效应造成微生物的生理生化特性发生变异，而使数量增加。

实验组土壤微生物数量>空白组，且这种差异性在吊兰生长的不同时期均表现显著（$P<0.05$，如表 7-11 所示）。空白组土壤因受重金属镉污染且没有吊兰修复，故微生物数量在各栽培期均非常少，这也说明种植吊兰对土壤修复具有良好的作用。

表 7-9 实验组吊兰生长对 Cd 污染土壤微生物数量的影响

时间（d）	细菌（×10⁵ CFU·g⁻¹）	真菌（×10³ CFU·g⁻¹）	放线菌（×10³ CFU·g⁻¹）
1	8.787±0.923d	9.856±0.425d	50.060±0.905c
60	28.003±1.15a	20.598±1.555a	196.58±1.409a
120	18.001±1.675b	15.292±0.936b	134.99±0.998b
180	14.855±0.946c	12.373±1.642c	47.624±1.513d

表 7-10 空白组吊兰生长对 Cd 污染土壤微生物数量的影响

时间（d）	细菌（×10⁵ CFU·g⁻¹）	真菌（×10³ CFU·g⁻¹）	放线菌（×10³ CFU·g⁻¹）
1	8.787±0.923c	9.856±0.425a	50.060±0.905a
60	11.315±1.277b	8.413±0.803b	39.756±0.869b
120	14.383±1.254a	6.495±1.000c	35.594±0.935c
180	14.383±1.254a	4.910±0.618d	30.348±1.082d

表 7-11 Cd 处理实验组与对照组微生物数量配对 T 检验

	指标	60 天	120 天	180 天
细菌	T	20.646	4.921	1.165
	P	0.001**	0.005**	0.280
真菌	T	20.666	15.966	11.662
	P	0.01**	0.01**	0.001**
放线菌	T	456.959	275.662	30.733
	P	0.001**	0.001**	0.001**

7.4 Pb 与 Cd 胁迫下吊兰根际土壤微生物多样性分析

微生物多样性是土壤生态系统最根本的生命特征之一，土壤微生物群落多样性是其中的一部分，是需要重点研究的科学内容。不同类型土壤的微生物群落组成各异，以群落的形式存在于土壤中的微生物是一个巨大的地下能源宝库，它不仅是土壤养分和有机质循环、转化的动力，还影响着土壤结构、土壤肥力和植物的健康等。目前，对土壤微生物群落多样性的研究中，针对土壤微生物种群的种类、丰富度等的研究相对较多。

土壤微生物的多样性有多种方法研究，一般包括平板纯培养法、微平板分析法、磷脂脂肪酸法和分子生物学法等。环境中，99%的微生物是不能通过传统的微生物纯培养方法获得的（Kamagata and Tamaki，2005），BILOLOG 微平板分析也只能反映少部分微生物的生活特征和生态功能信息，并不能完全揭示土壤微生物群落的多样性和丰富性（Ogram，2000）。而分子生物学技术则克服了传统微生物培养的弊端，不需要对微生物进行纯化培养，便可获得更多的微生物信息，用于比较不同环境条件下微生物多样性的变化（Duineveld et al.，1998）。MiSeq 高通量测序结合了能对多个变区同时测序的 454 高通量测序方法，是具有高测序速度和通量的宏基因组分析方法。下面，采用 Miseq 平台测序研究，比较不同栽培吊兰对 Pb、Cd 污染土壤微生物群落多样性及优势种，为进一步探讨吊兰对土壤 Pb、Cd 污染的耐性和修复机制研究提供参考。

7.4.1 Pb 与 Cd 胁迫下吊兰根际土壤微生物细菌多样性分析

7.4.1.1 不同处理下土壤样品测序数据统计

通过 Miseq 测序后，获得不同处理的样品数据统计结果见表 7-12。由表可知，五种处理原始序列数共 279984 条，过滤后序列总数为 262746 条，有效比例可达 93.84%，其中单个处理土壤样品的有效比率在 90.77%以上。五种处理的原始序列结果按大小顺序排列为 Cd 实验组>空白组>Pb 实验组>Pb 对照组>Cd 对照组；优化序列按大到小顺序排列为 Cd 实验组>空白组>Pb 实验组>Pb 对照组>Cd 对照组。

表 7-12 不同处理土壤样品测序数据统计

组别	处理	处理之前序列总数	处理后剩余序列	优化序列数比（%）
1	空白组	59474	55409	93.17
2	Cd 实验组	63420	57564	90.77
3	Cd 对照组	46671	45177	96.80
4	Pb 实验组	53953	52738	97.75
5	Pb 对照组	53466	51876	97.03

7.4.1.2 OTU 以及丰富度分析

由表 7-13 可知，五种处理在 0.97 的相似度下共获得 5152 个 OUT。基于 OTU，空白组最高，Cd 对照组最低。进一步利用韦恩图（图 7-1）可直接看出五种不同处理共有和各自特有的 OTU 数。结果表明，五种处理共有 OTU 数为 27；基于 OTU 丰富度上，根据 OTU 组成上 97%的相似，将不同处理进行 PCA 分析（图 7-2），在两个主要成分上累计贡献率达到 59%。在 PCA 中距离越近，说明样本间的相似度越高，空白组、Cd 对照组、Pb 实验组与 Pb 对照组相距较近，相似度较高，Cd 实验组与其他处理样本相似度较低。

表 7-13 不同处理样品 OTU 统计

组别	样品名	OTU 数
1	空白组	1167
2	Cd 实验组	1027
3	Cd 对照组	818
4	Pb 实验组	1135
5	Pb 对照组	1005

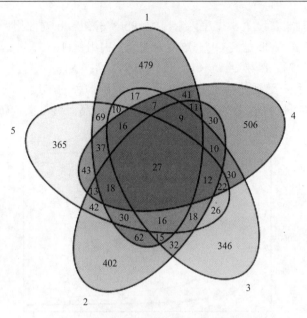

图 7-1　不同处理土壤样品 OTU 韦恩图分析

1、2、3、4、5 分别代表空白组、Cd 实验组、Cd 对照组、Pb 实验组、Pb 对照组

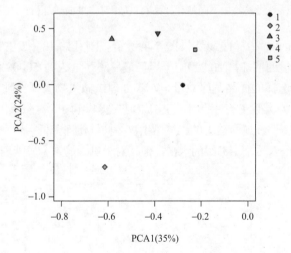

图 7-2　不同处理土壤类型基于 OTU 的 PCA 分析

1、2、3、4、5 分别代表空白组、Cd 实验组、Cd 对照组、Pb 实验组、Pb 对照组

7.4.1.3　不同处理类型测序深度判定

物种的丰度越高，Rank-abundance 曲线在横轴上的范围越大；曲线的平滑程度反映了样品中物种的分布均匀度，曲线越平缓，物种分布越均匀。由图 7-3 可得，根据稳定的 OTU 数量，空白组物种丰度和均匀度最高，Cd 对照组的最低。

不同处理的物种丰富度大小排序为空白组>Pb 实验组>Pb 对照组；空白组>Cd 实验组>Cd 实验组。它们稳定 OUT 数目分别为空白组（1167）、Pb 实验组（1135）、Cd 实验组（1027）、Pb 对照组（1005）、Cd 对照组（818）。

空白组由于未受到任何重金属的污染，所以物种的丰度和均匀度最高。Cd 处理中，明显的种植吊兰的要比未种植的物种丰度高，可见重金属胁迫会影响土壤中微生物的丰度，但种植吊兰有一定的修复作用。

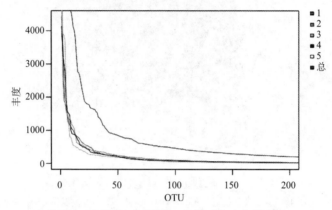

图 7-3   不同处理样品 OTU 相对丰度曲线分析

Shannon-Wiener 稀释曲线结果图 7-4 所示。刚开始土壤微生物多样性指数较高，当随着测序量的增加，曲线趋向平坦，最后测序量达到 50000 时，所测样品已经达到稳定。而选择的样品测序数量中，各处理组微生物多样性顺序由高到低的顺序为空白组>Cd 实验组>Cd 对照组；空白组>Pb 实验组>Pb 对照组。由此可以发现，相较于空白组，在重金属胁迫下的土壤微生物多样性迅速降低；但在种植吊兰后，土壤微生物多样性虽未达到空白组的水平，但相对于单一的重金属处理，均增加明显。

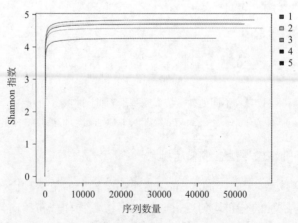

图 7-4   不同处理样品 Shannon 指数稀疏分析图

7.4.1.4 菌群丰富度和多样性对比指数分析

微生物多样性代表着微生物群落的稳定性，能客观反映土壤胁迫作用对群落的影响，Ace 和 Chao 指数在生态学中常用来估计物种总数，Ace 和 Chao 指数越大，说明所测样品物种数越大（杨海军等，2005）。

土壤微生物多样性和丰富度结果如表 7-14 所示。对 97%相似水平的 OTU 进行分类学分析，从 Coverage 指数都超过 99%来看，在 0.03 相似度水平下测序结果能够反映所测样本中细菌的真实情况。对 Cd 处理的样品物种总数按从大到小的顺序为空白组>Cd 实验组>Cd 对照组。Pb 处理与其相似，空白组最大，种植吊兰的多样性大于 Pb 对照组的。根据 Chao 指数，对样品细菌丰富度进行评估，可知两种处理大小顺序为空白组>Pb 实验组>Pb 对照组；空白组>Cd 实验组>Cd 对照组。

表 7-14　不同处理土壤微生物多样性和丰富度情况

处理组	Shannon 指数	Ace 指数	Chao 指数	Coverage 指数（%）	Simpson 指数
空白组	4.875	2086.022	1914.000	99.25	0.021
Cd 实验组	4.622	1802.842	1611.191	99.38	0.036
Cd 对照组	4.302	1457.455	1205.110	99.36	0.040
Pb 实验组	4.752	1874.513	1623.176	99.27	0.024
Pb 对照组	4.783	1764.217	1530.324	99.34	0.025

7.4.1.5 土壤细菌群落结构多样性分析

用横坐标代表样本，纵坐标表示丰度，不同颜色表示不同菌群（图 7-5），来比较土壤细菌的多样性，经过与 Sliva 数据库比对可知，未分类（unclassified）的种属在五种不同处理（空白组、Pb 对照组、Cd 实验组、Cd 对照组以及 Pb 实验组）中所占比例分别为：14%、11.16%、14.43、10.14%、7.95%（为了显示效果更好，仅显示前 50 个种属信息，剩余合并成 other 显示成灰色），其他种属比例较大的有：蚜菌属的未定分类位置（*Saccharibacteria* genera incertae sedis）、Gp2、Gp1、鞘脂单孢菌属（*Sphingomonas*）、*Subdivision*3 属的未定分类位置（*Subdivision*3 genera incertae sedis）、 *sparto* 菌属的分类位置未定（*Spartobacteria* genera incertae sedis）、芽单孢菌属（*Gemmatimonas*）、*Granulicella*、嗜甲基菌（*Methylophilus*）、Gp3、根际微杆菌属（*Rhizomicrobium*）、*Mizugakiibacter*、纤线杆菌属（*Ktedonobacter*）、紫色非硫细菌（*Rhodoplanes*）、WPS-2 属的未定分类位置

（WPS-2genera incertae sedis）、*Rho* 达诺细菌（*Rhodanobacter*）、*Noviher* 螺菌（*Noviherbaspirillum*）、*Rudaea*、*Candidatus koribacter*、*Thermogutta*。其他种属，所占比例均很低，其中弧菌在空白组与单一 Cd 处理中含量均为 0，但在 Cd 种植植物中含量为 15.74%。*Rho* 达诺细菌与 *Rudaea* 在 Cd 实验组中含量分别为 1.77%、1.55%，而在 Cd 对照组中为 0。根际微杆菌属、*Mizugakiibacter*、纤线杆菌属在 Cd 实验组的含量分别是 Cd 对照组的 3.5、12.9、3.5 倍。紫色非硫细菌在空白组与 Pb 对照组中含量均为 0，在 Pb 实验组中为 1.35%。*Saccharibacteria* 属的未定分类位置、嗜甲基菌、*Mizugakiibacter* 在 Pb 实验组中的含量的分别是 Pb 对照组的 1.9、39.6、11.5 倍。

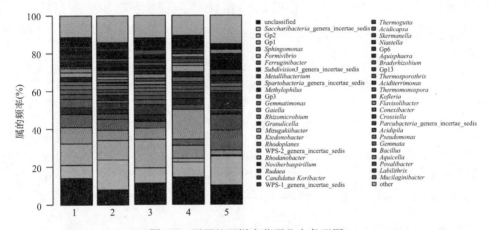

图 7-5　不同处理样本菌群分布条形图

7.4.1.6　土壤细菌所有样本群落结构热图

5 个处理组中，细菌共包含 596 个属，隶属于 35 个门，65 个纲，92 个目，207 个科。经聚类分析，这 5 个样本分为 4 类：空白组和 Pb 对照组为一类；Cd 实验组为一类；Cd 对照组为一类；Pb 实验组为一类。

采用 454 焦磷酸测序技术对 5 个样品的微生物群落结果进行分类学分析。在门的水平上，不同处理中细菌的菌门之间差异比较明显。各处理组中，门水平主要包括变形菌门（Proteobacteria）、酸杆菌门（Acidobacteria）、Candidatus Saccharibacteria、放线菌门（Actinobacteria）、拟杆菌门（Bacteroidetes）、Verrucomicrobia、厚壁菌门（Firmicutes）、绿弯菌门（Chloroflexi）、浮霉菌门（Planctomycetes）、芽单孢菌门（Gemmatimonadetes）、candidate division WPS-2、未分类（unclassified）等（图 7-6，热图中的颜色代表了相对丰度，红色部分的相对丰度最高，为 15.8%）。在可辨别的 35 个菌门中，相对丰度处于优势的菌门包括变形菌门、酸杆菌、Candidatus Saccharibacteria、放线菌门、拟杆菌门，其中变形菌门在每个处理中所占比例都是最高，并且其所占的比例表现为 Cd 实验组>Cd 对照组>空白组，Pb 对照组>Pb 实验组>空白组，Cd 实验组最多，为 47.56%，空白组最少，为 28.6%。但在实验组中吊兰栽种后期，该种菌数量相较于 Pb、Cd 对照组有所减少。这可能是因为加入重金属后刺激了变形菌门的生长，而吊兰栽培，限制了重金属的作用，进而导致该类型细菌减少（江琳琳，2016）。

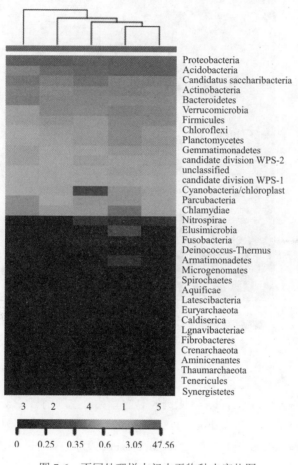

图 7-6　不同处理样本门水平物种丰富热图

由图 7-7 可见，在纲水平上，各处理组的主要纲包括变形菌纲（Alphaproteobacteria）、Acidobacteria_Gp1、Gammaproteobacteria、Betaproteobacteria、Acidobacteria_Gp2、放线菌纲（Actinobacteria）、Sphingobacteriia、Subdivision3、Spartobacteria、Planctomycetia、Ktedonobacteria、Acidobacteria_Gp3、Gemmatimonadetes 等。变形菌纲在各组处理中所占均为最高，与门分类相似。未分类部分在 Cd 对

照组与 Pb 实验组中比例最高，说明该两组中细菌存在较高的分化程度，产生抗性菌种的可能性较大。

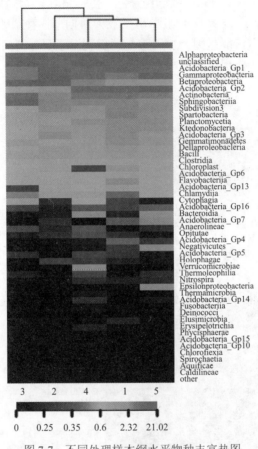

图 7-7　不同处理样本纲水平物种丰富热图

由图 7-8 可见，在目水平上，占比例较高的有黄色单胞菌目（Xanthomonadales）、鞘脂单胞菌目（Sphingomonadales）、Sphingobacteriales、根瘤菌目（Rhizobiales）、奈瑟菌目（Neisseriales）、放线菌（Actinomycetales）、红螺菌目（Rhodospirillales）、浮霉菌门（Planctomycetales）、Ktedonobacterales、Methylophilales、芽单胞菌目（Gemmatimonadales）、Gaiellales、Alphaproteobacteria incertae sedis 等。其中未分类的部分，在每种处理中所占比例均为最高，空白组最多 50.16%，Cd 对照组最低 30.37%，具体表现为空白组>Pb 对照组>Pb 实验组，空白组>Cd 实验组>Cd 对照组。未分类组分含量高，说明种群的分化水平高（林长松，2001），可产生较多的变异。黄色单胞菌目与鞘脂单胞菌目在各组中含量也较高，达到 10.42%～3.26%。其中鞘脂单胞菌属是一类丰富的新型微生物资源，该菌株凭借自身的高代谢能力与多功能的生理特性，在环境保护及工业生产方面具有巨大的应用潜力。

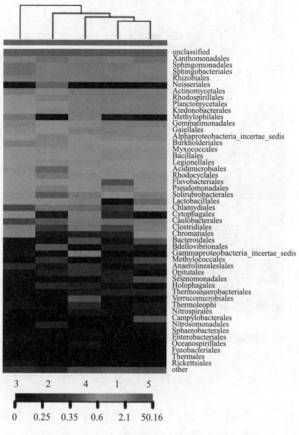

图 7-8　不同处理样本目水平物种丰富热图

由图 7-9 可见，在科水平上，占比例较高的有黄单胞菌科（Xanthomonadaceae）、鞘脂单胞菌科（Sphingomonadaceae）、Chitinophagaceae、Neisseriaceae、浮霉菌科（Planctomycetaceae）、Methylophilaceae、芽单胞菌科（Gemmatimonadaceae）等。未分类组分在各组中所占比例很高，并表现为空白组>Pb 实验组>Pb 对照组；空白组>Cd 实验组>Cd 对照组，这其中，空白组最高为 53.1%，Cd 对照组最低为33.15%。说明在重金属处理后影响了土壤微生物的多样性，但经过种植吊兰处理后有所缓解。Neisseriaceae 在 Cd 污染条件下，种植吊兰后，含量可以达到 15.85%，而在其他组中几乎不含，说明在 Neisseriaceae 中，可能存在与吊兰耐 Cd 和修复Cd 污染土壤有关的特异性类群。

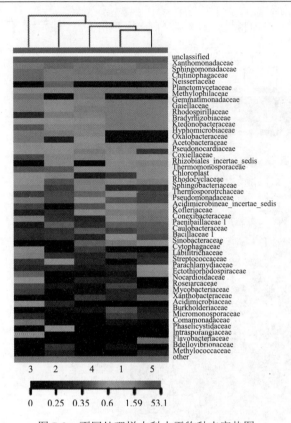

图 7-9　不同处理样本科水平物种丰富热图

　　由图 7-10 可见，在属水平分类上，各处理组的优势菌表现为：空白组中未分类的种属与 GP2 所占比例较多，分别为 14%与 11.37%；Pb 对照组中 GP2 所占比例最高为 15.05%；Cd 对照组中 *Saccharibacteria* 属占最高比例为 15.5%；Pb 实验组中 *Saccharibacteria* 属的比例为 15.8%，但与 Pb 对照组中该菌种含量变化不大；Cd 实验组中稳定基尼细菌所占比例为 15.74%。与上述各处理组中的优势菌表现不同的是，稳定基尼细菌在 Cd 实验组中所占比例最高，但在其他各分组中所占比例为 0。可以认为，稳定基尼细菌对于吊兰耐 Cd 和修复 Cd 污染土壤密切相关。

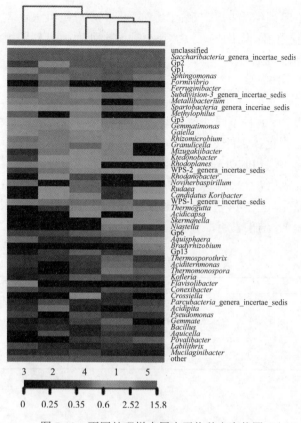

图 7-10 不同处理样本属水平物种丰富热图

7.4.2 Pb 与 Cd 胁迫下吊兰根际土壤微生物真菌多样性分析

7.4.2.1 不同处理下土壤样品测序数据统计

五种处理的样品通过 Miseq 测序后，得到不同处理的数据统计结果如表 7-15 所示。由表可知，五种处理原始序列数共 918567 条，过滤后序列总数为 915340 条，有效比例可达 99.64%，其中单个处理土壤样品的有效比率在 98.37%以上。

表 7-15 不同处理土壤样品测序数据统计

组别	处理	处理之前序列总数	处理后剩余序列	优化序列数比（%）
1	空白组	76095	74857	98.37
2	Cd 实验组	81061	80810	99.69
3	Cd 对照组	89632	89562	99.92
4	Pb 实验组	89310	89180	99.85
5	Pb 对照组	94498	94377	99.87

五种处理的原始序列结果按大小顺序排列为：Pb 对照组>Cd 对照组>Pb 实验组>Cd 实验组>空白组；优化序列按大到小顺序排列为：Cd 对照组>Pb 对照组>Pb 实验组>Cd 实验组>空白组。

7.4.2.2　OTU 及丰度分析

由表 7-16 可知，五种不同处理类型共获得 OTU 数为 2957，其中空白组最高，Pb 实验组最低。根据稳定的 OTU 数量，不同处理的物种丰富度大小排序为：空白组>Pb 实验组>单一 Pb 处理；空白组>Cd 对照组>Cd 实验组。它们稳定 OUT 数目分别为：空白组（621）、Pb 实验组（582）、Cd 实验组（537）、Pb 对照组（465）、Cd 对照组（752）。进一步利用韦恩图可直接看出五种不同处理共有和各自特有 OTU 数（图 7-11）。结果表明，五种处理共有 OTU 数为 112。

表 7-16　不同处理样品 OTU 数

组别	样品名	OTU 数
1	空白组	621
2	Cd 实验组	537
3	Cd 对照组	752
4	Pb 实验组	582
5	Pb 对照组	465

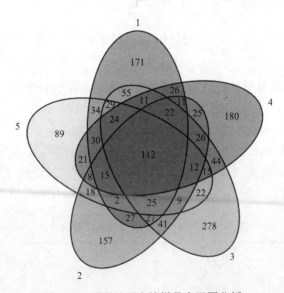

图 7-11　不同处理土壤样品韦恩图分析

1、2、3、4、5 分别代表空白组、Cd 实验组、Cd 对照组、Pb 实验组、Pb 对照组基于 OTU 丰富度，根据 OTU 组成上 97%相似，将不同处理进行 PCA 分析发现（图 7-12，样本间相似度越高则在图中聚），在两个主要成分上累计贡献率达到 92%，空白组、Cd 对照组、Cd 实验组较近，相似度较高，Pb 对照组与 Pb 实验组相距较近但与空白组相距较远。

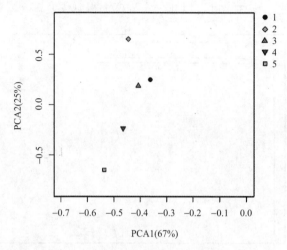

图 7-12　不同处理土壤类型基于 OTU 的 PCA 分析

1、2、3、4、5 分别代表空白组、Cd 实验组、Cd 对照组、Pb 实验组、Pb 对照组

7.4.2.3　不同处理类型测序深度判定

Rank-abundance 曲线结果如图 7-13 所示。空白组物种丰度和均匀度最高，Pb 对照组的最低。该曲线的处理结果与细菌组大体一致。Shannon-Wiener 稀释曲线结果图 7-14 所示。和细菌的情况相似，当随着测序量的增加，曲线趋向平坦，最

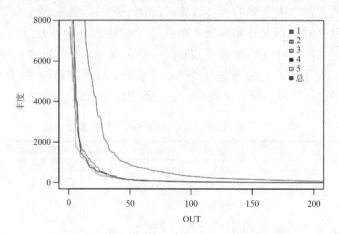

图 7-13　不同处理样品 OTU 相对丰度曲线分析

后测序量达到 80000 时，曲线达到稳定。在选择的样品测序数量中，各处理真菌多样性顺序由高到低表现为：空白组>Cd 实验组>Cd 对照组；空白组>Pb 实验组>Pb 对照组。该组结果也与细菌相似，和 Rank-abundance 曲线结果也一致。这也说明，当添加外源重金属后，土壤中真菌和细菌一样，物种丰度会随之降低；当种植吊兰修复后，物种丰度可以在一定程度上得到恢复。

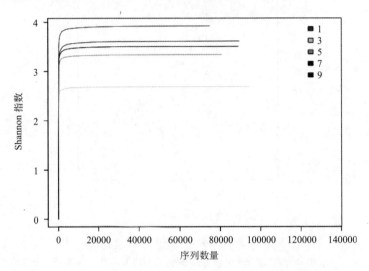

图 7-14　不同处理样品 Shannon 指数稀疏分析图

7.4.2.4　菌群丰富度和多样性对比指数分析

土壤微生物多样性和丰富度结果如表 7-17 所示。对 97%相似水平的 OTU 进行分类学分析，从 Coverage 指数都超过 99%来看，在 0.03 相似度水平下测序结果能够反映所测样本中真菌的真实情况。各处理组中，物种总数按从大到小的顺序为空白组>Cd 对照组>Cd 实验组；空白组>Pb 实验组>Pb 对照组。真菌多样性大小顺序为空白组>Cd 对照组>Cd 实验组；空白组>Pb 实验组>Pb 对照组。根据 Chao 指数，对样品真菌丰富度进行评估，可知两类处理大小顺序为空白组>Pb 实验组>Pb 对照组；空白组>Cd 对照组>Cd 实验组。

表 7-17　不同处理土壤微生物多样性和丰富度情况

处理组	Shannon 指数	ACE 指数	Chao 指数	Coverage 指数（%）	Simpson 指数
空白组	3.923	664.699	652.281	99.89	0.043
Cd 实验组	3.339	574.778	572.000	99.91	0.099
Cd 对照组	3.615	789.636	772.956	99.93	0.070
Pb 实验组	3.507	621.717	610.432	99.92	0.069
Pb 对照组	2.691	555.691	530.184	99.87	0.140

7.4.2.5 土壤真菌群落结构多样性分析

经过与 Sliva 数据库做比对，以横坐标代表样本，纵坐标表示丰度，不同颜色表示不同菌群，制作样本的真菌菌群分布图（图 7-15）。由图可知，真菌群落结构中所占比例较多的类群主要有 unclassified_Incertae_sedis、unclassified、unclassified_Nectriaceae、unclassified_Trichosporonaceae、unclassified_ Mortierellaceae、unclassified_Eurotiomycetes 、 Trichoderma 、 unclassified_Herpotrichiellaceae 、 unclassified_Dothideomycetes、unclassified_Agaricomycetes、unclassified_Tremellomycetes、unclassified_Capnodiales、Trichocladium、unclassified_Chaetomiaceae、unclassified_Leptosphaeriaceae 等。

在 Cd 处理的分组中，Cd 实验组中所占比例最高的为未分类组分，比例为39.24%，其含量分别是 Cd 对照组和空白组的 3.59 和 2.49 倍。unclassified_Mortierellaceae 含量在 Cd 实验组中仅次于未分类组分，为 19.58%，是 Cd 对照组2.58 倍，空白组的 2.08 倍。其他种属含量有变化，但并不明显。未分类组分所占比例高，说明其中存在较大的分化程度。在 Pb 处理的分组中，unclassified_Mortierellaceae 在空白组中含量为 9.43%，在 Pb 对照组中含量则仅 0.94%，而在Pb 实验组中含量则提高到了 5.58%，这说明这部分真菌对外源 Pb 胁迫十分敏感，栽培吊兰能够很好地恢复期活性。

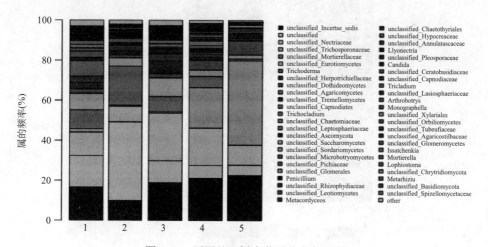

图 7-15　不同处理样本菌群分布条形图

7.4.2.6 土壤真菌所有样本群落结构热图

5 个处理的真菌共分为 328 个属，隶属于 8 个门，31 个纲，93 个目，180 个科。在门水平上，有子囊菌门（Ascomycota）、担子菌门（Basidiomycota）、未分类、接合菌门（Zygomycota）、壶菌门（Chytridiomycota）、球囊菌门（Glomeromycota）

等优势类群（图 7-16）。其中担子菌门含量在 Pb 对照组与 Pb 实验组中含量都为最高，分别为 66.15%和 44.13%，为优势菌门。接合菌门含量在空白组中为 9.61%，但在 Pb 实验组中为 5.78%，在 Pb 对照组中含量更是减少到 1.08%，为次优势菌门，也是对 Pb 敏感的一类真菌。在 Cd 处理组中，子囊菌门在 Cd 实验组与对照组中含量均为优势菌门，而未分类的菌门在 Cd 实验组中含量最高，说明在种植植物后真菌的分化程度高，可能产生抗性变异的菌可能性较大。

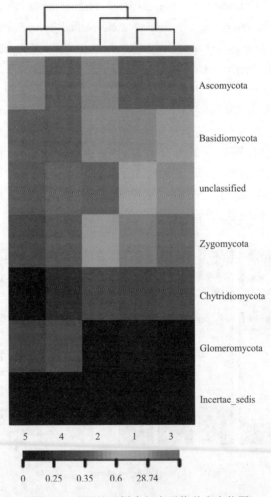

图 7-16　不同处理样本门水平物种丰富热图

在纲水平上，各处理组中，主要包含有银耳纲（Tremellomycetes）、粪壳菌纲（Sordariomycetes）、散囊菌纲（Eurotiomycetes）、座囊菌纲（Dothideomycetes）、伞菌纲（Agaricomycetes）、酵母菌（Saccharomycetes）、锤舌菌纲（Leotiomycetes）等优势类群（图 7-17）。在 Pb 处理的分组中，银耳纲的含量均为最高，为优势菌

纲。其中粪壳菌纲在 Pb 实验组中含量分别是空白组和 Pb 对照组的 1.5 和 1.57 倍。分类位置未定部分在空白组中为 9.89%，在 Pb 空白组中下降到 1.19%，而在 Pb 实验组中含量增长到 6.05%。这部分中，可能存在对 Pb 胁迫敏感的类群。Cd 处理分组中，酵母菌在实验组与对照组中含量均为优势菌，而未分类组分在 Cd 实验组中含量最高，达 39.24%，分别是空白组和 Cd 对照组的 2.49 和 6.10 倍，说明 Cd 污染条件下，栽培吊兰，促进了土壤真菌在纲水平上的分化。

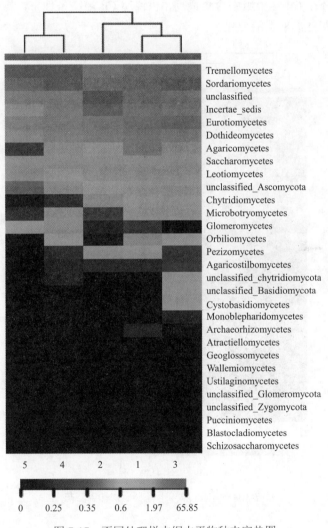

图 7-17　不同处理样本纲水平物种丰富热图

在目水平上，各处理组中主要的优势类群包括肉座菌目（Hypocreales）、银耳目（Tremellales）、Trichosporonales、被孢霉目（Mortierellales）、unclassified_

Eurotiomycetes、刺盾炱目（Chaetothyriales）、粪壳菌目（Sordariales）、unclassified_
Dothideomycetes、unclassified_Agaricomycetes、unclassified_Tremellomycetes、煤
炱目（Capnodiales）、格孢腔菌目（Pleosporales）等（图 7-18）。在 Pb 处理分组
中，被孢霉目在 Pb 实验组的物种含量是 Pb 对照组的 5.76 倍，为优势菌目，其他
目含量在各处理组中上下有浮动，但不明显。在 Cd 处理分组中，被孢霉目在 Cd
实验组中的含量分别为 Cd 对照组和空白组的 2.54 和 2.07 倍，为该组的优势菌目，
但未分类组分在 Cd 实验组中含量最高，也说明 Cd 污染条件下，栽培吊兰，促进
了土壤真菌在目水平上的分化。

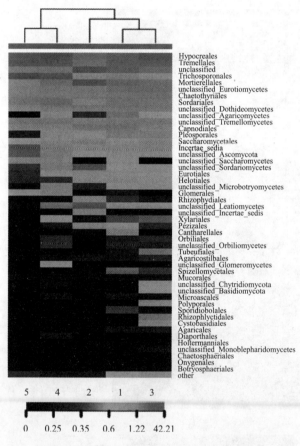

图 7-18　不同处理样本目水平物种丰富热图

在科水平上，各处理组中主要有丛赤壳科（Nectriaceae）、Trichosporonaceae、
被孢霉科（Mortierellaceae）、unclassified_Eurotiomycetes、肉座菌科（Hypocreaceae）、
Herpotrichiellaceae、unclassified_Dothideomycetes、毛壳菌科（Chaetomiaceae）、
unclassified_Agaricomycetes、unclassified_Tremellomycetes、unclassified_Capnodiales、

小球腔菌科（Leptosphaeriaceae）等优势类群（图 7-19）。在 Pb 处理分组中，Trichosporonaceae 在 Pb 实验组与 Pb 对照组中含量分别为 42.21%和 20.25%，为该两组中含量最高的菌科，为该组的优势菌科，但在空白组中该菌科含量仅为 1.63%。可见是外源铅刺激了该菌科的生长。被孢霉科在 Pb 实验组中含量为 Pb 对照组的 5.76 倍，丛赤壳科在 Pb 实验组中是 Pb 对照组的 1.87 倍，其他菌科有波动变化但并不明显，说明这两个科对于吊兰适应 Pb 胁迫可能具有很好的作用。在 Cd 处理分组中，Cd 实验组中被孢霉科的含量为 19.58%，在空白组与 Cd 对照组中含量分别为 9.51%和 7.74%，为该处理分组中的优势菌。毛壳菌科在空白组的含量为 3.28%，但在 Cd 对照组中含量为 0.64%，在种植物的分组中该菌科的含量为 3.68%，回到与空白组相似的水平，可能是外源镉对该种菌的生长不利，栽培吊兰起到了较好的修复作用。此外，未分类的菌科在 Cd 实验组中的含量分别是 Cd 对照组和空白组的 3.59 与 2.49 倍，说明在植物的修复下，真菌在科水平上产生了更多的分化。

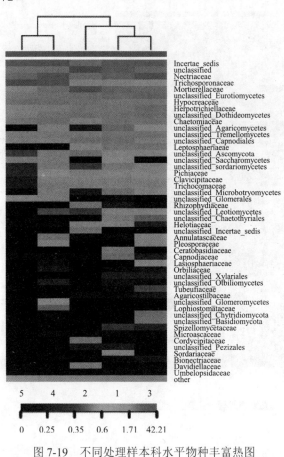

图 7-19　不同处理样本科水平物种丰富热图

在属水平上，各处理组中主要有 unclassified *Mortierellaceae*、木霉菌（*Trichoderma*）、unclassified *Herpotrichiellaceae*、unclassified *Dothideomycetes*、unclassified *Agaricomycetes*、unclassified *Tremellomycetes*、unclassified *Capnodiales*、*Trichocladium*、unclassified *Chaetomiaceae*、unclassified *Leptosphaeriaceae* 等优势类群（图 7-20）。在 Pb 处理的分组中 unclassified *Trichosporonaceae* 在 Pb 对照组与 Pb 实验组中含量均为该两组最高，该种属为该组的优势种属，但在空白组中含量仅为 1.63%，这说明在外源铅添加后刺激了该属的生长。未分类被孢霉属在空白组的含量为 9.43%，但在加入外源铅后降为 0.94%，在种植物的分组中上升到 5.58%，说明栽培吊兰起到了良好的修复作用。在 Cd 处理分组中，被孢霉属在 Cd 实验组中含量较高，为优势菌属，未分类类群在 Cd 实验组中含量是空白组与 Cd 对照组的 2.49 与 3.59 倍，说明在属水平上，Cd 实验组产生了较大分化。

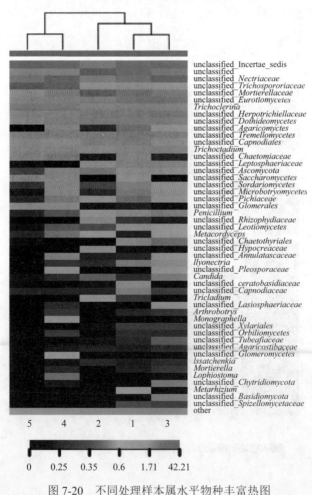

图 7-20　不同处理样本属水平物种丰富热图

8 重金属污染土壤植物修复展望

面对土地资源的紧缺,对于我国目前大面积的污染土壤,特别是约 1/6 面积的污染耕地,如何降低重金属污染的危害,实现污染土壤的再利用成为急需解决的问题。近年来,重金属污染土壤的植物修复技术以其安全、廉价等众多优点成为学术界研究的热点,但要实现植物修复工作的高效、顺利开展,还有一些问题亟待解决。

8.1 修复物种的筛选

适合的植物种时重金属污染土壤植物修复的基础。但目前已经发现的重金属超富集植物数量和种类有限,而且一般生物量小,生长缓慢,重金属迁移总量相对不高,难以满足修复需要。而在自然环境中存在一些对重金属耐性较强的植物,虽然其体内重金属含量达不到超富集植物的定义,但其重金属迁移总量仍较可观,这些植物对重金属污染地的修复作用不可忽视。因此,继续筛选植物修复物种,并探讨其对重金属的耐性机制,具有十分重要的意义。观赏植物经济效益十分明显,并且生长一段时间后会被整株移出,植物主要积累重金属的部位根,不会留在土壤造成二次污染,也不会进入食物链危及人类的健康。同时,一些生长较快生物量较大的耐性观赏植物也有较好的修复效果,继续筛选耐重金属的观赏植物,乃至对重金属具有超富集特性的观赏植物,并进行污染土壤的修复研究仍显得十分必要。这也将为重金属污染土壤的植物修复提供更为广阔的材料来源。

由于环境污染以常复合污染为主,因此在筛选特异植物时应注意筛选出能同时吸收几种污染物的植物,以利于实际应用。此外,加强从常规作物中筛选合适的修复品种,特别是筛选一些低积累作物品种,和食用部位或器官积累能力弱的品种,发展适用于不同土壤类型和条件污染土壤的利用技术,在利用的同时,实现污染土壤的不断修复,具有很好的实用价值。

需要注意的是,选择的修复用植物种,不仅要适宜当地的土壤性状,同时也要考虑到尽量不破坏当地动植物生存和自然生态环境,避免出现物种入侵,对当地生物多样性产生影响。

8.2 基因工程技术的应用

随着分子生物学和基因工程研究的迅猛发展,一些基因工程技术已经十分成熟。将基因工程技术应用于植物修复中，在提高植物修复的实用性方面必将有突破性进展。例如在加深富集植物对重金属的吸收、运输、积累及其解毒机理研究的基础上，可以考虑克隆植物的相关基因，然后转移到生物量较大的植物体内，培养出新的超富集植物品种；也可以将多种需要的基因植入所选植物中，从而提高其对重金属的吸收、运输和富集；或者人工育种与筛选转基因植物，通过改良遗传特性提高植物对重金属污染物的耐性和富集能力。利用植物基因工程技术，构建出高效、环境安全的，去除环境中污染物的植物，将是未来植物修复工作的一个重要研究领域。

8.3　建立修复植物繁育体系

目前在研究和利用修复植物进行污染土壤修复过程中，还存在一个难以回避的问题。那就是现有的修复植物往往具有其特有的分布区，要求特殊的繁殖条件。这使得这些植物的推广应用存在较大困难。建立相应的超积累植物种子库及有关快速培育与繁殖技术体系，显得十分必要。

8.4　发展组合修复技术

一方面，单纯的植物修复效率偏低，修复减常；另一方面，土壤中污染物种类多，类型复杂，污染程度差异大；而不同地域的土壤类型差异大，土壤组成、结构、性质等的空间分异明显，而且修复后土壤再利用方式的空间规划要求也不尽相同。这使得单一的修复技术往往很难能够实现修复目标。发展协同联合的综合修复模式，必然成为场地和农田土壤污染修复的研究方向。

目前，利用直流电极，改善土壤中靶重金属的移动性，提高植物修复效果的物理强化植物修复技术，根据土壤的性质、靶重金属的性质，投加酸性或碱性物质改变土壤 pH，或添加络合-螯合剂、生物质炭、表面活性剂或特异性离子，增强植物对重金属吸收的化学强化植物修复技术，以及不同修复植物的组合修复、功能菌与超积累植物的联合修复、真菌-植物联合修复、土壤动物 植物-微生物组合修复等，都取得了很好的效果。农业生产中，结合污染地区土壤的特点、污染状况、当地农业生产习惯、气候条件、经济技术水平等，辅以适当的工程治理和施肥、轮作、间作、耕作、质地调控等农艺措施，不仅可以改变土壤重金属形态，改变重金属的生物有效性，还可以调节土壤微生物、土壤动物的活动，调节植物的生长和代谢，也起到了良好的强化污染土壤植物修复的效果。

此外，伴随着黏土矿物改性技术、催化剂催化技术、纳米材料技术等的发展，这些技术也已开始应用于污染土壤的植物修复，取得了一些令人振奋的消息。但是相关功能材料的研制及其应用技术还刚刚起步,这些功能材料在土壤中的行为、归趋及生态毒理等还缺乏了解,其环境安全性和生态健康风险也难以评估,需要加强这方面的研究。

8.5　植物修复技术的实施及有关技术的规范与示范

需要对土壤修复的实施及有关技术进行规范与示范,建立相应技术体系,明确在从小试到中试,再到实用型处理系统的放大过程中,制定怎样的运行机制与实际管理问题,以及开发时间的确定和运行费用的标准问题等。

8.6　建立土壤修复安全评价标准

确定修复基准,开展土壤环境质量评价,建立包括环境化学、生态毒理学评价检测指标体系在内的完备的修复后污染物风险评估,是污染场地风险管理的重要环节,也是评估土壤修复效果及其生态安全性的需要。由于土壤污染类型的多样化和污染场地的错综复杂性,需要针对性地发展场地修复的评估方法与技术。鉴于超积累植物难以吸收的重金属的活化和次生污染问题,挥发植物对大气的安全性问题,以及动物如鸟类对修复植物的取食等行为对植物-动物-人等食物链会产生什么影响等问题的广泛存在,评估中,也需要对这方面进行评判和监测。此外,评价标准还需要对运行费用标准和处理达标要求给予明确规范,并建立相应的责任处罚规章制度与条例,对达不到处理法定目标要求的,给予责任处罚的量化处理规定。

参 考 文 献

蔡贵信. 1989. 脲酶抑制剂在提高尿素增产效果中的作用[J]. 土壤学进展, (5): 1-7.

曹会聪, 王金达, 任慧敏, 等. 2007. 土壤镉暴露对玉米和大豆的生态毒性评估[J]. 环境科学学报, 27(2): 298-303.

曹慧, 孙辉, 杨浩, 等. 2003. 土壤酶活性及其对土壤质量的指示研究进展[J]. 应用与环境生物学报, 9(1): 105-109.

曹享云. 1994. 营养胁迫与根系分泌物[J]. 土壤学进展, (3): 27-33.

陈朝明, 龚惠群, 王凯荣. 1996. Cd 对桑叶品质, 生理生化特性的影响及其机理研究[J]. 应用生态学报, 7(4): 417-423.

陈恩风. 1998. 土壤酶的生物学意义(代序)//全国土壤酶学研究文集[C]. 沈阳: 辽宁科学技术出版社, 1-4.

陈红军, 孟虎, 陈钧鸿. 2008. 两种生物农药对土壤蔗糖酶活性的影响[J]. 生态环境, 17(2): 584-588.

陈怀满, 郑春荣, 涂从, 等. 1999. 中国土壤重金属污染现状与防治对策[J]. AMBIO-人类环境杂志, (2): 130-134.

陈怀满, 郑春荣, 周东美, 等. 2002. 土壤中化学物质的行为与环境质量[M]. 北京: 科学出版社, 1-20, 39-45.

陈怀满. 1996. 土壤一植物系统中的重金属污染[M]. 北京: 科学出版社, 117-125.

陈苏, 孙丽娜, 孙铁珩, 等. 2010. 施用尿素对土壤中 Cd、Pb 形态分布及植物有效性的影响[J]. 生态学杂志, 29(10): 2003-2009.

陈同斌, 韦朝阳, 黄泽春, 等. 2002. 砷超富集植物蜈蚣草及其对砷的富集特征[J]. 科学通报, 47(3): 207-210.

陈同斌. 2002. 中国科学技术协会"青年科学家论坛"举办"污染环境的植物修复"研讨会[J]. 科学通报, 47(3): 238-239.

陈有鑑, 黄艺, 曹军, 等. 2002. 玉米根际土壤中铜形态的动态变化[J]. 生态学报, 22(10): 1666-1671.

陈有鑑, 黄艺, 曹军, 等. 2003. 玉米根际土壤中不同重金属的形态变化[J]. 土壤学报, 40(3): 367-373.

陈有鑑, 陶澍, 邓宝山, 等. 2001. 不同作物根际环境对土壤重金属形态的影响[J]. 土壤学报, 38(1): 54-59.

陈玉真, 王峰, 王果, 等. 2012. 土壤锌污染及其修复技术研究进展[J]. 福建农业学报, 27(8): 901-908.

丛源, 陈岳龙, 杨忠芳, 等. 2009. 北京市农田土壤重金属的化学形态及其对生态系统的潜在危害[J]. 土壤, 41(1): 39-43.

崔德杰, 张玉龙. 2004. 土壤重金属污染现状与修复技术研究进展[J]. 土壤通报, 35(3): 366-370.

崔力拓, 耿世刚, 李志伟. 2006. 我国农田土壤镉污染现状及防治对策[J]. 现代农业科技, (21):

184-185.

窦春英. 2009. 施肥对东南景天吸收积累锌和镉的影响[D]. 杭州: 浙江林学院.

杜天庆, 杨锦忠, 郝建平, 等. 2009. Cd、Pb、Cr 三元胁迫对小麦幼苗生理生化特性的影响[J]. 生态学报, 29(8): 4475-4482.

杜志敏, 郝建设, 周静, 等. 2011. 四种改良剂对 Cu、Cd 复合污染土壤中 Cu、Cd 形态和土壤酶活性的影响[J]. 生态环境学报, 20(10): 1507-1512.

段昌群, 王焕校, 曲仲湘. 1992. 重金属对蚕豆(Viciafaba)根尖的核酸及核酸酶活性影响的研究[J]. 环境科学, 13(5): 31-35.

段昌群, 王焕校. 1995. 重金属对蚕豆的细胞遗传学毒理作用和对蚕豆根尖微核技术的探讨[J]. 植物学报, 37(1): 14-24.

段学军, 闵航. 2004. Cd 胁迫下稻田土壤生物活性与酶活性综合研究[J]. 农业环境科学学报, 23(3): 422-427.

段学军, 盛清涛. 2005. 土壤重金属污染的微生物生态效应[J]. 中原工学院学报, 16(1): 1-4.

房蓓, 武泰存, 王景安. 2004. 低锌和缺锌胁迫对不同基因型玉米的影响及机理[J]. 土壤通报, 35(5): 617-621.

高扬, 毛亮, 周培, 等. 2010. Cd, Pb 污染下植物生长对土壤酶活性及微生物群落结构的影响[J]. 北京大学学报: 自然科学版, (3): 339-345.

顾继光, 周启星, 王新. 2003. 土壤重金属污染的治理途径及其研究进展[J]. 应用基础与工程科学学报, 11(2): 143-151.

关松荫. 1987. 土壤酶及其研究法[M]. 北京: 农业出版社.

何春娥, 刘学军, 张福锁. 2004. 植物根表铁膜的形成及其营养与生态环境效应[J]. 应用生态学报, 15(6): 1069-1073.

和文祥, 陈会明, 冯贵颖, 等. 2000. 汞铬砷元素污染土壤的酶监测研究[J]. 环境科学学报, 20(3): 338-343.

和文祥, 马爱生, 武永军, 等. 2004. 砷对土壤脲酶活性影响的研究[J]. 应用生态学报, 15(5): 895-898.

和文祥, 朱铭莪. 1997. 陕西土壤脲酶与土壤肥力关系研究: II. 土壤脲酶的动力学特征[J]. 土壤学报, 34(1): 42-52.

洪仁远, 杨广笑, 刘东华, 等. 1991. 镉对小麦幼苗的生长和生理生化反应的影响[J]. 华北农学报, 6(3): 70-75.

侯明, 王香桂. 2010. 土壤有效态钒的浸提剂和浸提条件研究[J]. 土壤通报, (5): 1241-1245.

胡荣桂, 李玉林, 彭佩钦, 等. 1990. 重金属镉、铅对土壤生化活性影响的初步研究[J]. 农业环境保护, 9(4): 6-9.

胡珊. 2012. EDTA 与柠檬酸调节下吊兰对镉的耐性与积累特性研究[D]. 芜湖: 安徽师范大学.

胡正义, 沈宏. 2000. Cu 污染土壤——水稻系统中 Cu 的分布特征[J]. 环境科学, 21(2): 62-65.

黄艺, 陈有键, 陶澍. 2000. 菌根植物根际环境对污染土壤中 Cu, Zn, Pb, Cd 形态的影响[J]. 应用生态学报, 11(3): 431-434.

黄玉山, 罗广华, 关棪文. 1997. 镉诱导植物的自由基过氧化损伤[J]. 植物学报, 39(6): 522-526.

贾夏, 董岁明, 周春娟. 2013. 土壤低含量铅时冬小麦幼苗根际微生物群落的变化[J]. 农业机械学报, 44(2): 103-108.

贾中民, 魏虹, 孙晓灿, 等. 2011. 秋华柳和枫杨幼苗对镉的积累和耐受性[J]. 生态学报, 31(1): 0107-0114.

江琳琳. 2016. 生物炭对土壤微生物多样性和群落结构的影响[D]. 沈阳: 沈阳农业大学.

蒋先军, 骆永明, 赵其国, 等. 2003. 镉污染土壤植物修复的EDTA调控机理[J]. 土壤学报, 40(2): 205-209.

江行玉, 赵可夫. 2001. 植物重金属伤害及其抗性机理[J]. 应用与环境生物学报, 7(1): 92-99.

姜蕾, 陈书怡, 尹大强. 2010. 四环素对铜绿微囊藻光合作用和抗氧化酶活性的影响[J]. 生态与农村环境学报, 26(6): 564-567.

姜理英, 石伟勇, 杨肖娥, 等. 2002. 铜矿区超积累 Cu 植物的研究[J]. 应用生态学报, 13(7): 903-908.

姜理英, 杨肖娥, 叶正钱, 等. 2003. 海州香薷和紫花香薷对Cu、Zn的吸收和积累[J]. 农业环境科学学报, 22(5): 524-528.

蒋先军, 骆永明, 赵其国, 等. 2003. 镉污染土壤植物修复的EDTA调控机理[J]. 土壤学报, 40(2): 205-209.

蒋先军, 骆永明. 2000. 重金属污染土壤的微生物学评价[J]. 土壤, 32(3): 130-134.

旷远文, 温达志, 钟传文, 等. 2003. 根系分泌物及其在植物修复中的作用[J]. 植物生态学报, 27(5): 709-717.

李东坡, 武志杰, 陈利军, 等. 2005. 长期定位培肥黑土土壤蔗糖酶活性动态变化及其影响因素[J]. 中国生态农业学报, 13(2): 102-105.

李福燕, 李士平, 李许明, 等. 2007. 剑麻与石灰对镉污染土壤修复研究[J]. 广东农业科学, 9: 46-49.

李俊凯, 张丹, 周培, 等. 2018. 南京市铅锌矿采矿场土壤重金属污染评价及优势植物重金属富集特征[J]. 环境科学, 8: 3845-3853.

李明, 王根轩. 2002. 干旱胁迫对甘草幼苗保护酶活性及脂质过氧化作用的影响[J]. 生态学报, 22(4): 503-507.

李伟. 2013. 铅、锌单一及复合污染对吊兰根际与非根际土壤中微生物数量及土壤酶活性的影响[D]. 芜湖: 安徽师范大学.

李影, 陈明林. 2010. 节节草生长对铜尾矿砂重金属形态转化和土壤酶活性的影响[J]. 生态学报, 30(21): 5949-5957.

李玉红, 宗良纲, 黄耀. 2002. 螯合剂在污染土壤植物修复中的应用[J]. 生态环境学报, 11(3): 303-306.

李忠武, 王振中, 张友梅, 等. 2000. Cd 对土壤动物群落结构的影响[J]. 应用生态学报, 11(6): 931-934.

梁奇峰, 李京雄, 丘基祥. 2003. 环境铅污染与人体健康[J]. 广东微量元素科学, 10(7): 57-60.

廖晓勇, 陈同斌, 阎秀兰, 等. 2007. 提高植物修复效率的技术途径与强化措施[J]. 环境科学学报, 27(6): 881-893.

林立金, 马倩倩, 石军, 等. 2016. 花卉植物硫华菊的镉积累特性研究[J]. 水土保持学报, 30(3): 141-146.

林琦, 陈怀满, 郑春荣, 等. 1998. 根际环境中镉的形态转化[J]. 土壤学报, 35(4): 461-467.

林青, 徐绍辉. 2008. 土壤中重金属离子竞争吸附的研究进展[J]. 土壤, 40(5): 706-711.

刘翠华, 依艳丽, 张大庚, 等. 2003. 葫芦岛锌厂周围土壤镉污染现状研究[J]. 土壤通报, 34(4): 326-329.

刘国生. 2007. 微生物学实验技术[M]. 北京: 科学出版社.

刘国胜, 童潜明, 何长顺, 等. 2004. 土壤镉污染调查研究[J]. 四川环境, 23(5): 8-10.

刘海亮, 崔世民, 李强, 等. 1991. 镉对作物种子萌发、幼苗生长及氧化酶同工酶的影响[J]. 环境科学, 12(6): 29-31, 7.

刘家女, 周启星, 孙挺, 等. 2007. 花卉植物应用于污染土壤修复的可行性研究[J]. 应用生态学报, 18(07): 1617-1623.

刘建新. 2005. 镉胁迫下玉米幼苗生理生态的变化[J]. 生态学杂志, 24(03): 33-36.

刘军, 谢吉民, 初亚飞, 等. 2008. 土壤中铜污染研究进展[J]. 安徽农业科学, 36(17): 7423-7424, 7470.

刘清, 王子健, 汤鸿霄. 1996. 重金属形态与生无毒性及生物有效性关系的研究进展[J]. 环境科学, 17(1): 89-91.

刘世亮, 刘忠珍, 介晓磊, 等. 2005. 施磷肥对 Cd 污染土壤中油麦菜生长及吸收重金属的影响[J]. 河南农业大学学报, 39(1): 30-34.

刘诗中. 1995. 中国先秦铜矿开采方法研究[J]. 中原文物, (4): 92-100.

刘树庆. 1996. 保定市污灌区土壤的 Pb、Cd 污染与土壤酶活性关系研究[J]. 土壤学报, (2): 175-182.

刘威, 束文圣, 蓝崇钰. 2003. 宝山堇菜(*Viola baoshanensis*)——一种新的镉超富集植物[J]. 科学通报, 48(19): 2046-2049.

刘霞, 刘树庆, 唐兆宏. 2002. 河北主要土壤中 Cd、Pb 形态与油菜有效性的关系[J]. 生态学报, 22(10): 1688-1694.

刘霞, 刘树庆, 王胜爱. 2003. 河北主要土壤中 Cd 和 Pb 的形态分布及其影响因素[J]. 土壤学报, 40(3): 393-400.

刘秀梅, 聂俊华, 王庆仁. 2002. 6 种植物对 Pb 的吸收与耐性研究[J]. 植物生态学报, 26(5): 533-537.

刘燕云, 曹洪法. 1993. 酸雨和 SO_2 作用下 SOD 酶活性与菠菜叶片损伤相关性研究[J]. 应用生态学报, 4(2): 223-225.

刘燚. 2009. 矿区土壤铜的含量及分布特征[J]. 中国科技信息, (23): 31-32.

刘云国, 李欣, 徐敏, 等. 2002. 土壤重金属镉污染的植物修复与土壤酶活性[J]. 湖南大学学报, 29(4): 108-113.

柳絮, 范仲学, 张斌, 等. 2007. 我国土壤镉污染及其修复研究[J]. 山东农业科学, (6): 94-97.

刘铮. 1994. 我国土壤中锌含量的分布规律[J]. 中国农业科学, 27(1): 30-37.

卢瑛, 龚子同, 张甘霖. 2002. 南京城市土壤 Pb 的含量及其化学形态[J]. 环境科学学报, 22(2): 156-160.

鲁萍, 郭继勋, 朱丽. 2002. 东北羊草草原主要植物群落土壤过氧化氢酶活性的研究[J]. 应用生态学报, 13(6): 675-679.

鲁如坤, 熊礼明, 时正元. 1992. 关于土壤-作物生态系统中镉的研究[J]. 土壤, 24(3): 129-132, 137.

罗素群, 张晓琦, 陈颖怡. 1987. 镉汞铅铬对放线菌曲霉菌的影响及生物累积[J]. 农业环境科学学报, (5): 14-17.

骆士寿, 刘伟钦, 尹光天, 等. 2004. 顺德森林改造区不同林分土壤环境质量研究[J]. 林业科学研究, 17(4): 541-546.

马旭红, 吴云海, 杨凤. 2006. 土壤重金属污染的探讨[J]. 环境科学与管理, 31(5): 52-54.

孟凡乔, 史雅娟, 吴文良. 2000. 我国无污染农产品重金属元素土壤环境质量标准的制定与研究进展[J]. 农业环境保护, 19(6): 356-359.

莫文红, 李懋学. 1992. 镉离子对蚕豆根尖细胞分裂的影响[J]. 植物学报, 9(3): 30-34.

南旭阳, 张碧双. 2005. 白兰花、雪松对重金属(Cd、Cu、Pb、Zn)累积性研究[J]. 陕西农业科学, 3: 7-9.

欧晓明, 雷满香, 王晓光, 等. 2004. 新杀虫剂 HNPC-A9908 对蛋白核小球藻生理生化特性的影响[J]. 农业环境科学学报, 23(1): 154-158.

彭克明. 1980. 农业化学[M]. 北京: 农业出版社.

彭鸣, 王焕校, 吴玉树. 1991. 镉、铅诱导的玉米(Zea mays L.)幼苗细胞超微结构和变化[J]. 中国环境科学, 11(6): 426-431.

钱进, 王子健, 单孝全, 等. 1995. 土壤中微量金属元素的植物可给性研究进展[J]. 环境科学, 16(6): 73-75.

秦天才, 吴玉树, 王焕校. 1994. 镉、铅及其相互作用对小白菜生理生化特性的影响[J]. 生态学报, 14(1): 46-50.

秦天才, 吴玉树. 1997. 镉铅单一和复合污染对小白菜抗坏血酸含量的影响[J]. 生态学杂志, (3): 31-34.

邱莉萍, 张兴昌. 2006. Cu、Zn、Cd 和 EDTA 对土壤酶活性影响的研究[J]. 农业环境科学学报, 25(01): 36-39.

尚璐. 2017. 重金属胁迫下吊兰根际土壤微生物组成及其影响因素研究[D]. 芜湖: 安徽师范大学.

沈桂琴, 廖瑞章. 1987. 重金属、非金属、矿物油对土壤酶活性的影响[J]. 农业环境科学学报, (3): 26-29.

沈振国, 陈怀满. 2000. 植物修复和重金属超量积累植物[M]//冯锋, 张福锁, 杨新泉. 植物营养研究进展与展望. 北京: 中国农业大学出版社, 216-229.

施国新, 杜开和, 解凯彬, 等. 2000. 汞、镉污染对黑藻叶细胞伤害的超微结构研究[J]. 植物学报, 42(4): 373-378.

施卫明. 1993. 根系分泌物与养分有效性[J]. 土壤, (5): 252-256.

史长青. 1995. 重金属污染对水稻土酶活性的影响[J]. 土壤通报, (1): 34-35.

束文圣, 杨开颜, 张志权, 等. 2001. 湖北铜绿山古铜矿冶炼渣植被与优势植物的重金属含量研究[J]. 应用与环境生物学报, 7(1): 7-12.

宋波, 陈同斌, 郑袁明, 等. 2006. 北京市菜地土壤和蔬菜镉含量及其健康风险分析[J]. 环境科学学报, 26(8): 1343-1353.

宋玉芳, 许华夏, 任丽萍, 等. 2002. 土壤重金属对白菜种子发芽与根伸长抑制的生态毒性效应[J]. 环境科学, 23(1): 103-107.

宋正国, 徐明岗, 刘平, 等. 2009. 不同比例钾钙锌共存对土壤镉吸附的影响[J]. 生态环境学报, 18(4): 1286-1290.

苏德纯, 张福锁, 李国学. 2000. 磷-金属(Fe、Al)-有机酸三元复合体在植物磷营养中的作用[J]. 土壤通报, 31(4): 159-161.

孙波, 赵其国, 张桃林, 等. 1997. 土壤质量与持续环境: III. 土壤质量评价的生物学指标[J]. 土壤, 29(5): 225-234.

孙凤贤. 1998. 安徽省南陵县古铜矿采冶遗址古今地质环境的研究[J]. 中国地质灾害与防治学报, (3): 36-41.

孙赛初, 王焕校, 李启任. 1985. 水生维管束植物受镉污染后的生理变化及受害机制初探[J]. 植物生理与分子生物学学报, 11(2): 113-121.

唐世荣. 2001. 超积累植物在时空、科属内的分布特点及寻找方法[J]. 生态与农村环境学报, 17(4): 56-60.

陶洁敏. 2012. 吊兰对土壤铅锌镉污染修复能力的研究[D]. 芜湖: 安徽师范大学.

滕应, 黄昌勇, 龙健, 等. 2002. 铅锌银尾矿污染区土壤酶活性研究[J]. 中国环境科学, 22(6): 551-555.

滕应, 黄昌勇, 龙健, 等. 2003. 铜尾矿污染区土壤酶活性研究[J]. 应用生态学报, 14(11): 1976-1980.

滕应, 黄昌勇, 骆永明, 等. 2004. 铅锌银尾矿区土壤微生物活性及其群落功能多样性研究[J]. 土壤学报, 41(1): 113-119.

田生科, 李廷轩, 杨肖娥, 等. 2006. 植物对铜的吸收运输及毒害机理研究进展[J]. 土壤通报, 37(2): 387-394.

汪楠楠, 胡珊, 吴丹, 等. 2013. 柠檬酸和 EDTA 对铜污染土壤环境中吊兰生长的影响[J]. 生态学报, 33(2): 631-639.

汪楠楠. 2012. 柠檬酸和 EDTA 对铜污染土壤中吊兰生长的影响[D]. 芜湖: 安徽师范大学.

王涵, 高树芳, 陈炎辉, 等. 2009. 重金属污染区土壤酶活性变化[J]. 应用生态学报, 20(12): 3034-3042.

王华, 曹启民, 桑爱云, 等. 2006. 超积累植物修复重金属污染土壤的机理[J]. 安徽农业科学, 34(22): 5948-5950.

王焕校. 2002. 污染生态学[M]. 北京: 高等教育出版社.

王嘉, 王仁卿, 郭卫华. 2006. 重金属对土壤微生物影响的研究进展[J]. 山东农业科学, (1): 101-105.

王军, 徐晓春, 陈芳. 2005. 铜陵林冲尾矿库复垦土壤的重金属污染评价[J]. 合肥工业大学学报, (2): 43-45.

王明娣, 刘芳, 刘世亮, 等. 2010. 不同磷含量和秸秆添加量对褐土镉吸附解吸的影响[J]. 生态环境学报, 19(4): 803-808.

王全九. 1993. 土壤溶质迁移特性的研究[J]. 水土保持学报, (2): 10-15.

王天元, 宋雅君, 滕鹏起. 2004. 土壤脲酶及脲酶抑制剂[J]. 化学工程师, 8(2): 22-24.

王友保, 安雷, 蒋田华, 等. 2009. 草坪草生长对铜尾矿废弃地土壤酶活性的影响[J]. 中国矿业大学学报, 38(4): 595-600.

王友保, 燕傲蕾, 张旭情, 等. 2010. 吊兰生长对土壤镉形态分布与含量的影响[J]. 水土保持学报, (6): 163-166, 172.

王云, 魏复盛. 1995. 土壤环境元素化学[M]. 北京: 中国环境科学出版社.

王振中, 胡觉莲, 张友梅, 等. 1994. 湖南省清水塘工业区重金属污染对土壤动物群落生态影响的研究[J]. 地理科学, 14(1): 64-72.

王振中, 张友梅. 1990. 湘江流域工业污染源对农田生态系统土壤动物群落影响的研究[J]. 应用生态学报, 1(2): 156-164.

王宗英, 孙庆业, 路有成. 2000. 铜陵市铜尾矿生物群落的恢复与重建[J]. 生态学杂志, 19(3): 7-11.

韦朝阳, 陈同斌, 黄泽春, 等. 2002. 大叶井口边草——一种新发现的富集砷的植物[J]. 生态学报, 22(5): 777-778.

韦朝阳, 陈同斌. 2001. 重金属超富集植物及植物修复技术研究进展[J]. 生态学报, 21(7): 1196-1203.

韦晶晶. 2013. 吊兰对重金属铜、镉污染土壤的修复效果研究[D]. 芜湖: 安徽师范大学.

魏世强, 木志坚, 青长乐. 2003. 几种有机物对紫色土镉的溶出效应与吸附-解吸行为影响的研究[J]. 土壤学报, 40(1): 110-117.

魏树和, 周启星, 王新, 等. 2003. 杂草中具重金属超积累特征植物的筛选[J]. 自然科学进展, 13(12): 1259-1265.

魏树和, 周启星, 王新, 等. 2004. 一种新发现的镉超积累植物龙葵[J]. 科学通报, 49(23): 2568-2573.

魏树和, 周启星, 王新. 2005. 超积累植物龙葵及其对镉的富集特征[J]. 环境科学, 26(3): 167-171.

吴丹, 王友保, 李伟, 等. 2012. 镉胁迫对吊兰生长与土壤酶活性的影响[J]. 环境化学, 31(10): 1562-1568.

吴丹. 2012. 吊兰生长对重金属镉、锌、铅单一及复合污染土壤修复的影响[D]. 芜湖: 安徽师范大学.

吴家燕, 夏增禄, 巴音, 等. 1990. 土壤重金属污染的酶学诊断——紫色土中的镉、铜、铅、砷对水稻根系过氧化物酶的影响[J]. 环境科学学报, 10(1): 73-76.

吴家燕, 夏增禄, 巴音, 等. 1991. 紫色土壤中镉铜铅砷污染对作物根系酶活性的影响[J]. 农业环境保护, 10(6): 244-247.

吴启堂, 王广寿, 谭秀芳, 等. 1994. 不同水稻, 菜心品种和化肥形态对作物吸收累积镉的影响[J]. 华南农业大学学报, (4): 1-6.

吴燕玉, 陈怀满. 1998. Cd, Pb, Cu, Zn, As 复合污染在农田生态系统的迁移动态研究[J]. 环境科学学报, 18(4): 407-414.

吴燕玉, 陈涛, 孔庆新, 等. 1984. 张士灌区镉污染及其改良途径[J]. 环境科学学报, 4(3): 275-283.

吴燕玉, 周启星, 田均良. 1991. 制定我国土壤环境标准(汞、镉、铅和砷)的探讨[J]. 应用生态学报, 2(4): 344-349.

武正华. 2002. 土壤重金属污染植物修复研究进展[J]. 盐城工学院学报(自然科学版), 15(2): 53-57.

肖鹏飞, 李法云, 付宝荣, 等. 2004. 土壤重金属污染及其植物修复研究[J]. 辽宁大学学报(自然科学版), 31(3): 279-283.

谢建治, 李博文, 刘树庆. 2005. Cd、Zn 污染对小白菜营养品质的影响[J]. 华南农业大学学报, 26(1): 42-45.

熊礼明. 1994. 石灰对土壤吸附镉行为及有效性的影响[J]. 环境科学研究, (1): 35-38.

徐明岗, 刘平, 宋正国, 等. 2006. 施肥对污染土壤中重金属行为影响的研究进展[J]. 农业环境科学学报, 25(1): 328-333.

徐素琴, 程旺大. 2005. 油菜, 芥菜萌芽与幼苗生长的耐镉性差异[J]. 浙江农业科学, (6): 436-438.

许嘉琳, 鲍子平, 杨居荣, 等. 1991. 农作物体内铅、镉、铜的化学形态研究[J]. 应用生态学报, (3): 244-248.

许嘉琳, 杨居荣. 1995. 陆地生态系统中的重金属[M]. 北京: 中国环境科学出版社.

许卫红, 黄河, 王爱华, 等. 2006. 根系分泌物对土壤重金属活化及其机理研究进展[J]. 生态环境, 15(1): 184-189.

薛生国, 陈英旭, 林琦, 等. 2003. 中国首次发现的锰超积累植物——商陆[J]. 生态学报, 23(5): 935-937.

严明理, 刘丽莉, 王海华, 等. 2009. 3 种植物对红壤中镉的富集特性研究[J]. 农业环境科学学报, 28(1): 72-77.

阎伍玖. 1999. 芜湖市城市郊区土壤重金属污染的初步研究[J]. 环境科学学报, 19(3): 339-341.

燕傲蕾, 吴亭亭, 王友保, 等. 2010. 三种观赏植物对重金属镉的耐性与积累特性[J]. 生态学报, 30(9): 2491-2498.

燕傲蕾. 2010. 吊兰对镉的耐性及其对镉污染土壤修复效果的研究[D]. 芜湖: 安徽师范大学.

杨丹慧, 许春辉, 赵福洪, 等. 1989. 镉离子对菠菜叶绿体光系统 II 的影响[J]. 植物学报, 31(9): 702-707.

杨海军, 肖启明, 刘安元. 2005. 土壤微生物多样性及其作用研究进展[J]. 南华大学学报, 12(3): 35-38.

杨居荣, 贺建群, 张国祥, 等. 1995. 农作物对 Cd 毒害的耐性机理探讨[J]. 应用生态学报, 6(1): 87-91.

杨居荣, 黄翌. 1994. 植物对重金属的耐性机理[J]. 生态学杂志, (6): 20-26.

杨良静, 何俊瑜, 任艳芳, 等. 2009. Cd 胁迫对水稻根际土壤酶活和微生物的影响[J]. 贵州农业科学, 37(3): 85-88.

杨仁斌, 曾清如, 周细红, 等. 2000. 植物根系分泌物对铅锌尾矿污染土壤中重金属的活化效应[J]. 农业环境保护, 19(3): 152-155.

杨苏才, 南忠仁, 曾静静. 2006. 土壤重金属污染现状与治理途径研究进展[J]. 安徽农业科学, 34(3): 549-552.

杨肖娥, 龙新宪, 倪吾钟, 等. 2002. 东南景天(*Sedum alfredii* H)——一种新的锌超积累植物[J]. 科学通报, 47(13): 1003-1006.

杨正亮, 冯贵颖. 2002. 重金属对土壤脲酶活性的影响[J]. 干旱地区农业研究, 20(3): 41-43.

杨志新, 刘树庆. 2000. Cd、Zn、Pb 单因素及复合污染对土壤酶活性的影响[J]. 生态环境学报, 9(1): 15-18.

杨志新, 刘树庆. 2001. 重金属 Cd、Zn、Pb 复合污染对土壤酶活性的影响[J]. 环境科学学报, 21(1): 60-63.

叶雪明, 陈曼云, 彭启华. 1995. 某有色冶炼厂周围农业土壤中镉污染因素探讨[J]. 生态与农村环境学报, 11(1): 30-33.

尹君, 高如泰, 刘文菊, 等. 1999. 土壤酶活性与土壤 Cd 污染评价指标[J]. 农业环境保护, 18(3):

130-132.

余贵芬, 蒋新, 孙磊, 等. 2002. 有机物质对土壤镉有效性的影响研究综述[J]. 生态学报, 22(5): 770-776.

余璇, 宋柳霆, 滕彦国. 2016. 湖南省某铅锌矿土壤重金属污染分析与风险评价[J]. 华中农业大学学报, 35(5): 27-32.

郁建栓. 1996. 浅谈重金属对生物毒性效应的分子机理[J]. 环境污染与防治, (4): 28-31.

查书平, 丁裕国, 王宗英, 等. 2004. 铜陵市铜尾矿土壤动物群落生态研究[J]. 生态环境学报, 13(2): 167-169.

张从, 夏立江. 2000. 污染土壤生物修复技术[M]. 北京: 中国环境科学出版社.

张慧, 王超, 王沛芳, 等. 2011. 不同磷营养水平对2种沉水植物在Cd·Zn复合污染下的影响[J]. 安徽农业科学, 39(3): 1654-1658.

张敬锁, 李花粉, 衣纯真. 1999. 有机酸对活化土壤中镉与小麦吸收镉的影响[J]. 土壤学报, 36(l):61-69.

张维碟, 林琦, 陈英旭. 2003. 不同Cu形态在土壤-植物系统中的可利用性及其活性诱导[J]. 环境科学学报, 23(3): 376-381.

张晓玮. 2013. 外源磷对吊兰修复土壤镉污染能力的影响研究[D]. 芜湖: 安徽师范大学.

张亚丽, 沈其荣, 姜洋. 2001. 有机肥料对镉污染土壤的改良效应[J]. 土壤学报, 38(2): 212-218.

张义贤. 1997. 重金属对大麦($Hordeum\ vulgare$)毒性的研究[J]. 环境科学学报, 17(2): 199-204.

张英慧, 袁亚东, 赵志鹏, 等. 2011. 重金属铅污染对动植物的危害综述[J]. 安徽农学通报, 17(02): 55-56.

张永志, 徐建民, 柯欣, 等. 2006. 重金属Cu污染对土壤动物群落结构的影响[J]. 农业环境科学学报, 25(s1): 127-130.

张玉秀, 柴团耀, Burkard G. 1999. 植物耐重金属机理研究进展[J]. 植物学报, 41(5): 453-457.

张玉秀, 徐进, 王校, 等. 2007. 植物抗旱和耐重金属基因工程研究进展[J]. 应用生态学报, 18(7): 1631-1639.

张云霞, 宋波, 杨子杰, 等. 2018. 广西某铅锌矿影响区农田土壤重金属污染特征及修复策略[J]. 农业环境科学学报, 37(2): 239-249.

张政, 林汝法. 1999. Cu^{2+}, Pb^{2+}和Cd^{2+}对荞麦种子中抗氧化酶活性的影响[J]. 中国生物化学与分子生物学报, 15(5): 848-851.

章明奎, 方利平, 周翠. 2006. 污染土壤重金属的生物有效性和移动性评价: 四种方法比较[J]. 应用生态学报, 17(8): 1501-1504.

赵博生, 毕红卫. 1999. 重金属对植物细胞的毒害作用研究进展[J]. 淄博学院学报: 自然科学与工程版, (1): 86-88.

赵博生, 莫华. 1997. 镉对蒜根生长的毒害及抗坏血酸, 铁盐的解毒效应[J]. 植物科学学报, 15(2): 167-172.

赵兰坡, 姜岩. 1986. 土壤磷酸酶活性测定方法的探讨[J]. 土壤通报, 17(3): 138-141.

赵其国, 张桃林, 鲁如坤, 等. 2002. 中国东部红壤地区土壤退化的时空变化、机理及调控[M]. 北京: 科学出版社.

郑爱珍, 刘传平, 沈振国. 2005. 镉处理下青菜和白菜MDA含量、POD和SOD活性的变化[J]. 湖北农业科学, (01): 67-69.

郑九华, 冯永军, 于开芹, 等. 2008. 复垦基质重金属污染的植物修复试验研究[J]. 农业工程学报, 24(2): 84-88.

郑荣梁, 黄中洋. 2007. 自由基生物学[M]. 北京: 高等教育出版社.

郑文教, 王文卿, 林鹏. 1996. 九龙江口桐花树红树林对重金属的吸收与累积[J]. 应用与环境生物学报, 2(3): 207-213.

钟鸣, 周启星. 2002. 微生物分子生态学技术及其在环境污染研究中的应用[J]. 应用生态学报, 13(2): 247-251.

周宝利, 陈玉成. 2006. 植物修复的促进措施及根际微生物的作用[J]. 环境保护科学, 32(3): 39-42.

周礼恺, 张志明, 曹承绵, 等. 1985. 土壤的重金属污染与土壤酶活性[J]. 环境科学学报, 5(2): 176-184.

周启星, 孙福红, 郭观林, 等. 2004. 乙草胺对东北黑土铅形态及生物有效性的影响[J]. 应用生态学报, 15(10): 1883-1886.

周启星, 魏树和, 刁春燕. 2007. 污染土壤生态修复基本原理及研究进展[J]. 农业环境科学学报, 26(2): 419-424.

周世伟, 徐明岗. 2007. 磷酸盐修复重金属污染土壤的研究进展[J]. 生态学报, 27(7): 3043-3050.

周守标, 王春景, 杨海军, 等. 2007. 菰和菖蒲对重金属的胁迫反应及其富集能力[J]. 生态学报, 27(1): 281-287.

周锡爵. 1987. 张士灌区镉污染及其解决和利用的途径[J]. 农业环境保护, 6(2): 17-19.

朱雅兰, 李新颖. 2010. 啤酒污泥和草木灰对镉形态和土壤酶的影响[J]. 湖北农业科学, 49(5): 1053-1056.

朱永恒, 濮励杰, 赵春雨, 等. 2006. 土地污染的一个评价指标: 土壤动物[J]. 土壤通报, 37(2): 373-377.

朱云集, 王晨阳, 马元喜, 等. 2000. 砷胁迫对小麦根系生长及活性氧代谢的影响[J]. 生态学报, 20(4): 707-710.

邹春萍, 张佩霞, 陈金峰, 等. 2015. 25 种观赏植物的重金属富集特性研究[J]. 广东农业科学, 42(12): 66-72.

祖艳群, 李元. 2003. 土壤重金属污染的植物修复技术[J]. 环境科学导刊, 22(s1): 58-61.

Friberg L, Shigematsu I, Parizek J. 1977. 世界卫生组织(WHO)报告 镉的环境卫生评价[J]. 汤鸿霄(译). AMHIO, 17.

Alscher R G. 1989. Biosynthesis and antioxidant function of glutathione in plants[J]. Physiologia Plantarum, 77(3): 457-464.

Baker A J M, Reeves R D, Hajar A S M. 1994. Heavy metal accumulation and tolerance in British populations of the metallophyte *Thlaspi caerulescens* J. &C. Presl. (Brassicaceae)[J]. New Phytologist, 127: 61-68.

Baker A J M. 1981. Accumulators and excluders-strategies in the response of plants to heavy metals[J]. Journal of Plant Nutrition, 3(1-4): 643-654.

Baker A J M. 1987. Metal tolerance [J]. New Phytologist, 106(Suppl.): 93-111.

Bastida F, Barberá G G, García C, et al. 2008. Influence of orientation, vegetation and season on soil microbial and biochemical characteristics under semiarid conditions[J]. Applied Soil Ecology,

38(1): 62-70.

Baszyński T, Wajda L, Krol M, et al. 1980. Photosynthetic activities of cadmium-treated tomato plants[J]. Physiologia Plantarum, 48(3): 365-370.

Bates S T, Clemente J C, Flores G E, et al. 2013. Global biogeography of highly diverse protistan communities in soil[J]. Isme Journal, 7(3): 652-659.

Blamey F P C, Joyce D C, Edwards D G, et al. 1986. Role of trichomes in sunflower tolerance to manganese toxicity[J]. Plant and Soil, 91(2): 171-180.

Blaylock M J, Salt D E, Dushenkov S, et al. 1997. Enhanced accumulation of Pb in Indian mustard by soil-applied chelating agents[J]. Environmental Science & Technology, 31(3): 860-865.

Brookes P C, McGrath S P. 1984. Effect of metal toxicity on the size of the soil microbial biomass[J]. Journal of Soil Science, 35(2): 341-346.

Brooks R R, Lee J, Reeves R D, et al. 1977. Detection of nickeliferous rocks by analysis of herbarium specimens of indicator plants[J]. Journal of Geochemical Exploration, 7: 49-57.

Brown S L, Chaney R L, Angle J S, et al. 1994. Phytoremediation potential of *Thlaspi caerulescens* and bladder campion for zinc-and cadmium-contaminated soil[J]. Journal of Environmental Quality, 23(6): 1151-1157.

Canli M, Stagg R M, Rodger G. 1997. The induction of metallothionein in tissues of the Norway lobster Nephrops norvegicus following exposure to cadmium, copper and zinc: the relationships between metallothionein and the metals[J]. Environmental Pollution, 96(3): 343-350.

Chaignon V, Bedin F, Hinsinger P. 2002. Copper bioavailability and rhizosphere pH changes as affected by nitrogen supply for tomato and oilseed rape cropped on an acidic and a calcareous soil[J]. Plant and Soil, 243(2): 219-228.

Chaney R L, Malik M, Li Y M, et al. 1997. Phytoremediation of soil metals[J]. Current Opinion in Biotechnology, 8(3): 279-284.

Chang J S, Yoon I H, Kim K W. 2009. Heavy metal and arsenic accumulating fern species as potential ecological indicators in As-contaminated abandoned mines[J]. Ecological Indicators, 9(6): 1275-1279.

Chen C C, Dixon J B, Turner F T. 1980. Iron coatings on rice roots: Mineralogy and quantity influencing factors[J]. Soil Science Society of America Journal, 44: 635-639.

Chen C L, Liao M, Huang C Y. 2005. Effect of combined pollution by heavy metals on soil enzymatic activities in areas polluted by tailings from Pb-Zn-Ag mine [J]. Journal of Environmental Sciences, 17(4): 637-640.

Chen Y X, Wang K X, Lin Q, et al. 2001. Effects of heavy metals on ammonification, nitrification and denitrification in maize rhizosphere[J]. Pedosphere, 11(2): 115-122.

Clemente R, Dickinson N M, Lepp N W. 2008. Mobility of metals and metalloids in a multi-element contaminated soil 20 years after cessation of the pollution source activity[J]. Environmental Pollution, 155(2): 254-261.

Clijsters H, van Assche F. 1985. Inhibition of photosynthesis by heavy metals[J]. Photosynthesis Research, 7(1): 31-40.

Cortet J, Gomot-De Vauflery A, Poinsot-Balaguer N, et al. 1999. The use of invertebrate soil fauna in monitoring pollutant effects[J]. European Journal of Soil Biology, 35(3): 115-134.

Cunningham S D, Berti W R, Huang J W. 1995. Phytoremediation of contaminated soils[J]. Trends in Biotechnology, 13(9): 393-397.

Cunningham S D, Ow D W. 1996. Promises and prospects of phytoremediation[J]. Plant Physiology, 110(3): 715-719.

Dai J, Becquer T, Rouiller J H, et al. 2004. Influence of heavy metals on C and N mineralisation and microbial biomass in Zn-, Pb-, Cu-, and Cd-contaminated soils[J]. Applied Soil Ecology, 25(2): 99-109.

de Knecht J A, Koevoets P L M, Verkleij J A C, et al. 1992. Evidence against a role for phytochelatins in naturally selected increased cadmium tolerance in *Silene vulgaris* (Moench) Garcke[J]. New Phytologist, 122(4): 681-688.

de Vos C H R, Schat H, Vooijs R, et al. 1989. Copper-induced damage to the permeability barrier in roots of Silene cucubalus[J]. Journal of Plant Physiology, 135(2): 164-169.

Degraeve N. 1981. Carcinogenic, teratogenic and mutagenic effects of cadmium[J]. Mutation Research/Reviews in Genetic Toxicology, 86(1): 115-135.

Demidchik V, Sokolik A, Yurin V. 1997. The effect of Cu^{2+} on ion transport systems of the plant cell plasmalemma[J]. Plant Physiology, 114(4): 1313-1325.

di Toppi L S, Gabbrielli R. 1999. Response to cadmium in higher plants[J]. Environmental and Experimental Botany, 41(2): 105-130.

Dick R P, Deng S. 1991. Multivariate factor analysis of sulfur oxidation and rhodanese activity in soils[J]. Biogeochemistry, 12(2): 87-101.

Didierjean L, Frendo P, Nasser W, et al. 1996. Heavy-metal-responsive genes in maize: identification and comparison of their expression upon various forms of abiotic stress[J]. Planta, 99(1): 1-8.

Doroszewska T, Berbeć A. 2004. Variation for cadmium uptake among *Nicotiana* species[J]. Genetic Resources and Crop Evolution, 51(3): 323-333.

Duineveld B M, Rosado A S, van Elsas J D, et al. 1998. Analysis of the dynamics of bacterial communities in the rhizosphere of the chrysanthemum via denaturing gradient gel electrophoresis and substrate utilization patterns[J]. Applied and Environmental Microbiology, 64(12): 4950-4957.

Easterwood G W, Sartain J B, Street J J. 1989. Fertilizer effectiveness of three carbonate apatites on an acid ultisol[J]. Communications in Soil Science and Plant Analysis, 20(7-8): 789-800.

Entry J A, Rygiewicz P T, Watrud L S, et al. 2002. Influence of adverse soil conditions on the formation and function of arbuscular mycorrhizas[J]. Advances in Environmental Research, 7(1): 123-138.

Ewais E A. 1997. Effects of cadmium, nickel and lead on growth, chlorophyll content and proteins of weeds[J]. Biologia Plantarum, 39(3): 403-410.

Ferrer-Sueta G, Vitturi D, Batinić-Haberle I, et al. 2003. Reactions of manganese porphyrins with peroxynitrite and carbonate radical anion [J]. Journal of Biological Chemistry [J], 278(30): 27432-27438.

Fischer K, Bipp H P. 2002. Removal of heavy metals from soil components and soils by natural chelating agents. Part II. Soil extraction by sugar acids[J]. Water, Air, and Soil Pollution, 138(1-4): 271-288.

Fitz W J, Wenzel W W. 2002. Arsenic transformations in the soil-rhizosphere-plant system: fundamentals and potential application to phytoremediation[J]. Journal of Biotechnology, 99(3): 259-278.

Fox T R, Comerford N B. 1992. Rhizosphere phosphatase activity and phosphatase hydrolyzable organic phosphorus in two forested spodosols[J]. Soil Biology and Biochemistry, 24(6): 579-583.

Fridovich I. 1978. The biology of oxygen radicals[J]. Science, 201(4359): 875-880.

Frouz J. 1999. Use of soil dwelling Diptera(Insecta, Diptera)as bioindicators: a review of ecological requirements and response to disturbance. [J]. Agriculture Ecosystems & Environment, 74(1-3): 167-186.

Gallego S M, Benavides M P, Tomaro M L. 1996. Effect of heavy metal ion excess on sunflower leaves: evidence for involvement of oxidative stress[J]. Plant Science, 121(2): 151-159.

Gao X, Flaten D N, Tenuta M, et al. 2011. Soil solution dynamics and plant uptake of cadmium and zinc by durum wheat following phosphate fertilization[J]. Plant and Soil, 338(1-2): 423-434.

Gil J, Moral R, Gomez I, et al. 1995. Effect of cadmium on physiological and nutritional aspects of tomato plant. 1. chlorophyll(A and B)and carotenoids[J]. Fresenius Environmental Bulletin, 4(7): 430-435.

Giller K E, Witter E, Mcgrath S P. 1998. Toxicity of heavy metals to microorganisms and microbial processes in agricultural soils: a review[J]. Soil Biology and Biochemistry, 30(10-11): 1389-1414.

Glass D J. 2000. Economic potential of phytoremediation[M]//Terry N, Banuelos G. Phytoremediation of Contaminated Soil and Water. Ranton: Lewis Publishers, F1, 15-32.

Grill E, Winnacker E L, Zenk M H. 1985. Phytochelatins: the principal heavy-metal complexing peptides of higher plants[J]. Science, 230(4726): 674-676.

Gross C, Kelleher M, Iyer V R, et al. 2000. Identification of the copper regulon in Saccharomyces cerevisiae by DNA microarrays[J]. Journal of Biological Chemistry, 275(41): 32310-32316.

Gupta A, Singhal G S. 1995. Inhibition of PS II activity by copper and its effect on spectral properties on intact cells in Anacystis nidulans[J]. Environmental and Experimental Botany, 35(4): 435-439.

Gupta U C, Gupta S C. 1998. Trace element toxicity relationships to crop production and livestock and human health: implications for management[J]. Communications in Soil Science and Plant Analysis, 29(11-14): 1491-1522.

Han Y L, Yuan H Y, Huang S Z, et al. 2007. Cadmium tolerance and accumulation by two species of Iris[J]. Ecotoxicology, 16(8): 557-563.

He Q B, Singh B R. 1994. Crop uptake of cadmium from phosphorus fertilizers: I. Yield and cadmium content[J]. Water, Air, and Soil Pollution, 74(3-4): 251-265.

Hedley M J, Stewart J W B. 1982. Method to measure microbial phosphate in soils[J]. Soil Biology and Biochemistry, 14(4): 377-385.

Hinojosa M B, Carreira J A, García-Ruíz R, et al. 2004. Soil moisture pre-treatment effects on enzyme activities as indicators of heavy metal-contaminated and reclaimed soils[J]. Soil Biology and Biochemistry, 36(10): 1559-1568.

Hirono R. 2006. Environmental advisory system in Japan[J]. Research of Environmental Researches, 19(S1): 121-125.

Ho E. 2004. Zinc deficiency, DNA damage and cancer risk[J]. The Journal of Nutritional Biochemistry, 15(10): 572-578.

Ho S V, Sheridan P W, Athmer C J, et al. 1995. Integrated in situ soil remediation technology: the Lasagna process[J]. Environmental Science & Technology, 29(10): 2528-2534.

Hong S, Candelone J P, Patterson C C, et al. 1999. History of ancient copper smelting pollution during Roman and medieval times recorded in Greenland ice[J]. Science, 272(5259): 246-249.

Jarvis S C, Jones L H P. 1978. Uptake and transport of cadmium by perennial ryegrass from flowing solution culture with a constant concentration of cadmium[J]. Plant and Soil, 49(2): 333-342.

Kägi J H R. 1991. Overview of metallothionein[M]//Methods in enzymology. Academic Press, 205: 613-626.

Kamagata Y, Tamaki H. 2005. Cultivation of uncultured fastidious microbes[J]. Microbes and Environments, 20(2): 85-91.

Kandeler F, Kampichler C, Horak O. 1996. Influence of heavy metals on the functional diversity of soil microbial communities[J]. Biology and Fertility of Soils, 23(3): 299-306.

Kärblane H. 1996. The effect of organic, lime, and phosphorus fertilizers on Pb, Cd, and Hg content in plants[C]//Proceedings of the Estonian Academy of Sciences, Ecology, 6(1): 52-56.

Kawachi T, Kubo H. 1999. Model experimental study on the migration behavior of heavy metals in electrokinetic remediation process for contaminated soil[J]. Soil Science and Plant Nutrition, 45(2): 259-268.

Kelly J J, Tate R L. 1998. Effects of heavy metal contamination and remediation on soil microbial communities in the vicinity of a zinc smelter[J]. Journal of Environmental Quality, 27(3): 609-617.

Khan A G, Kuek C, Chaudhry T M, et al. 2000. Role of plants, mycorrhizae and phytochelators in heavy metal contaminated land remediation[J]. Chemosphere, 41(1-2): 197-207.

Khan S K, Xie Z, Huang C. 1998. Effects of cadmium, lead, and zinc on size of microbial biomass in red soil[J]. Pedosphere, 8(1): 27-32.

Kirk G J D, Bajita J B. 1995. Root-induced iron oxidation, pH changes and zinc solubilization in the rhizosphere of lowland rice[J]. New Phytologist, 131(1): 129-137.

Knight B P, McGrath S P, Chaudri A M. 1997. Biomass carbon measurements and substrate utilization patterns of microbial populations from soils amended with cadmium, copper, or zinc[J]. Applied and Environmental Microbiology, 63(1): 39-43.

Komarova N N, Sul'man E M. 2002. Relationships of sorption of heavy metals(lead, nickel, cobalt)on biomass isolated from production waste of megaterin enzyme preparation[J]. Russian Journal of Applied Chemistry, 75(3): 509-510.

Kong I C, Bitton G. 2003. Correlation between heavy metal toxicity and metal fractions of contaminated soils in Korea[J]. Bulletin of Environmental Contamination and Toxicology, 70(3): 0557-0565.

Koricheva J, Roy S, Vranjic J A, et al. 1997. Antioxidant responses to simulated acid rain and heavy metal deposition in birch seedlings[J]. Environmental Pollution, 95(2): 249-258.

Krupa Z, Baszyński T. 1995. Some aspects of heavy metals toxicity towards photosynthetic apparatus-direct and indirect effects on light and dark reactions [J]. Acta Physiologiae Plantarum, 17(2): 177-190.

Krupa Z. 1988. Cadmium-induced changes in the composition and structure of the light-harvesting chlorophyll a/b protein complex II in radish cotyledons[J]. Physiologia Plantarum, 73(4): 518-524.

Kumar P B A N, Dushenkov V, Motto H, et al. 1995. Phytoextraction: the use of plants to remove heavy metals from soils[J]. Environmental Science & Technology, 29(5): 1232-1238.

Larsson E H, Bornman J F, Asp H. 1998. Influence of UV-B radiation and Cd^{2+} on chlorophyll fluorescence, growth and nutrient content in *Brassica napus*[J]. Journal of Experimental Botany, 49(323): 1031-1039.

Lee C G, Chon H T, Jung M C. 2001. Heavy metal contamination in the vicinity of the Daduk Au-Ag-Pb-Zn mine in Korea[J]. Applied Geochemistry, 16(11-12): 1377-1386.

Liu J N, Zhou Q X, Wang S, et al. 2009. Cadmium tolerance and accumulation of *Althaea rosea* Cav. and its potential as a hyperaccumulator under chemical enhancement[J]. Environmental Monitoring and Assessment, 149(1-4): 419-427.

Lolkema P C, Donker M H, Schouten A J, et al. 1984. The possible role of metallothioneins in copper tolerance of *Silene cucubalus*[J]. Planta, 162: 174-179.

Lottermoser B G. 1997. Natural enrichment of topsoils with chromium and other heavy metals, Port Macquarie, New South Wales, Australia[J]. Soil Research, 35(5): 1165-1176.

Luna C M, González C A, Trippi V S. 1994. Oxidative damage caused by an excess of copper in oat leaves[J]. Plant and Cell Physiology, 35(1): 11-15.

Ma J F, Hiradate S, Matsumoto H. 1998. High aluminum resistance in buckwheat: II. Oxalic acid detoxifies aluminum internally[J]. Plant Physiology, 117(3): 753-759.

Ma L Q, Rao G N. 1997. Chemical fractionation of cadmium, copper, nickel, and zinc in contaminated soils[J]. Journal of Environmental Quality, 26(1): 259-264.

Macek T, Mackova M, Káš J. 2000. Exploitation of plants for the removal of organics in environmental remediation[J]. Biotechnology Advances, 18(1): 23-34.

MacLean A J. 1976. Cadmium in different plant species and its availability in soils as influenced by organic matter and additions of lime, P, Cd and Zn[J]. Canadian Journal of Soil Science, 56(3): 129-138.

MacNair M R, Cumbes Q J, Meharg A A. 1992. The genetics of arsenate tolerance in Yorkshire fog, Holcus lanatus L[J]. Heredity, 69(4): 325.

Madejón E, Burgos P, López R, et al. 2001. Soil enzymatic response to addition of heavy metals with organic residues[J]. Biology and Fertility of Soils, 34(3): 144-150.

Margis-Pinheiro M, Martin C, Didierjean L, et al. 1993. Differential expression of bean chitinase genes by virus infection, chemical treatment and UV irradiation[J]. Plant Molecular Biology, 22(4): 659-668.

Markus J A, McBratney A B. 1996. An urban soil study: heavy metals in Glebe, Australia[J]. Soil Research, 34(3): 453-465.

Marschner H. 1995. Mineral Nutrition in Higher Plants[M]. London: Academic Press.

McGrath S P, Chaudri A M, Giller K E. 1995. Long-term effects of metals in sewage sludge on soils, microorganisms and plants[J]. Journal of Industrial Microbiology, 14(2): 94-104.

McGrath S P, Shen Z G, Zhao F J. 1997. Heavy metal uptake and chemical changes in the rhizosphere of Thlaspi caerulescens and Thlaspi ochroleucum grown in contaminated soils[J]. Plant and Soil, 188(1): 153-159.

Meharg A A, Macnair M R. 1992. Suppression of the high affinity phosphate uptake system: a mechanism of arsenate tolerance in Holcus lanatus L[J]. Journal of Experimental Botany, 43(4): 519-524.

Meharg A A. 1993. The role of the plasmalemma in metal tolerance in angiosperms[J]. Physiologia Plantarum, 88(1): 191-198.

Meharg A A. 1994. Integrated tolerance mechanisms: constitutive and adaptive plant responses to elevated metal concentrations in the environment[J]. Plant, Cell & Environment, 17(9): 989-993.

Mench M, Martin E. 1991. Mobilization of cadmium and other metals from two soils by root exudates of Zea mays L. , Nicotiana tabacum L. and Nicotiana rustica L[J]. Plant and Soil, 132(2): 187-196.

Migliorini M, Pigino G, Bianchi N, et al. 2004. The effects of heavy metal contamination on the Soil arthropod community of a shooting range[J]. Environmental Pollution, 129(2): 331-340.

Mocquot B, Vangronsveld J, Clijsters H, et al. 1996. Copper toxicity in young maize(Zea mays L.)plants: effects on growth, mineral and chlorophyll contents, and enzyme activities[J]. Plant and Soil, 182(2): 287-300.

Moffat A S. 1995. Plants proving their worth in toxic metal cleanup[J]. Science, 269(5222): 302-304.

Moffett B F, Nicholson F A, Uwakwe N C, et al. 2003. Zinc contamination decreases the bacterial diversity of agricultural soil[J]. FEMS Microbiology Ecology, 43(1): 13-19.

Molas J. 2002. Changes of chloroplast ultrastructure and total chlorophyll concentration in cabbage leaves caused by excess of organic Ni(II)complexes[J]. Environmental and Experimental Botany, 47(2): 115-126.

Monni S, Salemaa M, White C, et al. 2000. Copper resistance of Calluna vulgaris originating from the pollution gradient of a Cu-Ni smelter, in southwest Finland[J]. Environmental Pollution, 109(2): 211-219.

Naidu R, Kookana R S, Sumner M E, et al. 1997. Cadmium sorption and transport in variable charge soils: a review[J]. Journal of Environmental Quality, 26(3): 602-617.

Nannipieri P. 1994. The potential use of soil enzymes as indicators of productivity, sustainability and pollution[J]. Soil Biota: Management in Sustainable Farming Systems, 238-244.

Nies D H, Silver S. 1989. Plasmid-determined inducible efflux is responsible for resistance to cadmium, zinc, and cobalt in Alcaligenes eutrophus[J]. Journal of Bacteriology, 171(2): 896-900.

Nishizono H, Ichikawa H, Suziki S, et al. 1987. The role of the root cell wall in the heavy metal tolerance ofAthyrium yokoscense[J]. Plant and Soil, 101(1): 15-20.

Nizhou H, Thompson M L. 1999. Copper-binding ability of dissolved organic matter derived fromannaerobically digested biosolids[J]. Journal of Environmental Quality, 28: 938-939.

Ogram A. 2000. Soil molecular microbial ecology at age 20: methodological challenges for the future[J]. Soil Biology and Biochemistry, 32(11-12): 1499-1504.

Pauls K P, Thompson J E. 1984. Evidence for the accumulation of peroxidized lipids in membranes of senescing cotyledons[J]. Plant Physiology, 75(4): 1152-1157.

Perucci P, Giusquiani P L, Scarponi L. 1982. Nitrogen losses from added urea and urease activity of a clay-loam soil amended with crop residues[J]. Plant and Soil, 69(3): 457-463.

Polle A, Schützendübel A. 2003. Heavy metal signalling in plants: linking cellular and organismic responses[M]//Hirt H, Shinozaki K. Plant responses to abiotic stress. Heidelberg: Springer, 187-215.

Probstein R F, Hicks R E. 1993. Removal of contaminants from soils by electric fields[J]. Science, 260(5107): 498-503.

Randhawa H S, Singh S P. 1995. Zinc fractions in soils and their availability to maize[J]. Journal of the Indian Society of Soil Science, 43(2): 293-294.

Raskin I, Smith R D, Salt D E. 1997. Phytoremediation of metals: using plants to remove pollutants from the environment[J]. Current Opinion in Biotechnology, 8(2): 221-226.

Rauser W E. 1995. Phytochelatins and related peptides. Structure, biosynthesis, and function[J]. Plant Physiology, 109(4): 1141-1149.

Reeves R D. 1992. The hyperaccumulation of nickle by serpen-tine plants[M]//Gunn J M, Liange O L, Osmond B, et al. Baker Vegetation of Ultramatic(Serpentine)Soil. Andover: Intercept Ltd, 253-277.

Rengel Z, Elliott D C. 1992. Mechanism of aluminum inhibition of net 45Ca^{2+} uptake by Amaranthus protoplasts[J]. Plant Physiology, 98(2): 632-638.

Ridha A, Alegre M F, Tellier S, et al. 1983. Removal of heavy metals from industrial effluents by electrodeposition on carbon-felt electrode[C]//Heavy Metals in the Environment International Conference. Heidelberg: September, 940-492.

Roane T M, Pepper I L. 1999. Microbial responses to environmentally toxic cadmium[J]. Microbial Ecology, 38(4): 358-364.

Robinson B H, Mills T M, Petit D, et al. 2000. Natural and induced cadmium-accumulation in poplar and willow: Implications for phytoremediation[J]. Plant and Soil, 227(1-2): 301-306.

Robinson N J, Tommey A M, Kuske C, et al. 1993. Plant metallothioneins[J]. Biochemical Journal, 295(6): 1-10.

Romanowska E, Wróblewska B, Drożak A, et al. 2008. Effect of Pb ions on superoxide dismutase and catalase activities in leaves of pea plants grown in high and low irradiance[J]. Biologia Plantarum, 52(1): 80-86.

Römkens P, Bouwman L, Japenga J, et al. 2002. Potentials and drawbacks of chelate-enhanced phytoremediation of soils[J]. Environmental Pollution, 116(1): 109-121.

Sakorn P P. 1987. Urease activity and fertility status of some lowland rice soils in the central plain[J]. Thai Journal of Agricultural Science, 20(3): 173-186.

Salt D E, Blaylock M, Kumar N P, et al. 1995. Phytoremediation: A novel strategy for the removal of toxic metals from the environment using plants[J]. Biotechnology, 13(5): 468-474.

Salt D E, Smith R D, Raskin I. 1998. Phytoremediation[J]. Annual Review of Plant Biology, 49(1): 643-668.

Sanders J R. 1982. The effect of pH upon the copper and cupric ion concentrations in soil solutions[J]. Journal of Soil Science, 33(4): 679-689.

Sanders J R. 1983. The effect of pH on the total and free ionic concentrations of mnganese, zinc and cobalt in soil solutions[J]. Journal of Soil Science, 34(2): 315-323.

Scandalios J G. 1993. Oxygen stress and superoxide dismutases[J]. Plant physiology, 101(1): 7-12.

Schützendübel A, Nikolova P, Rudolf C, et al. 2002. Cadmium and H_2O_2-induced oxidative stress in Populus× canescens roots[J]. Plant Physiology and Biochemistry, 40(6-8): 577-584.

Seregin I V, Ivanov V B. 2001. Physiological aspects of cadmium and lead toxic effects on higher plants[J]. Russian Journal of Plant Physiology, 48(4): 523-544.

Seregin I V, Kozhevnikova A D. 2006. Physiological role of nickel and its toxic effects on higher plants[J]. Russian Journal of Plant Physiology, 53(2): 257-277.

Shen Z G, Zhao F J, McGrath S P. 1997. Uptake and transport of zinc in the hyperaccumulator Thlaspi caerulescens and the non-hyperaccumulator Thlaspi ochroleucum[J]. Plant, Cell & Environment, 20(7): 898-906.

Shin E W. 2005. Cadmium removal by *Juniperus monosperma*: The role of calcium oxalate monohydrate structure in bark[J]. Korean Journal of Chemical Engineering, 22(4): 599-604.

Shkjins J. 1978. History of abiontic soil enzyme research[M]//Burns R G. Soil enzymes. NewYork: Academic Press.

Shukurov N, Pen-Mouratov S, Steinberger Y. 2005. The impact of the Almalyk Industrial Complex on soil chemical and biological properties[J]. Environmental Pollution, 136(2): 331-340.

Shweta S, Arvind M, Kayastha, et al. 2001. Response of microbial organism to metal contained soil [J]. Journal of Microbiology & Biotechnology, 17: 667-672.

Silver S, Misra T K. 1988. Plasmid-mediated heavy metal resistances[J]. Annual Reviews in Microbiology, 42(1): 717-743.

Singh B R. 1990. Cadmium and fluoride uptake by oats and rape from phosphate fertilizers in two different soils[J]. Norwegian Journal of Agricultural Sciences, 4(3): 239-249.

Somashekaraiah B V, Padmaja K, Prasad A R K. 1992. Phytotoxicity of cadmium ions on germinating seedlings of mung bean(*Phaseolus vulgaris*): Involvement of lipid peroxides in chlorphyll degradation[J]. Physiologia Plantarum, 85(1): 85-89.

Speir T W, Kettles H A, Parshotam A, et al. 1995. A simple kinetic approach to derive the ecological dose value, ED50, for the assessment of Cr(VI)toxicity to soil biological properties[J]. Soil Biology and Biochemistry, 27(6): 801-810.

Speir T W, Pansier E A, Cairns A. 1980. A comparison of sulphatase, urease and protease activities in planted and in fallow soils[J]. Soil Biology and Biochemistry, 12(3): 281-291.

Steffens J C. 1990. The heavy metal-binding peptides of plants[J]. Annual Review of Plant Biology, 41(1): 553-575.

Sterckeman T, Perriguey J, Caël M, et al. 2004. Applying a mechanistic model to cadmium uptake by *Zea mays* and *Thlaspi caerulescens*: Consequences for the assessment of the soil quantity and capacity factors[J]. Plant and Soil, 262(1-2): 289-302.

Sterrett S B, Chaney R L, Gifford C H, et al. 1996. Influence of fertilizer and sewage sludge compost on yield and heavy metal accumulation by lettuce grown in urban soils[J]. Environmental Geochemistry and Health, 18(4): 135-142.

Strange J, MacNair M R. 1991. Evidence for a role for the cell membrane in copper tolerance of Mimulus guttatus Fischer ex DC[J]. New Phytologist, 119(3): 383-388.

Sugiyama M. 1994. Role of cellular antioxidants in metal-induced damage[J]. Cell Biology and Toxicology, 10(1): 1-22.

Suhadolc M, Schroll R, Gattinger A, et al. 2004. Effects of modified Pb-, Zn-, and Cd-availability on the microbial communities and on the degradation of isoproturon in a heavy metal contaminated soil[J]. Soil Biology and Biochemistry, 36(12): 1943-1954.

Sun R, Zhou Q, Jin C. 2006. Cadmium accumulation in relation to organic acids in leaves of *Solanum nigrum* L. as a newly found cadmium hyperaccumulator[J]. Plant and Soil, 285(1-2): 125-134.

Takijima Y, Katsumi F. 1973. Cadmium contamination of soils and rice plants caused by zinc mining IV. Use of soil amendment materials for the control of Cd uptake by plants[J]. Soil Science and Plant Nutrition, 19(4): 235-244.

Todorov T S, Dimkov R, Koteva Z H, et al. 1987. Effect of lead contamination on the biological properties of alluvial meadow soil [J]. Pochovoznanie Agrokhimiya, 22(5): 33-40.

Tomsett A B, Thurman D A. 1988. Molecular biology of metal tolerances of plants[J]. Plant, Cell & Environment, 11(5): 383-394.

Tschuschke S, Schmitt-Wrede H P, Greven H, et al. 2002. Cadmium resistance conferred to yeast by a non-metallothionein-encoding gene of the earthworm *Enchytraeus*[J]. Journal of Biological Chemistry, 277(7): 5120-5125.

Tyler G. 1974. Heavy metal pollution and soil enzymatic activity[J]. Plant and Soil, 41(2): 303-311.

Vallee B L, Ulmer D D. 1972. Biochemical effects of mercury, cadmium, and lead[J]. Annual Review of Biochemistry, 41(1): 91-128.

van Assche F, Clijsters H. 1990. Effects of metals on enzyme activity in plants[J]. Plant, Cell & Environment, 13(3): 195-206.

van Straalen N M. 1998. Evaluation of bioindicator systems derived from soil arthropod communities[J]. Applied Soil Ecology, 9(1-3): 429-437.

Wallace A, Berry W L. 1989. Dose-response curves for zinc, cadmium, and nickel in combinations of one, two, or three[J]. Soil Science, 147(6): 401-410.

Wang Y, Tao J, Dai J. 2011. Lead tolerance and detoxification mechanism of Chlorophytum comosum[J]. African Journal of Biotechnology, 10(65): 14516-14521.

Wang Y, Yan A, Dai J, et al. 2012. Accumulation and tolerance characteristics of cadmium in *Chlorophytum comosum*: a popular ornamental plant and potential Cd hyperaccumulator[J]. Environmental Monitoring and Assessment, 184(2): 929-937.

Watanabe M E. 1997. Phytoremediation on the brink of commericialization[J]. Environmental

Science & Technology, 31(4): 182A-186A.

Williams C H, David D J. 1973. The effect of superphosphate on the cadmium content of soils and plants[J]. Soil Research, 11(1): 43-56.

Wu F, Zhang G. 2002. Genotypic variation in kernel heavy metal concentrations in barley and as affected by soil factors[J]. Journal of Plant Nutrition, 25(6): 1163-1173.

Wu L H, Luo Y M, Christie P, et al. 2003. Effects of EDTA and low molecular weight organic acids on soil solution properties of a heavy metal polluted soil[J]. Chemosphere, 50(6): 819-822.

Xiong Z, Lu P. 2002. Joint enhancement of lead accumulation in *Brassica* plants by EDTA and ammonium sulfate in sand culture[J]. Journal of Environmental Sciences, 14(2): 216-220.

Yan C L, Hong Y T, Fu S Z, et al. 1998. Effect of Cd, Pb stress on the activated oxygen scavenging system in tobacco leaves[J]. Chinese Journal of Geochemistry, 17(4): 372-378.

Zeng S X, Wang Y R, Liu H X. 1991. Some enzymatic reactions related to chlorophyll degradation in cucumber cotyledons under chilling in the light[J]. Acta Phytophysiol Sin, 17: 177-182.

Zhang Y X, Yang X L. 1994. The toxic effects of cadmium on cell division and chromosomalmorphology of *Hordeum vulgare*[J]. Mutation Research, 312(2): 121-126.

Zheljazkov V D, Nielsen N E. 1996. Effect of heavy metals on peppermint and cornmint[J]. Plant and Soil, 178(1): 59-66.